国家自然科学基金（52278317）资助出版物

传统风格建筑组合框架
抗震性能及设计方法

薛建阳　翟　磊　戚亮杰　著

机械工业出版社

传统风格建筑是对我国珍贵文化遗产的传承和发展，具有很高的艺术价值与科学价值，需要不断地对其进行深入的发掘与研究创新。本书共11章，主要内容包括绪论、传统风格建筑 RC-CFST 组合柱抗震性能试验研究及非线性有限元分析、传统风格建筑 RC-SRC 组合柱抗震性能试验研究及抗侧刚度计算、传统风格建筑混凝土梁柱组合件动力循环加载试验研究、附设黏滞阻尼器的传统风格建筑新型梁柱组合件动力循环加载试验研究及非线性分析、传统风格建筑 RC-CFST 平面组合框架低周反复加载试验研究及有限元分析、传统风格建筑 RC-CFST 平面组合框架拟动力试验研究及弹塑性时程分析、传统风格建筑 RC-CFST 空间组合框架振动台试验研究，以及传统风格建筑 RC-CFST 组合框架基于位移的抗震设计。

本书内容丰富，资料翔实，可供从事历史建筑和传统风格建筑结构性能研究的工程技术人员和高等院校相关专业的师生参考。

图书在版编目（CIP）数据

传统风格建筑组合框架抗震性能及设计方法/薛建阳，翟磊，戚亮杰著. —北京：机械工业出版社，2023.1
国家自然科学基金（52278317）资助出版物
ISBN 978-7-111-72418-6

Ⅰ.①传… Ⅱ.①薛…②翟…③戚… Ⅲ.①建筑结构-框架结构-防震设计-研究 Ⅳ.①TU352.104

中国国家版本馆 CIP 数据核字（2023）第 010918 号

机械工业出版社（北京市百万庄大街 22 号　邮政编码 100037）
策划编辑：林　辉　　　　　责任编辑：林　辉　高凤春
责任校对：张晓蓉　张　薇　封面设计：张　静
责任印制：张　博
北京雁林吉兆印刷有限公司印刷
2023 年 7 月第 1 版第 1 次印刷
184mm×260mm・16.25 印张・401 千字
标准书号：ISBN 978-7-111-72418-6
定价：99.00 元

电话服务　　　　　　　　　　网络服务
客服电话：010-88361066　　　机 工 官 网：www.cmpbook.com
　　　　　010-88379833　　　机 工 官 博：weibo.com/cmp1952
　　　　　010-68326294　　　金 书 网：www.golden-book.com
封底无防伪标均为盗版　　　　机工教育服务网：www.cmpedu.com

前　言

　　中国传统建筑是中华文化、华夏文明的结晶，是珍贵的文化资源，具有极高的历史、文化、艺术和科学价值。在对这些珍贵文化遗产进行保护和继承的同时，如何传承与创造出具有中华民族风格与地域特色的现代建筑，是目前我国城市发展与建设中遇到的新课题。

　　在继承中国传统建筑文化的基础上，运用现代建筑技艺及建筑材料模仿古建筑的形制、外观而建造的建筑，统称为"传统风格建筑"。随着我国城镇化进程的不断推进，为使建筑能更好地体现本地区的特点，避免各个城市建筑的千篇一律，越来越多、各具特色的传统风格建筑将会呈现于不同的城市中。

　　在诸多结构形式中，组合结构因其防腐、防火、防虫蛀、抗震性能良好及节省后期维修费用等优点，被广泛应用于传统风格建筑中。同时，古建筑形式复杂多变，利用组合结构良好的可塑性，可以非常方便地将古建筑形制多样的特点展现出来。因此，近年来组合结构成为传统风格建筑的主流结构形式。

　　目前，国内学者已对传统风格建筑组合结构开展了部分基础性研究，但就其力学性能、抗震性能及设计方法等方面的研究尚不充分，且关于传统风格建筑组合结构性能设计方面的研究更少。此外，学术界虽然对组合柱及组合框架进行了一些抗震性能研究，但是研究的结构和构造形式与传统风格建筑完全不同，且我国《组合结构设计规范》（JGJ 138—2016）中也没有相关规定和设计方法，尚有很多关键的科学问题未能解决，需要进一步深入和系统研究。因此，对传统风格建筑组合结构的抗震性能开展研究，既是对现代结构设计理论与方法的扩充，也是工程实践的迫切需求，具有重要的理论意义和工程价值。

　　自 2011 年开始，著者及所领导的课题组陆续对传统风格建筑 RC-CFST 组合柱、RC-SRC 组合柱、是否附设黏滞阻尼器的梁柱组合件以及传统风格建筑 RC-CFST 组合框架分别进行了抗震性能试验研究，并结合相关理论计算及有限元模拟分析，最终汇总成本书，以期对传统风格建筑结构的抗震设计及工程推广应用提供一定的技术支持。

　　本书由薛建阳、翟磊撰写，由薛建阳统稿、戚亮杰校阅全书。著者及课题组成员博士生董金爽、马林林、张新和硕士生林建鹏、李海博、葛朱磊、赵轩、门博宇等都进行了大量的试验和理论分析工作。此外，本书涉及的研究内容还得到国家自然科学基金（52278317）、陕西省自然科学基础研究计划（2021JM-367）、陕西省重点科技创新团队计划（2019TD-029）和中建股份有限公司科技研发计划（CSCEC-2012-Z-16）等科研课题的资助与大力支持，在此一并表示衷心感谢。

　　限于著者水平，书中难免存在不妥与错误之处，敬请广大读者批评指正。

著　者

目　录

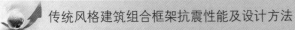

第1章

绪　论

■ 1.1　研究背景及意义

1.1.1　传统风格建筑简介

　　中国是具有五千年历史的文明古国，在悠悠五千载的历史长河中，先祖创造了璀璨的华夏文明。其中，古代建筑是人类物质文明及精神文明的具体体现，是中华民族在上下五千年的历史长河中创造的科学技术的结晶，也是世界文明的重要见证。有人把古代建筑称为"石头的史书""凝固的乐章"。梁思成更是对古代建筑赞美有加："建筑之规模、形体、工程、艺术之嬗递演变，乃其民族特殊文化兴衰潮汐之映影，一国、一族之建筑适反鉴其物质、精神继往开来之面貌。"因此，古建筑是祖先留给我们的弥足珍贵的文化财富，具有极高的历史、文物、艺术和科学价值。

　　中国古建筑多为木结构，木结构因其材料的特殊性，如易受腐蚀、虫害侵蚀、易燃、易腐朽等缺点，使用范围受到较大的限制。同时，大量砍伐木材建造木结构也与当前社会所追求的可持续发展背向而驰。因此，在多种因素的共同作用下，采用其他建筑材料建造古建筑的做法应运而生。

　　在继承中国传统建筑文化的基础上，运用现代建造技艺及建筑材料模仿古建筑的形制、外观而建造的建筑形式，统称为"传统风格建筑"。传统风格建筑包含两方面的内容：一方面是建筑结构形式与古建筑相类似，即形似；另一方面是其中所蕴含的民族特色与地域特点，如中国古建文化蕴含的天人合一思想。中国地域辽阔，南北建筑差异较大，虽无流派之分，但有区域之异。当今社会，传统风格建筑展现出的意境美和古典魅力使得世人对传统风格建筑的喜爱与日俱增。建筑大师林徽因曾说过"未来的建筑形式，可在不改变建筑形式的基础上，更改建筑材料，从而将会有新建筑产生"。

　　传统风格建筑对于发扬我国传统文化意义重大，尤其在历史文化名城得到越来越广泛的应用与推广。作为华夏文化发源地的陕西、河南及其他省份先后兴建了一批具有中华传统文化风格及地域特色的建筑。陕西历史博物馆（钢筋混凝土结构）、大唐芙蓉园紫云楼（钢筋混凝土结构）、大明宫遗址公园丹凤门（钢结构）、隋唐洛阳定鼎门（钢结构）、西安天人长安塔（钢结构）、中国佛学院普陀山学院传统风格建筑群（组合结构）等，便是其中的优秀代表，如图 1-1 所示。

在诸多建筑材料中，钢与混凝土组合结构因其防腐、防火、防虫蛀、抗震性能良好及节省后期维修费用等优点，被广泛应用于传统风格建筑中。同时，古建筑形式复杂多变，利用组合结构良好的可塑性，可以非常方便地将古建筑形制多样的特点展现出来。因此，近年来组合结构成为传统风格建筑的主流结构形式。

a) 陕西历史博物馆

b) 大唐芙蓉园紫云楼

c) 大明宫遗址公园丹凤门

d) 隋唐洛阳定鼎门

图 1-1　传统风格建筑实例

1.1.2　传统风格建筑的形成和发展

由于各种自然因素和人为原因，我国能够保存到现在的传统古建筑并不多。因此如何对保存下来的古建筑进行保护和维修以及顺应时代潮流建造具有中国特色的现代建筑成为建筑行业的重点课题。中国传统风格建筑正是在这种背景下兴起的，它的兴起主要包括以下三个因素：

1. 自身因素

中国古建筑大多采用木结构，由于木结构的耐久性不足，易腐蚀且耐火性能差，加之历朝历代的各种人为因素和自然的侵蚀破坏，许多古建筑已不复存在。而传统风格建筑更多的是采用现代的钢筋混凝土结构或钢结构作为建筑的主体，将古建筑中一些特殊的构件和造型作为装饰运用到建筑中，从而在外形上达到仿古的目的。

2. 社会因素

随着社会的进步和生活水平的提高，人们在满足基本物质需求的同时越来越注重精神生活的享受，而参观名胜古迹既能丰富生活内容又能了解历史文化，是精神生活构架的重大组成部分，因此为迎合人们的精神需求，传统风格的旅游景区建筑逐渐被开发建造，传统风格建筑更多地在旅游城市兴起。

3. 文化因素

传统风格建筑的大量出现，使人们能够在现代城市中感受到历史文化气息，构建了一条历史与现代的纽带，具有一种历史归属感。世界性文化的冲击促进了建筑形式的多样化发展，现代建筑的设计一方面强调建筑形式要顺从社会文化的图解和发挥建筑师的个性；另一方面强调体现历史特征和民族风格的创作思想以及对传统文化的传承。这样传统建筑本身的文化因素和发展变化的社会因素相结合，便成为传统风格建筑兴盛的原因。

1.1.3 传统风格建筑常用结构体系

传统风格建筑是现代施工技术、材料与传统营造法则的完美结合。随着建筑材料的多样性发展，传统风格建筑的结构形式也变得灵活多样，目前主要分为以下五种形式：

1. 木结构

木结构是指结构的主要构件采用木材制作而成的建筑结构类型。与其他结构形式相比，其具有较好的保温隔热性能。由于木材具有天然的纹理，用木材作为结构构件，具有极强的感官亲和力。木材制作简单、施工便捷，对环境的污染较小，因此木结构具有较好的应用前景。然而木结构的缺陷也较为突出，即耐腐、耐火性能较差，不易于长期保存与维护。同时木材在抗压、抗拉、抗弯等力学性能上的各向异性，也不利于后期的深入研究。

2. 钢结构

钢结构是指结构的主要构件采用各种型钢材料制作而成的建筑结构类型。与其他结构形式相比，钢结构强度高、塑性变形能力较强，具有良好的抗震性能。此外，钢结构施工周期短，材料能够多次重复利用，顺应了当代社会可持续发展的潮流，但钢结构本身的耐腐性能和耐火性能差，使得其在传统风格建筑中的应用受到一定的限制。

3. 砌体结构

砌体结构是指结构的主要构件由砖、石材料建造而成的建筑结构类型。古代除木材外，砖和石头也经常被用作建筑材料，所以一般被统称为砖石结构。砖、石材料在全国各地分布广阔，因其自重较大运输困难，适合就地取材。该结构造价成本较低，耐火、隔热、隔声性能较好，承载力较高。但砌体结构与其他结构形式相比强度较低、抗震性能较差、生产效率较低，并且黏土砖的大量生产导致大量农田被严重破坏，与我国可持续发展的政策相违背，因此砌体结构不利于推广与使用。

4. 钢筋混凝土结构

钢筋混凝土结构是指结构的主要构件由钢筋混凝土材料制作而成的建筑结构类型。钢筋混凝土结构具有可塑性强、耐久性好等特点，是传统风格建筑中广泛应用的一种结构形式。

5. 组合结构及混合结构

组合结构及混合结构是指结构的主要构件为组合构件的建筑结构类型。组合结构及混合结构兼具钢筋混凝土结构和钢结构的优点，表现为延性好、承载力高、刚度大、抗震性能好、能有效控制构件截面尺寸，并且该结构体系的造价相对较低，施工方便，具有广阔的发展前景。

1.1.4 研究意义

中国传统建筑是东方文化、华夏文明的结晶，是珍贵的文化资源，具有极高的历史、文化、艺术和科学价值。除了对这些珍贵文化遗产进行保护和继承外，如何传承与创造出具有中华民族风格与地域特色的新建现代建筑，是目前我国城市发展与建设中遇到的主要难题。

近些年来，各大城市在发展和建设中，为了更能体现本城市的文化底蕴与特点，都在探索如何在新建现代建筑中传承与创新本地区传统建筑。其中现代传统风格建筑就是具有很好推广应用前景的探索与创新，已得到了普遍的认可。在这方面，古都西安最具代表性并取得了很大的成功。

在古都西安，为适应历史文化名城保护与发展的需要，现代传统风格建筑得到了迅速的发展，大量现代传统风格的地标性建筑被建设出来，著名的有张锦秋院士主持设计的西安青龙寺、陕西历史博物馆、唐华清宫御汤遗址博物馆、大慈恩寺玄奘法师纪念馆、西安唐华宾馆、大唐芙蓉园紫云楼（图1-2）、唐大明宫丹凤门遗址博物馆、大唐西市、西安世界园艺博览会的天人长安塔（图1-3）等。在其他地区也有大量的现代传统风格建筑结构，如南京天妃宫传统建筑群、蒙城文化街千秋坊、厦门园博苑等。这些传统风格建筑不仅是城市的标志和象征，而且体现了当地的文化特色和传统，得到了广大民众的认可。

图1-2 大唐芙蓉园紫云楼

图1-3 西安世界园艺博览会的天人长安塔

可以看出，随着各个城市在发展和建设中对本地区传统文化的重视和挖掘，为使建筑能更好地体现本城市的特点，避免各个城市建筑的千篇一律，越来越多的、具有本地区特色的现代传统风格建筑呈现于不同的城市中。

虽然这些传统风格建筑除了艺术造型外，其主要结构性能、设计理论及方法与现代钢筋混凝土结构或钢结构具有一定相似性。但由于传统风格建筑现代结构构件、节点等的外形需要满足艺术造型的要求，使得传统风格建筑现代结构构件、节点等的尺寸与构造方法受到很大的限制而与现代结构有很大的区别，这必然导致传统风格建筑结构的力学性能、抗震性能、设计方法与现代钢筋混凝土结构或钢结构有很大不同，而目前国内外对传统风格建筑现代结构的研究基本是空白的，现有规范中也没有相关规定。如果在设计中想当然地认为其性能与现代结构一致，则必然导致很大的误差甚至错误。因此，对传统风格建筑现代结构进行抗震性能研究，既是填补现代结构设计理论与方法的空白，也是工程实践中的迫切需求，具有重要的科学意义和工程应用价值。

综上所述，非常有必要对传统风格建筑现代结构中区别于现代常规结构的抗震性能及其

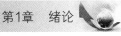

设计方法进行深入研究，这对传统风格建筑现代结构的推广与发展具有重要的科学意义和工程应用价值。

■ 1.2 国内外研究现状

1.2.1 传统风格建筑研究现状

传统风格建筑作为新兴建筑结构体系，早在20世纪初它的概念就由西方建筑界传入我国，经过一个多世纪的继承与探索，中国式的传统风格建筑体系日益成熟。它的魅力吸引了众多国内外专家学者，但由于国外学者对我国传统文化的陌生，并没有过多地开展研究，G. R. Peter、S. Kuan所编的《承传与交融——探讨中国近现代建筑的本质与形式》对中国传统风格建筑的发展进行了一定的研究。近年来，伴随着地震的频发，日本学者对传统风格建筑结构抗震性能及受力机理进行了较多的分析研究。津和佑子、金惠園、藤田香織等人以寺院大堂或者塔类的斗栱为原型，进行了一系列的试验研究，得到了斗栱自振频率、恢复力特性及滞回曲线等研究结果。

国内学者对传统风格建筑进行了一系列研究。梁思成先生是中国古建筑的集大成者，所编著的《清式营造则例》系统地总结归纳了中国古建筑的发展历程和变化形式，奠定了中国传统风格建筑后续发展的基础。该书中主要总结归纳了古建筑的建筑工艺，极少涉及古建筑结构性能与材料力学状况。

李朋等进行了传统风格建筑钢筋混凝土梁-柱节点的低周反复荷载试验，通过观察节点核心区的破坏发展历程和节点的破坏形态，得出传统风格建筑钢筋混凝土梁柱组合件的主要破坏特征。对其抗震性能的分析结果表明：随体积配箍率的提高，节点的承载能力、极限阶段的耗能系数、延性系数等都有不同程度的提高，滞回曲线变得更为饱满；随着梁间距的提高，节点的承载能力得到部分提高，但极限阶段的耗能系数、延性系数均降低，滞回曲线饱满度明显下降。总体来说，试件延性性能和耗能能力弱于常规混凝土梁柱组合件，抗震能力略低。

米文杰基于传统风格建筑荷载设计及施工过程的整体分析，对传统风格建筑荷载设计施工阶段应该注意的事项进行总结，并对该类型平面不规则的建筑提出具有建设性的设计意见。王昌兴等基于洛阳隋唐城模型结构的非线性分析结果，并结合工程重要程度、国家规范规定及抗震设防目标，确定了不同重要程度构件类型的动力放大系数。

吴翔艳通过对定鼎门遗址博物馆结构静力弹塑性分析，得出主体结构在7度罕遇地震作用下抗震性能指标良好的结论，结构符合国家规范规定的"大震不倒"的要求。考虑到钢结构传统风格建筑的特殊性，对主城楼结构施工顺序加载进行了数值模拟分析，结果显示：钢结构传统风格建筑施工顺序加载对主城楼的抗震性能影响可忽略不计。

李世温、李铁英等系统地对中国多个高层木结构古建筑的结构静力和动力特性进行了理论分析和试验研究。王天编著的《古代大木作静力初探》，以古建筑大木作书籍及材份制为依据，首次将古代大木作结构的受力特征通过力学的方法进行分析，从而合理地简化了木结构的受力分析步骤。此外，基于以自重为主的竖向荷载作用下，对荷载的传递路径和在荷载传递过程中各个构件内力分配情况也进行了系统的分析和研究。

俞茂宏等对西安市一系列古建筑的抗震性能进行了研究，建立了相应的模型结构，并进行了一系列的分析及模拟计算，得出了很多有价值的结论。赵鸿铁等对中国古建筑木结构、木构件及木节点的抗震性能进行了大量的试验研究。此外，赵鸿铁等通过对斗栱系统进行深入的试验及理论研究，获得了一系列的研究成果，并由此确定了斗栱竖向承载力的影响因素。

张驭寰从已建成工程实例出发，对传统风格建筑设计进行了详细介绍，提供了很多有价值的设计方法和理论。田永复编著的《中国仿古建筑设计》对传统风格建筑做了详细介绍，此外，他编著的《中国仿古建筑构造精解》详细介绍了各种古建筑的木构件、屋面瓦作和围护结构等。传统风格建筑虽然在外观上延续了古建筑木结构的基本形式，但受力特点及材料类型均发生了质的改变。总体上，传统风格建筑不但要满足古建筑基本的形制要求，同时还要达到应有的抗震设防目标。

张春明分析了传统风格建筑的施工工艺，并讨论了涂饰材料在传统风格建筑施工中的运用，为修建传统风格建筑提供了一套完整、系统的施工工艺。王佩云等基于祈年殿式传统风格建筑结构，建立了其整体三维模型，并对其内力分布及动力特征进行了研究分析。

高大峰、陈兆才等对传统风格建筑结构设计与相应的计算方法等方面进行了研究，通过对各种结构形式的传统风格建筑进行对比发现，传统风格建筑混凝土结构是一种相对经济合理的结构形式。此外，对传统风格建筑混凝土大屋盖结构中的主要构件在设计时应注意的问题进行了一一阐述，并提供了一些相对简便的计算方法，为传统风格建筑的设计提供了一定的参考依据。

1.2.2　组合柱研究现状

到目前为止，国内外学者对混合结构柱连接的研究极少，大多是对混合结构转换柱进行研究。混合结构转换柱改善了建筑结构的抗震性能，有效地避免了建筑结构在地震作用中出现薄弱部位，使各结构发挥各自优势，同时可以有效降低建设成本，具有良好的经济效益。

薛建阳等以型钢延伸高度、配钢率、轴压比以及不同构造措施等设计参数，对 21 个 RC-SRC 转换柱试件和 1 个钢筋混凝土柱对比试件，采用"建研式"加载设备进行了低周反复荷载试验。试验结果表明：RC-SRC 转换柱的破坏形式有剪切破坏、弯曲破坏和黏结破坏，其中剪切破坏多发生于柱的顶部；21 个转换柱试件的位移延性系数介于 1.97 与 5.99 之间，试件的延性受到型钢延伸高度、配钢率、轴压比及配箍率等诸多因素影响，抗震性能相差较大。采用箍筋加密措施并适当增加型钢延伸高度的 RC-SRC 转换柱试件的承载能力和变形能力均好于同条件下的钢筋混凝土柱，可以推广应用于高层建筑中。

殷杰等结合实际工程，对钢筋混凝土结构中钢管混凝土转换柱的受力性能、构造措施和设计方法等进行了系统研究，以拟动力试验和非线性有限元分析为基础，提出了合理的设计建议。

Hideyuki 和 Hiroshi 进行了 4 个剪跨比为 1.5 的 1/2 比例过渡层短柱的低周反复加载试验研究，试验主要研究过渡层柱中型钢延伸高度（0、1/4、1/2、3/4）对柱受力性能的影响。试验研究结果表明，在型钢截断位置至柱顶处的 RC 部分斜裂缝开展集中，在过渡层柱中 RC 部分形成"短柱"型的剪切破坏，并且承载能力随型钢延伸高度增加有降低趋势。

赵滇生等采用 ANSYS 软件模拟在不同剪跨比、轴压系数、配箍率、型钢腹板厚度、混

凝土强度等不同影响因素下转换柱的受剪承载力,并分析了十字形钢柱腹板伸入箱形柱内的高度对转换柱的最大受剪承载力的影响。最后,给出转换柱的受剪承载力回归公式和十字形钢柱腹板伸入箱形柱内的长度建议值。

骆文超以浦东机场二期航站楼为背景,对该大跨度竖向混合结构中的 Y 型混合柱进行研究。通过对 6 个构件的拟静力试验,得到了试件的承载力、变形能力、传力机理和破坏模式,从强度、刚度、延性和耗能能力四个方面对试件的抗震性能进行了评定,同时借助通用有限元软件 ANSYS 对混合柱进行数值分析。

王东波利用有限元软件 ANSYS 对 SRC 柱竖向转换结构在过渡层与上层钢筋混凝土结构的转换柱段进行模拟,研究该区域的应力分布与破坏模式,以轴压比、配钢率、配箍率等为主要参数分析各因素对转换柱受剪承载力的影响,并且根据其受力特征,给出对应加强措施避免剪切脆性破坏。

吴波等通过 8 个薄壁圆钢管再生混合柱-钢筋混凝土梁节点的低周反复加载试验及非线性有限元分析,研究了废弃混凝土取代率和近节点域构造参数对试件抗震性能的影响。研究表明:当废弃混凝土取代率为 33% 时,试件的试验结果与全现浇试件的试验结果基本相似;厚壁钢管厚度与加强环筋直径是影响节点刚度的两个主要因素,而钢管局部加厚的方式能够有效提高试件的抗震性能。

1.2.3 附设消能器的阻尼节点研究现状

附设消能器的阻尼节点是指在梁-柱节点域附设消能器,从而提高梁-柱节点域的耗能能力的一种节点形式。目前,梁-柱节点域附设消能器的方式主要分为两种:一是对于钢结构,耗能器支座与梁、柱等构件通过焊接方式相连,然后消能器与支座通过螺栓或插销等方式固定,以便更换;二是对于混凝土结构,将耗能器连接支座通过植筋的方式与梁、柱等构件相连接,然后消能器与支座通过螺栓或插销等方式固定,以便更换。结构阻尼节点作为一种积极主动的抗震技术,极大地提高了整体结构的稳定性。

国外学者相继开展了一系列的阻尼节点试验研究。Oh 和 Kim 进行了 6 个采用开槽式金属阻尼器的钢结构梁-柱阻尼节点的试验研究,对其抗弯性能及耗能能力的分析结果表明:该阻尼节点具有饱满而稳定的滞回性能,可以承受 0.04rad 的侧移角。Yoshioka 和 Ohkubo 提出了一种安装阻尼器的弱梁刚性连接节点,该节点形式通过削弱梁和摩擦阻尼器相结合。试验研究表明:安装阻尼器可较大程度地提高弱梁刚性连接节点的承载力和耗能能力。Chung 等进行的两个装设黏滞阻尼器的混凝土梁-柱节点的拟静力试验表明:该种阻尼节点的耗能能力及承载力明显优于普通混凝土梁-柱节点。Koetaka 等设计了一种新型的附设 Π 形金属阻尼器的梁-柱阻尼节点,对其进行的拟静力试验表明:该类型阻尼节点具有良好的耗能能力及滞回性能。

国内开展附设消能器的阻尼节点的研究相对较晚。刘猛等将一种新型耗能减震装置安装在无黏结预应力装配混凝土框架节点上,并对该结构进行了试验研究及理论分析,结果表明:安装阻尼器构件的耗能能力及承载能力有极大提高,选取合理的阻尼器参数不会对节点的延性产生较大影响;安装阻尼器构件的破坏模式依然保持梁铰破坏模式,混凝土的损伤和破坏发生在梁端局部,为结构在强地震作用下提供了受力最佳、损失最小的破坏方式,有利于震后的结构修复工作。

吴从晓等根据预制装配式结构的受力特点，提出了将其与扇形铅黏弹性阻尼器相结合的减震框架结构体系，设计并对该类型框架及普通预制装配式梁-柱节点试件进行了低周反复荷载试验。试验结果表明：黏弹性阻尼器参与节点的剪切变形，附设扇形铅黏弹性阻尼器的消能减震体系在很大程度上提升了结构的抗震性能，达到了预期的抗震设防目标。

毛剑等对安装摩擦阻尼器的弱梁刚性连接节点进行了数值模拟分析，对不同参数下节点的抗震性能进行了研究，并与传统节点进行了分析比较，为该类型节点的设计与施工提供了一些建议。

综上，当前对于安装消能器的阻尼节点的研究尚处在起步阶段，且相关研究多集中于位移相关型消能器，而对速度相关型消能器的研究涉猎较少。

实际上，建筑结构的力学行为是其各组成部分耦合之后的体现，如层间位移角是梁、柱及节点各部件弹塑性变形的综合表征，因此，只有进行梁柱组合件的试验才能将结构的力学行为基本反映出来。虽然国内外针对节点构件进行了较多的试验，但节点试验的重点多是针对核心区的力学性能展开的，而梁柱组合件则是梁、柱及节点组成的部件与建筑结构整体性能联系的中枢。因此，梁柱组合件是指梁、柱及节点域等构件组成的部件，它的力学行为不是单纯的各个构件的叠加，而是各构件力学性能的耦合作用效果。

鉴于此，采用型钢混凝土结构与传统风格建筑相结合，将传统风格建筑中受轴压较大的上柱部位使用方钢管混凝土结构，形成一种新型的传统风格建筑混凝土梁柱组合件，并对其力学行为进行研究。在此基础上，将黏滞阻尼器与新型的传统风格建筑混凝土梁柱组合件相结合，即附设黏滞阻尼器于传统风格建筑混凝土梁柱组合件雀替处，对其进行动力加载试验。采用以正弦波为荷载形式的动力循环加载制度，对传统风格建筑混凝土梁柱组合件进行加载。

1.2.4　钢-混凝土组合框架研究现状

国外学者对钢-混凝土组合框架进行了大量的研究，Nakashima 等研究了混凝土楼板和钢梁在大变形荷载作用下两者之间的相互作用。Denavit 对钢管混凝土框架进行了有限元分析，探讨了基于三维分布弹塑性梁单元的静力和动力精确模拟。Hajjar 提出了一种适用于钢管混凝土柱框架的三维纤维塑性分布单元，通过和试验的对比发现可以较好地模拟组合框架在荷载作用下的行为。Elghazouli 等采用高等分析程序对钢-混凝土组合框架结构的抗震性能进行了参数分析，结果表明组合梁跨度、重力荷载以及结构层数对组合框架的弹塑性地震响应均有较大影响。

聂建国等对方钢管混凝土组合框架进行了试验研究，结果表明组合框架结构具有稳定的滞回性能及良好的延性，兼具经济性与实用性的特点，并得到了广泛应用。

王臣通过对钢-混凝土组合框架模型进行动力性能、地震弹性、弹塑性反应谱分析，提出了方钢管混凝土柱组合框架基于振型分解反应谱的计算方法。

薛建阳等对缩尺比为 1：4 的型钢混凝土异形柱空间框架结构模型进行了模拟地震振动台试验，分析型钢混凝土异形柱空间框架结构的抗震性能。试验结果表明：边框架角柱及其梁端为抗震薄弱区域；型钢混凝土异形柱空间框架结构抗震性能良好，弹塑性工作阶段后期，模型结构耗能显著提高。

王文达等根据钢管混凝土柱-钢梁平面框架在水平低周往复荷载与恒定轴力作用下的试

验结果，绘出了钢管混凝土柱-钢梁平面框架的水平荷载-水平位移滞回关系曲线，并提出了单层钢管混凝土柱-钢梁平面框架的荷载-位移恢复力模型。

许成祥等对缩尺比为1:10的单跨钢管混凝土柱-钢梁框架模型进行了模拟地震振动台试验，研究其在地震作用下的抗震性能。试验结果表明：各层位移反应沿高度基本呈倒三角形分布，结构变形为弯剪型（偏于剪切型），模型的总位移角和层间位移角未超过规范规定，结构延性较好。

童菊仙等按照有斜向支撑和无斜向支撑对两个单跨两开间五层的方钢管混凝土框架分别进行了模拟地震振动台试验，研究方钢管混凝土框架的抗震性能以及斜向支撑对其抗震性能的影响。结果表明：结构具有较好的延性，抗震性能好。设置斜向支撑，可以使方钢管混凝土框架结构的刚度变化较为均匀，减小地震作用下由于刚度突变而造成结构的严重破坏。

刘伟庆等对一榀普通混凝土框架，一榀钢支撑钢筋混凝土框架和一榀摩擦耗能支撑钢筋混凝土框架进行模拟地震振动台试验，研究上述三类框架的抗震性能。试验结果表明：摩擦耗能支撑钢筋混凝土框架在地震波激励下加速度反应和位移反应较小，减震效果显著，是一种理想的新型抗震结构形式。

王枝茂对两榀分别为1:3十层三跨和1:2.2三层三跨带有防屈曲耗能斜撑的钢管混凝土柱-钢梁组合框架进行拟动力试验。其结果表明：框架模型具有足够的刚度和良好的抗震性能。防屈曲支撑在结构的耗能中扮演着重要的角色，相当于消能阻尼器的作用，同时采用低屈服强度钢材可以使支撑更好地发挥其耗能能力。

完海鹰等对一榀1:3缩尺的方钢管混凝土柱-钢梁半刚性框架进行拟动力试验，研究其结构的破坏模式和抗震性能。研究结果表明：在地震作用下该结构体系的滞回曲线饱满，具有良好的延性和耗能能力，抗震性能良好。最终的破坏模式是钢梁的较大转角导致节点上部和底部角钢产生较大变形，从而导致破坏。

宗周红等对一榀1:3缩尺的组合框架进行了低周反复加载试验和拟动力试验，试验的组合框架由钢管混凝土柱通过栓焊与组合梁连接组成。研究结果表明：累积损伤使框架底层刚度出现明显弱化，但框架延性较好。

陈倩对1榀三层两跨方钢管混凝土组合框架进行了拟静力试验，分析了其滞回特性、延性性能、耗能能力及强度退化等抗震性能。

刘晶波等利用SAP 2000软件分析了组合梁高度、楼板厚度、柱含钢率等对组合梁-方钢管混凝土柱框架抗震性能的影响。

王水清通过有限元分析和理论推导的方法，对布置防屈曲耗能支撑的钢管混凝土-钢梁组合框架的抗震性能进行了研究。

1.3 本书的主要研究内容

1.3.1 传统风格建筑组合柱力学性能研究

通过4个传统风格建筑方钢管混凝土（CFST）柱与钢筋混凝土（RC）圆柱以及2个传统风格建筑型钢混凝土（SRC）方柱与钢筋混凝土（RC）圆柱的低周反复加载试验，观察了试件在不同轴压比下的加载过程及破坏形态，分析了试件的滞回曲线、骨架曲线、位移、延性、耗能能力、刚度退化及承载力衰减等力学性能。在试验研究的基础上提出了传统风格建筑组合柱的抗侧刚度计算公式。采用大型通用有限元软件对前述试验进行了非线性精细化数值模拟分析，在验证模型正确的基础上分析了传统风格建筑组合柱的力学性能，以期为该类构件相关抗震规程制定提供参考。

1.3.2 传统风格建筑新型梁柱组合件力学性能及减震研究

设计了 2 个传统风格建筑混凝土梁柱组合件以及两组共计 4 个附设黏滞阻尼器的传统风格建筑新型梁柱组合件，包括单梁-柱试件及双梁-柱试件，对其进行动力循环加载试验，获得了其荷载-位移滞回曲线及骨架曲线，对其承载能力、耗能能力、延性性能及刚度强度等抗震性能进行了研究分析。采用有限元软件 ABAQUS 建立传统风格建筑混凝土梁柱组合件的三维数值模型，研究了不同设计参数对其抗震性能影响的规律。结合试验及数值模拟分析结果，考虑到传统风格建筑本身形制特点，对传统风格建筑混凝土新型梁柱组合件的设计方法提出了一些设计建议。

1.3.3 传统风格建筑 RC-CFST 平面组合框架抗震性能研究

分别对一缩尺比为 1：2 的传统风格建筑 RC-CFST 平面组合框架模型进行了拟动力以及低周反复加载试验，总结 RC-CFST 平面组合框架的破坏过程、破坏特征，分析了结构的荷载-位移滞回曲线、骨架曲线、应变特征、延性、耗能性能、刚度退化及承载力退化等力学性能。采用有限元软件建立了传统风格建筑 RC-CFST 平面组合框架的数值模型，研究了不同设计参数对其抗震性能影响的规律。

1.3.4 传统风格建筑 RC-CFST 空间组合框架结构抗震性能研究

采用三维六自由度模拟地震振动台对模型结构进行了 El Centro 波、Taft 波、兰州波及汶川波等地震波作用下的试验，分析其破坏过程及破坏特征、动力特性及动力响应。基于试验研究结果对传统风格建筑 RC-CFST 空间组合框架抗震性能进行评估，为制定传统风格建筑 RC-CFST 空间组合框架抗震规程奠定了基础。

1.3.5 传统风格建筑 RC-CFST 组合框架性能化设计及建议

在传统风格建筑 RC-CFST 组合柱、传统风格建筑 RC-CFST 组合框架抗震性能试验研究的基础上，总结分析其破坏性能，提出五个不同性能水准的判别标准，给出了不同性能水准对应的柱架侧移角限值。通过有限元分析得到多层传统风格建筑 RC-CFST 组合框架的侧移模式，在此基础上将基于位移的抗震设计理论应用于传统风格建筑 RC-CFST 组合框架，结合其特点给出了具体设计步骤。

第2章

传统风格建筑RC-CFST组合柱抗震性能试验研究

■ 2.1 引言

中国古建筑是中华民族悠久历史文化的结晶，具有极高的历史价值和科学价值。随着现代结构的发展，将混凝土结构、钢结构或组合结构与古建筑造型相结合形成的传统风格建筑，是对古建筑文化内涵的传承与发扬。组合结构兼具钢筋混凝土结构和钢结构的优点，具有承载力高、抗震性能、耐火性能好等优点，因此在传统风格建筑中具有良好的应用前景。

传统风格建筑中通常采用圆柱，其顶部放置装饰性斗栱，为保证竖向传力的连续性及斗栱安装的便利性，需在斗栱中设置矩形截面柱，因此形成了刚度和截面尺寸均发生突变的传统风格建筑柱连接。为保证上部柱的延性及承载力，该柱连接通常由方钢管混凝土（CFST）柱与钢筋混凝土（RC）圆柱连接而成。

目前，国内外学者对钢管混凝土已进行相关研究，对传统风格建筑的研究较少。传统风格建筑RC-CFST柱连接与现代普通柱连接造型差异较大，致使其受力性能发生较大变化，现行规范已不再完全适用于此类构件的设计，因此有必要对传统风格建筑RC-CFST柱连接的抗震性能进行试验研究。

本章对RC-CFST柱连接（即RC-CFST组合柱）进行低周反复加载试验，分析其抗震性能，为其科学研究和工程应用提供参考。

■ 2.2 试验概况

2.2.1 试件设计

试件原型为法门寺佛学院大雄宝殿檐柱，如图2-1所示。根据上部CFST柱长细比、钢管锚固长度、配筋率等设计指标的不同，设计了A、B两组共4个试件，主要参数为CFST柱设计轴压比，试件尺寸及配筋如图2-2所示，试件设计参数见表2-1。

在下柱混凝土中插入的钢管4面均焊接抗剪栓钉，以保证锚固作用，栓钉的焊接在加工厂内完成，配置间距为150mm。安装时钢管未插入基座内部，而是悬吊于距基座表面高200mm处，如图2-3所示。采用C30细石混凝土进行分段浇筑，先浇筑基座和钢管内部混凝土，钢管通过经纬仪定位后浇筑钢筋混凝土圆柱部分。混凝土立方体抗压强度实测值，上部

CFST 柱的为 35.46MPa，下部 RC 柱的为 40.57MPa。钢材材性指标见表 2-2。

a) 大雄宝殿

b) 柱连接

图 2-1　试件原型

表 2-1　试件设计参数

组别	试件编号	钢管规格	n	λ	栓钉规格	栓钉数量	$\rho_s(\%)$	$\rho_v(\%)$
A	LJ-1	□180×180×8	0.25	61.35	$\phi19\times80$	28	1.13	0.68
	LJ-2	□180×180×8	0.50	61.35	$\phi19\times80$	28	1.13	0.68
B	LJ-3	□250×250×10	0.25	83.14	$\phi19\times80$	40	0.80	0.55
	LJ-4	□250×250×10	0.50	83.14	$\phi19\times80$	40	0.80	0.55

注：轴压比 $n=N/(A_{ss}f_{ss}+A_c f_c)$，$N$ 为轴向压力，A_{ss}、A_c 为钢管与混凝土的截面面积，f_{ss}、f_c 为钢管和混凝土的抗压强度设计值；长细比 $\lambda=l_c/r$，l_c 为方钢管混凝土柱的计算长度，r 为截面回转半径；ρ_s 为 RC 柱的纵筋配筋率；ρ_v 为 RC 柱的体积配筋率。

表 2-2　钢材材性指标

钢材种类	屈服强度 f_y/MPa	抗拉强度 f_u/MPa	弹性模量 E_s/MPa	强屈比 f_u/f_y	伸长率（%）
$d=10$mm	317.2	517.5	232000	1.63	26.3
$d=18$mm	446.0	623.6	198000	1.40	29.3
$d=20$mm	431.6	625.0	201000	1.45	25.0
□180×180×8	323.8	450.2	191000	1.39	30.4
□250×250×10	259.9	372.8	194000	1.43	27.9

2.2.2　试验加载及测点布置

　　试验中采用 MTS 液压伺服加载系统进行加载，如图 2-4 所示。竖向荷载加载装置为油压千斤顶，顶部装有滚轮，使千斤顶与试件水平移动保持一致，并减少摩擦力，最大竖向荷载为 1500kN；水平反复荷载由 MTS 液压伺服作动器施加，作动器量程为 500kN。

　　试验时先通过油压千斤顶施加竖向荷载至设计轴压比，然后采用力—位移混合控制方法施加水平荷载。在试件屈服前，为力控制阶段，每级荷载循环 1 次，施加荷载级差为 5～10kN；直至荷载-位移曲线出现明显拐点，此时试件屈服，之后为位移控制阶段，每级荷载

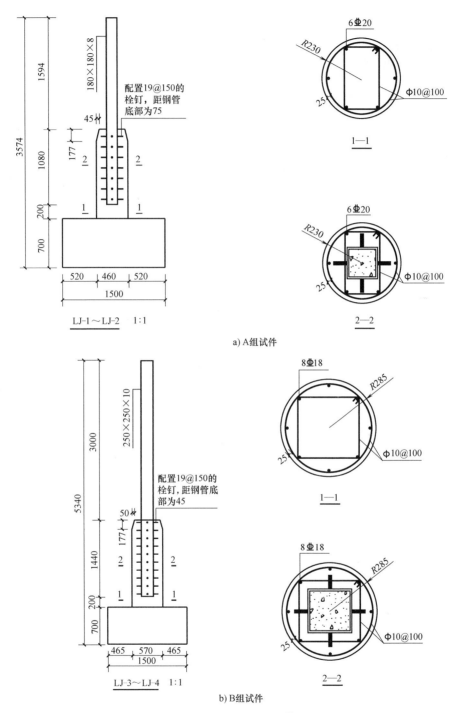

a) A组试件

b) B组试件

图2-2　试件尺寸及配筋

循环3次，按屈服位移值的倍数逐级施加，直至荷载下降至最大荷载的85%时加载结束。

为考察上、下柱柱根及连接区域的受力情况，在对应位置的钢管与钢筋上分别布置应变片。沿上、下柱柱身依次布置5个位移计以测量试件的挠曲变形；试件的应变值和位移值由TDS-630数据采集仪采集，应变片布置如图2-5所示。

a) 栓钉焊接

b) 试件钢管定位

图 2-3　钢管制作及定位

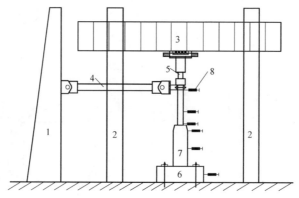

图 2-4　试验加载装置示意图

1—反力墙　2—反力钢架　3—反力梁　4—作动器　5—千斤顶　6—压梁　7—试件　8—位移计

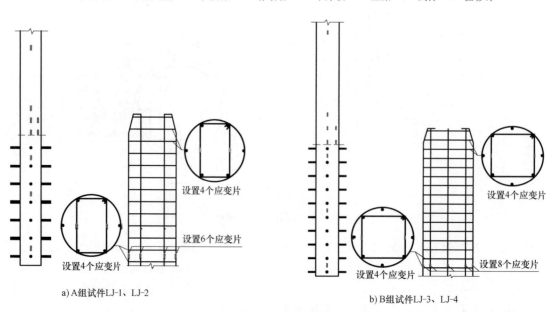

a) A组试件LJ-1、LJ-2

b) B组试件LJ-3、LJ-4

图 2-5　应变片布置

■ 2.3　试验结果分析

2.3.1　破坏模式

反复荷载作用下传统风格建筑 RC-CFST 柱连接的最终破坏形态以弯曲破坏为主，且有一定的剪切破坏特征，在 CFST 柱及 RC 柱根部均能形成具有一定转动能力的塑性铰。加载初期，RC 柱中、下部相继出现多道环向水平裂缝，柱顶变截面处混凝土裂缝由钢管角部斜向延伸至柱外边缘，并沿柱身向下发展，形成 4 条竖向主裂缝，此后 CFST 柱柱根钢管及 RC 柱柱根钢筋先后屈服，环向水平裂缝基本出齐。进入位移控制阶段，随着控制位移逐渐增大，由于钢管不断对 RC 柱混凝土反复挤压，产生较为明显的剪切作用，原有环向水平裂缝发展至南北侧（与作动器平行）后开始斜向下延伸，在 RC 柱南北侧形成交叉斜裂缝，此时柱根处混凝土开始起皮剥落。随着控制位移持续增大，柱根处少量混凝土压碎脱落，钢筋外露，水平承载力下降到 85% 以下，试验加载结束。试件破坏形态如图 2-6 所示。

a) 试件LJ-1　　　　b) 试件LJ-2　　　　c) 试件LJ-3　　　　d) 试件LJ-4

图 2-6　试件破坏形态

在加载过程中，试件 LJ-2、LJ-4 的 CFST 柱钢管先于 RC 柱纵筋达到屈服，而试件 LJ-1、LJ-3 的 RC 柱纵筋先于 CFST 柱钢管进入屈服状态。这是由于下柱截面抗弯刚度远大于上柱，且上柱长细比远大于下柱，致使上部钢管混凝土柱的抗侧能力远小于下部钢筋混凝土圆柱，上、下柱侧向变形不协调。当试件处于较大轴压比状态时，RC 柱混凝土受到较强的约束作用，试件的抗侧刚度增大，侧移变小，而 CFST 柱侧移所占比例较大，此时试件的 P-Δ 效应较为明显，在 CFST 柱根部产生较大的附加弯矩，达到了钢管混凝土柱的正截面承载力，CFST 柱根部出现薄弱部位，导致钢管先进入屈服状态。而在小轴压比状态时，RC 柱混凝土受到的约束作用比大轴压比时变弱，试件屈服前 CFST 柱根部弯矩不足以使钢管屈服，RC 柱根部混凝土在较大复合应力作用下出现压碎脱落，之后此处部分混凝土退出工作，RC 柱根部纵筋首先屈服。

2.3.2　滞回曲线

试验实测了各试件滞回曲线如图 2-7 所示，其中 P、Δ 分别为方钢管混凝土柱顶端水平

传统风格建筑组合框架抗震性能及设计方法

荷载和位移。由图 2-7 可知：

1）在加载初期，试件处于弹性阶段，荷载与位移基本呈线性变化，滞回环所包围的面积很小，残余变形及耗能均较小。

2）随着荷载增大，混凝土开裂，试件刚度开始退化，滞回曲线逐渐向位移轴倾斜，滞回曲线所包围面积及残余变形均逐渐增大。

3）试件屈服后，随着控制位移的增大，滞回曲线更加饱满，耗能能力得到充分发挥，刚度退化显著。在同级控制位移的循环加载中，随着循环次数的增加，RC 柱混凝土开裂损伤严重，试件承载力出现衰减现象。

4）试件 LJ-1、LJ-3 的滞回曲线较为饱满，中部表现出轻微的"捏拢"现象，这是由于在轴压比 0.25 作用下，RC 柱根部纵筋先屈服，之后 RC 柱根部混凝土出现明显裂缝，直至根部混凝土严重压碎；但由于配置钢管，试件滞回曲线仍呈现较为饱满的弓形。试件 LJ-2、LJ-4 的滞回曲线饱满，基本呈梭形，这是由于试件 LJ-2、LJ-4 的 CFST 柱钢管先屈服，RC 柱纵筋随后屈服，RC 柱混凝土破坏较轻，上部 CFST 柱良好的滞回性能得到充分发挥，在加载后期，试件的塑性变形能力更强，有效地减少滞回曲线"捏拢"现象。

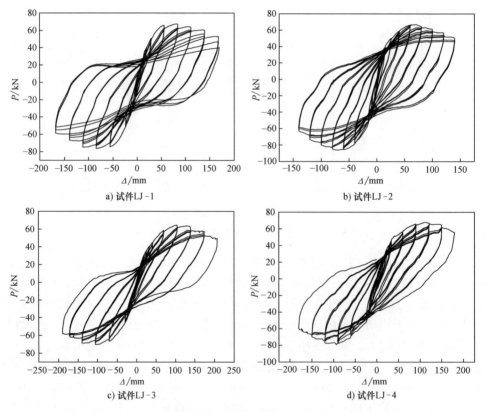

图 2-7 柱顶 P-Δ 滞回曲线

2.3.3 骨架曲线

骨架曲线特征点实测值见表 2-3，图 2-8 所示给出了柱顶的水平荷载（P）-位移（Δ）骨架曲线。由图 2-8 可知，总体上，A 组和 B 组轴压比为 0.50 的试件，其弹性刚度和水平承

16

载力较轴压比为 0.25 的试件高，其中前者的峰值荷载较后者高 5.46% ~ 7.91%，表明轴压比对试件的峰值荷载有一定的影响，轴压比大的试件，其峰值荷载高。当轴压比相同时，对比长细比不同的两对试件可知，A 组试件的峰值荷载比 B 组试件的峰值荷载高 4.47% ~ 6.90%，可见长细比对试件承载力有一定影响，主要原因是 A 组试件的抗侧刚度大于 B 组试件。各试件的骨架曲线在正、负向加载时都有荷载下降段，究其原因是在加载后期，RC 柱根部混凝土压碎脱落，CFST 柱根部钢管屈服，试件承载力降低。

表 2-3　试件的特征荷载、特征位移及延性系数

试件	加载方向	开裂点		屈服点		峰值荷载点		破坏点		Δ_u/Δ_y
		P_{cr}/kN	Δ_{cr}/mm	P_y/kN	Δ_y/mm	P_m/kN	Δ_m/mm	P_u/kN	Δ_u/mm	
LJ-1	正向	19.89	8.01	52.25	32.31	67.31	83.67	57.21	150.59	4.42
	负向	20.17	4.90	58.20	34.77	76.41	83.97	64.95	145.08	
LJ-2	正向	30.06	8.10	45.08	20.18	66.45	59.98	56.49	121.35	5.54
	负向	30.59	8.38	60.29	24.12	85.11	60.00	72.34	122.33	
LJ-3	正向	30.48	19.14	44.26	40.16	64.17	105.00	54.54	186.90	4.49
	负向	30.42	16.57	51.43	41.34	70.27	104.99	59.73	179.24	
LJ-4	正向	35.49	22.97	46.41	35.29	67.26	121.18	57.17	174.88	4.96
	负向	36.22	15.18	50.57	32.20	77.82	89.60	66.15	160.17	

注：P_{cr}、P_y、P_m、P_u 分别为试验的开裂荷载、屈服荷载、峰值荷载、破坏荷载，P_u 取试件骨架曲线荷载下降到85% 峰值荷载时所对应数值，P_y 按通用弯矩屈服法确定，Δ_{cr}、Δ_y、Δ_m、Δ_u 分别为开裂荷载、屈服荷载、峰值荷载、破坏荷载对应的实测位移值。

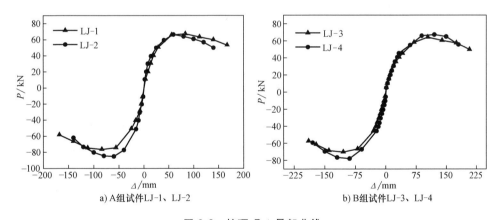

a) A组试件LJ-1、LJ-2　　　　　b) B组试件LJ-3、LJ-4

图 2-8　柱顶 P-Δ 骨架曲线

2.3.4　位移及延性

试件在变截面处抗侧刚度发生较大变化，上、下柱的抗侧能力有较大差异，图 2-9 所示为试件在各特征点处沿柱高的侧移曲线，其中 H 为沿试件的高度，Δ 为沿试件 H 高处的侧移。

由图 2-9 可知，加载初期，试件的侧移较小，RC 柱侧移极小，试件的侧移主要由 CFST 柱贡献。屈服后，试件的水平位移增幅较大，表现出了良好的延性。随轴压比的增大，试件

水平位移减小，其中 RC 柱的侧移明显减小，这主要是因为试件上、下柱抗侧刚度差异显著，在大轴压比状态时，RC 柱的混凝土受到的约束作用更明显，RC 柱的侧移减小较为明显。

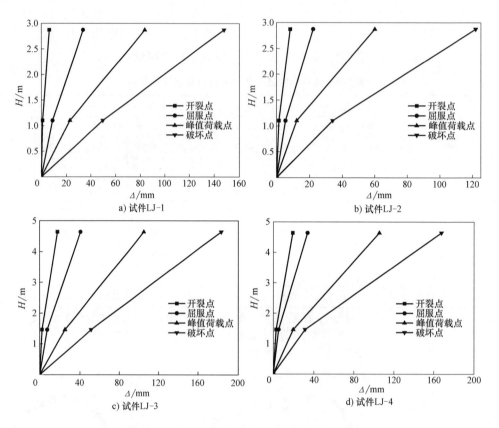

图 2-9　试件在各特征点处沿柱高的侧移曲线

采用位移延性系数 Δ_u/Δ_y 来衡量试件的变形能力。试件的位移延性系数见表 2-3。一般延性破坏时构件的延性系数大于 3。本章中各试件的位移延性系数均大于 4，表明 RC-CFST 柱连接具有良好的延性。试件 LJ-2、LJ-4 的位移延性系数分别达到 5.54、4.96，略大于试件 LJ-1、LJ-3，这是由于试件 LJ-2、LJ-4 的 CFST 柱先进入屈服状态，CFST 柱位移占试件总位移的比例较大，RC 柱侧移较小，在保证试件水平承载力不显著降低的情况下，使钢管混凝土优异的变形能力得到充分发挥，表明上部缩柱采用钢管混凝土柱能够使传统风格建筑 RC-CFST 柱连接在较大轴压比下仍能获得较好的延性。当轴压比为 0.25 时，A、B 组试件位移延性系数相差不大，当轴压比为 0.5 时，A 组试件的位移延性系数高于 B 组试件。这说明在较大轴压比作用下，由于 B 组试件上柱长细比较大，当试件发生较大侧移时，由 $P\text{-}\Delta$ 效应产生的附加弯矩会加速试件达到破坏阶段。因此，为保证传统风格建筑 RC-CFST 柱连接构件在地震作用中保持一定的后期承载力，轴压比应限制在合理范围内。

2.3.5　耗能能力

以滞回环所包围的面积来衡量耗能能力，通常采用等效黏滞阻尼系数 h_e 来表示，即

$$h_e = \frac{1}{2\pi} \cdot \frac{S_{(BCD+DAB)}}{S_{(\triangle OAE+\triangle OCF)}}$$ (2-1)

式中，$S_{(BCD+DAB)}$ 为滞回环面积；$S_{(\triangle OAE+\triangle OCF)}$ 为峰值点对应的三角形面积之和，如图2-10所示。

表2-4给出了试件在各特征点处的等效黏滞阻尼系数 h_e，图2-11所示为各特征点处试件的等效黏滞阻尼系数分布。由图2-11可知，随着荷载的不断增大，试件耗散的能量在屈服点、峰值荷载点与破坏点逐级增加，试件在破坏点的等效黏滞阻尼系数均大于0.2，与型钢混凝土柱相当，具有良好的耗能能力。在相同特征点处，试件LJ-2的等效黏滞阻尼系数略大于试件LJ-1，试件LJ-3与试件LJ-4差距较大，这是因为在较大轴压比状态下，试件上柱钢管较早进入屈服状态，为试件在位移控制阶段提供更多的能量耗散量。在相同轴压比下，A、B组试件在各特征点处的耗能能力有一定差异，当轴压比为0.25时，A组试件在各特征点处的耗能能力强于B组试件，主要原因是B组试件的长细比比A组的大，使其钢管和RC柱纵筋的塑性变形比A组试件的小。当轴压比为0.5时，B组试件在峰值荷载点及破坏点的耗能能力稍强于A组试件，这是由于在较大轴压比作用下，A、B组试件钢管均较早进入屈服状态，试件的CFST柱完全发挥其耗能能力，而B组试件长细比较大，其钢管屈服范围较大，使其能量耗散更为充分。

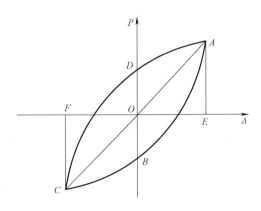

图2-10 P-Δ 滞回环示意

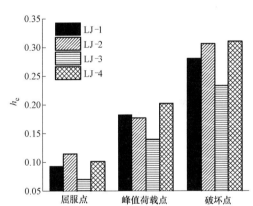

图2-11 各特征点处试件的等效黏滞阻尼系数分布

表2-4 试件在各特征点处的等效黏滞阻尼系数 h_e

试件编号	h_e		
	屈服点	峰值荷载点	破坏点
LJ-1	0.093	0.183	0.281
LJ-2	0.115	0.177	0.306
LJ-3	0.070	0.140	0.233
LJ-4	0.101	0.202	0.311

2.3.6 刚度退化

采用割线刚度 K 来反映试件的刚度，计算式为

$$K = \frac{|P_i| + |-P_i|}{|\Delta_i| + |-\Delta_i|} \qquad (2-2)$$

式中，P_i、$-P_i$ 分别为第 i 次循环的推、拉方向的最大荷载；Δ_i、$-\Delta_i$ 分别为 P_i、$-P_i$ 对应位移。

表 2-5 列出了试件主要特征点的割线刚度，图 2-12 所示为试件的整体刚度退化曲线以及在位移循环阶段的无量纲化刚度退化曲线。

表 2-5 试件主要特征点的割线刚度

试件编号	加载方向	开裂点		屈服点		峰值点		破坏点	
		$K_{cr}/(kN/mm)$		$K_y/(kN/mm)$		$K_m/(kN/mm)$		$K_u/(kN/mm)$	
LJ-1	正	2.48	3.07	2.23	2.37	0.80	0.86	0.38	0.49
	负	3.65		2.50		0.91		0.59	
LJ-2	正	3.71	3.68	2.23	2.37	1.11	1.27	0.47	0.53
	负	3.65		2.50		1.42		0.59	
LJ-3	正	1.59	1.72	1.10	1.17	0.61	0.64	0.29	0.31
	负	1.84		1.24		0.67		0.33	
LJ-4	正	1.54	1.97	1.32	1.45	0.56	0.72	0.33	0.37
	负	2.39		1.57		0.87		0.41	

由图 2-12、表 2-5 可知，试件刚度退化趋势基本一致。加载初期，试件刚度退化较快。与轴压比为 0.25 的试件相比，轴压比为 0.5 的试件的刚度退化速率稍缓。试件屈服后，进入位移循环阶段，刚度退化程度明显放缓。这是由于随着荷载的增大，试件 RC 柱混凝土裂缝不断开展延伸，使试件刚度迅速退化；在试件屈服后，仍有少量混凝土裂缝出现，受拉区混凝土退出工作，试件逐渐进入塑性发展阶段，使试件的刚度退化进程放缓。

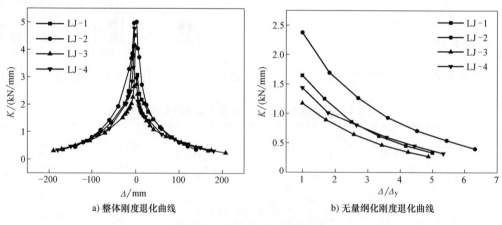

a) 整体刚度退化曲线　　　　　　　　b) 无量纲化刚度退化曲线

图 2-12 试件的刚度退化曲线

从图 2-12 可以看出，在位移循环阶段，随着位移的增大，不同轴压比下试件的刚度退化速率基本一致，而轴压比为 0.5 的试件在各位移下刚度均大于轴压比为 0.25 的试件。这一方面是由于较大的竖向荷载对混凝土产生较强的约束作用，使混凝土力学性能得到提高；另一方面轴压比为 0.5 的试件的 CFST 柱侧移较大，RC 柱侧移较小，混凝土损伤累积较少，使得轴压比为 0.5 的试件保持较高的抗侧刚度。

2.3.7　承载力衰减

采用同级控制位移的第 3 次循环的水平承载力 F_3 与该级位移下第 1 次水平承载力 F_1 的比值 F_3/F_1 来定量表示强度衰减的程度。试验测得的 F_3/F_1 与 Δ/Δ_y 的关系如图 2-13 所示。

由图 2-13 可知，随着控制位移的增大和循环次数的增加，试件承载力衰减变快。这主要是由于柱中混凝土不断损伤，下柱混凝土不断剥落，导致试件水平承载力不断下降。除试件 LJ-1 外，其余试件的承载力衰减现象均不明显，试件水平承载力均能达到第一次循环的 90% 以上，这说明连接件在反复荷载作用下，能保持较高的后期承载力。试件 LJ-3、LJ-1 比对应的试件 LJ-4、LJ-2 的承载力衰减现象稍严重，这是由于试件 LJ-3、LJ-1 的轴压比为 0.25，试件 RC 柱混凝土破坏更严重，承载力下降较快；而试件 LJ-4、LJ-2 的 CFST 柱先屈服，内部混凝土由于钢管的约束作用，得以维持较高的水平承载力，钢管混凝土的承载力得到充分发挥。B 组

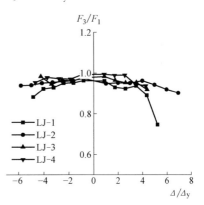

图 2-13　试件的承载力衰减曲线

试件承载力衰减较 A 组试件的显著，其主要原因是 A 组试件的抗侧刚度大于 B 组试件，致使前者的水平承载力也大于后者，加载后期，A 组试件开始破坏时的荷载较大，加速了试件的破坏，A 组试件的承载力下降更明显。

2.4　本章小结

本章通过对传统风格建筑 RC-CFST 组合柱的低周反复加载试验研究得到以下结论：

1）传统风格建筑 RC-CFST 组合柱的破坏形态以弯曲破坏为主，但有一定的剪切破坏特征。在 CFST 柱及 RC 柱根部均形成塑性铰，RC 柱中上部出现较为明显的剪切斜裂缝。

2）传统风格建筑 RC-CFST 组合柱滞回曲线饱满，极限位移大，破坏时试件的位移延性系数为 4.42～5.54，均大于 3，具有良好的变形能力。

3）在一定范围内，随着轴压比增大，试件峰值荷载增大，延性变好，刚度退化和承载力衰减变缓。

4）当轴压比相同时，随着长细比的增加，试件的峰值荷载降低，延性变差（除试件 LJ-1 和试件 LJ-3），承载力衰减变缓。

5）随着荷载的不断增大，试件耗散的能量逐级增加，试件在破坏点的等效黏滞阻尼系数均大于 0.2，与型钢混凝土柱相当，具有良好的耗能能力。

第 3 章

传统风格建筑RC-CFST组合柱
非线性有限元分析

■ 3.1　引言

本章通过有限元分析软件 ABAQUS 对传统风格建筑 RC-CFST 组合柱进行非线性有限元分析，建立了 RC-CFST 组合柱的有限元分析模型，获取了 RC-CFST 组合柱骨架曲线，并与试验结果进行对比，验证了 RC-CFST 组合柱有限元分析模型的合理性。在此基础上，采用 ABAQUS 软件对 RC-CFST 组合柱抗震性能进行了参数影响分析，研究结论可为传统风格建筑 RC-CFST 组合柱的抗震设计提供理论依据和技术参考。

■ 3.2　模型建立

3.2.1　混凝土本构关系

ABAQUS 中混凝土本构模型主要有以下三种：混凝土弥散开裂模型、混凝土开裂模型和混凝土损伤塑性模型。混凝土弥散开裂模型用于非各向同性的损伤弹性概念（弥散开裂）来描开裂破坏后材料反应的可逆部分。混凝土开裂模型仅适用于 ABAQUS/Explicit 下的分析。混凝土损伤塑性模型主要适用于准脆性材料，其破坏机制主要是拉裂和压碎，因此混凝土损伤塑性模型主要用于钢筋混凝土结构及素混凝土结构的分析。本章混凝土本构模型均采用混凝土损伤塑性模型。

1. CFST 柱混凝土本构关系

在建立 CFST 柱内混凝土的受压本构关系时，考虑了钢管对核心混凝土的"约束效应"，采用刘威提出的混凝土应力-应变本构关系，根据韩林海提出的"约束效应系数"（ξ）来反映钢管与其核心混凝土之间的组合作用。ξ 的表达式为

$$\xi = \frac{A_s f_y}{A_c f_{ck}} \tag{3-1}$$

式中　A_s、A_c——分别为钢管和混凝土的截面面积；

　　　f_y、f_{ck}——分别为钢材屈服强度和混凝土轴心抗压强度标准值。

刘威在韩林海提出的核心混凝土的应力-应变关系模型的基础上，经过大量算例的分析，修正了混凝土单轴应力-应变关系的峰值应变和下降段，最终提出适用于有限元分析的核心

混凝土等效应力-应变关系模型，即

$$y = \begin{cases} 2x - x^2 & (x \leqslant 1) \\ \dfrac{x}{\beta_0 (x-1)^{\eta} + x} & (x > 1) \end{cases} \tag{3-2}$$

式中，$x = \dfrac{\varepsilon}{\varepsilon_0}$；$y = \dfrac{\sigma}{\sigma_0}$；$\sigma_0 = f'_c$；$\varepsilon_0 = \varepsilon_{cc} + 800 \xi^{0.2} \times 10^{-6}$；$\varepsilon_{cc} = (1300 + 12.5 f'_c) \times 10^{-6}$，其中 f'_c 为混凝土圆柱体抗压强度，单位为 N/mm^2；

$$\eta = \begin{cases} 2 & (圆钢管混凝土) \\ 1.6 + 1.5/x & (方钢管混凝土) \end{cases}$$

$$\beta_0 = \begin{cases} (2.36 \times 10^{-5})^{\left[0.25 + (\xi - 0.5)^7 \right]} \times f'^{0.5}_c \times 0.5 \geqslant 0.12 & (圆钢管混凝土) \\ \dfrac{f'^{0.1}_c}{1.2 \sqrt{1 + \xi}} & (方钢管混凝土) \end{cases}$$

混凝土的受拉应力-应变关系按沈聚敏提出的计算公式确定，即

$$y = \begin{cases} 1.2x - 0.2x^6 & (x \leqslant 1) \\ \dfrac{x}{0.31 \sigma_p^2 (x-1)^{1.7} + x} & (x > 1) \end{cases} \tag{3-3}$$

式中，$x = \dfrac{\varepsilon_c}{\varepsilon_p}$；$y = \dfrac{\sigma_c}{\sigma_p}$。$\sigma_p$ 和 ε_p 分别是峰值拉应力与峰值拉应变，其计算式为

$$\sigma_p = 0.26 \times (1.25 f_c)^{2/3}；\quad \varepsilon_p = 43.1 \sigma_p$$

根据美国《混凝土结构设计规范》（ACI 318 2014），定义混凝土弹性模型为

$$\begin{cases} E_s = 4700 \sqrt{f'_c} \\ \mu_c = 0.2 \end{cases} \tag{3-4}$$

2. RC 柱混凝土本构关系

在建立 RC 柱的混凝土本构模型时，采用《混凝土结构设计规范（2015 年版）》（GB 50010—2010）建议的应力-应变本构关系与弹性模型参数。

混凝土单轴受压应力-应变曲线：

$$\sigma = (1 - d_c) E_c \varepsilon \tag{3-5}$$

$$d_c = \begin{cases} 1 - \dfrac{\rho_c n}{n - 1 + x^n} & (x \leqslant 1) \\ 1 - \dfrac{\rho_c}{\alpha_c (x-1)^2 + x} & (x > 1) \end{cases} \tag{3-6}$$

$$\rho_c = \dfrac{f_c}{E_c \varepsilon_c} \tag{3-7}$$

$$n = \dfrac{E_c \varepsilon_c}{E_c \varepsilon_c - f_c} \tag{3-8}$$

$$x = \dfrac{\varepsilon}{\varepsilon_c} \tag{3-9}$$

式中，α_c 为混凝土单轴受压应力-应变曲线下降段参数值；f_c 为混凝土单轴抗压强度；ε_c 为与单轴抗压强度 f_c 对应的混凝土峰值压应变；d_c 为混凝土单轴受压损伤演化参数。

混凝土单轴受拉应力-应变曲线：

$$\sigma = (1 - d_t) E_c \varepsilon \tag{3-10}$$

$$d_t = \begin{cases} 1 - \rho_t (1.2 - 0.2 x^5) & (x \leqslant 1) \\ 1 - \dfrac{\rho_t}{\alpha_t (x-1)^{1.7} + x} & (x > 1) \end{cases} \tag{3-11}$$

$$x = \frac{\varepsilon}{\varepsilon_t} \tag{3-12}$$

$$\rho_t = \frac{f_t}{E_c \varepsilon_t} \tag{3-13}$$

式中，α_t 为混凝土单轴受拉应力-应变曲线下降段参数值；f_t 为混凝土单轴抗拉强度；ε_t 为与单轴抗拉强度 f_t 对应的混凝土峰值拉应变；d_t 为混凝土单轴受拉损伤演化参数。

3. ABAQUS 混凝土损伤因子及其他参数的设置

根据上下柱的混凝土应力-应变曲线，按照《ABAQUS 分析使用手册》中混凝土损伤塑性模型的损伤因子 D_k 的公式来计算，即

$$D_k = \frac{(1 - \beta_k) \varepsilon_k^{in} E_0}{\sigma_k + (1 - \beta_k) \varepsilon_k^{in} E_0} (k = t, c) \tag{3-14}$$

式中，t、c 分别代表拉伸和压缩；β 为塑性应变与非弹性应变的比例系数，当混凝土处于受拉状态时 $\beta_t \approx (0.5 \sim 0.95)$，当混凝土处于受压状态时 $\beta_c \approx (0.35 \sim 0.7)$，$\varepsilon_k^{in}$ 为拉伸和压缩状态下的非弹性应变。

ABAQUS 中其他参数定义如下：

混凝土膨胀角为 $30°$，流动势偏移量 $e = 0.1$，混凝土的双轴受压与单轴受压极限强度比 $\sigma_{b0} / \sigma_{c0} = 1.16$，受拉子午线与受压子午线常应力比值 $K_c = 2/3$，为保证良好的收敛性，黏滞系数 $\mu = 0.002$。

3.2.2 钢材本构关系

钢材的应力-应变曲线可通过材性试验得到。ABAQUS 中钢材的本构模型通常为理想弹塑性模型或弹性-线弹性强化模型。试件钢材达到屈服阶段后，钢材的应力仍有少许提高，为考虑此种现象，采用弹性-线弹性强化模型，如图 3-1 所示。钢材在多轴应力状态下采用 Mises 屈服准则、等向强化法则以及相关流动法则，钢材屈服后弹性模量 $E_s' = 0.01 E_s$，泊松比为 0.3。

3.2.3 单元选型及网格划分

混凝土与钢管的单元均采用 C3D8R 单元，即三维实体 8 节点的缩减积分单元。试件中所有钢筋单元均为 T3D2 单元，即 2 节点三维桁架单元。

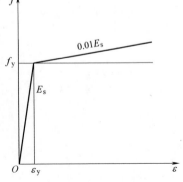

图 3-1 弹性-线弹性强化模型

通过对相关参考文献的分析，网格划分密度对计算结果的精度影响很大。C3D8R 单元的网格划分越粗，计算结果的精度越差。ABAQUS/Standard 使用单纯主-从接触算法：在一个表面（从面）上的节点不能侵入另一个表面（主面）的某一部分。该算法并没有对主面做任何限制，它可以在主面的节点之间侵入从面，从面应该是网格划分更精细的表面。为保证良好的收敛性及计算效率，本节将 CFST 柱部分混凝土网格划分更为精细。A、B 组试件网格划分如图 3-2、图 3-3 所示。

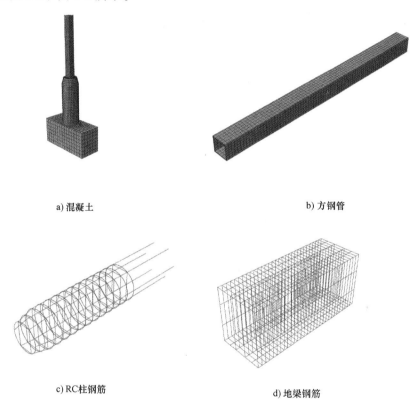

a) 混凝土　　　　　　　　　　　b) 方钢管

c) RC柱钢筋　　　　　　　　　　d) 地梁钢筋

图 3-2　A 组试件的网格划分

3.2.4　定义相互作用关系

1. 钢管与混凝土之间的作用

在反复荷载作用下，钢管与混凝土之间的应变不是完全连续的，钢管与混凝土之间存在着一定的黏结滑移。通过相关试验发现，当钢管顶部应变为 $1000\mu\varepsilon$ 时，钢管顶部与底部应变几乎一致，表明钢管与核心混凝土间的应变是连续的。当试件顶部应变达到 $3000\sim5000\mu\varepsilon$ 时，钢管顶部应变明显比接近底部的大，这意味着试件顶部的钢管正逐渐地将轴向荷载传递给核心混凝土，当出现应变不连续分布时，钢管和核心混凝土间产生黏结应力。为准确模拟钢管与混凝土之间的黏结应力及黏结滑移，在有限元建模过程中，应用 ABAQUS 中的表面与表面接触单元。接触面之间的相互作用包含两部分：一部分是接触面间的法向作用；另一部分是接触面间的切向作用。法向行为采用"硬"接触，切向作用包括接触面之间的相对滑动和存在的摩擦剪应力，采用定义摩擦的方式来模拟钢管与混凝土之间的黏结应力，并采

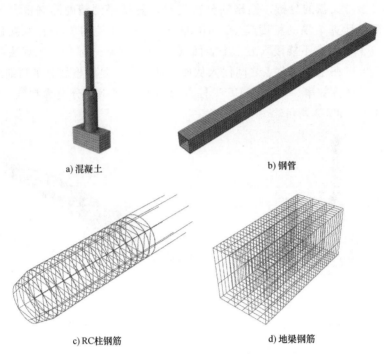

a) 混凝土　　　　　　　　　　b) 钢管

c) RC柱钢筋　　　　　　　　　d) 地梁钢筋

图 3-3　B 组试件的网格划分

用罚函数运算方法，钢管混凝土的摩擦系数的设置范围为 0.2~0.6，这样就有效地考虑了钢管与混凝土之间的黏结应力与黏结滑移。在定义接触从主面时，本节将混凝土定义为从面，钢管定义为主面，来保证模型的收敛性。

锚固区段的钢管表面焊接 4 排抗剪栓钉，保证钢管与 RC 柱内混凝土的共同工作。在有限元建模中，本节采用 ABAQUS 中提供的绑定约束（tie）来定义内插段钢管的外表面与 RC 柱中混凝土的接触作用。

2. 钢筋与混凝土间的作用

相关研究表明，在 ABAQUS 有限元模拟中考虑钢筋与混凝土之间的黏结滑移关系能够获得更高的计算精度，但不考虑黏结滑移仍能满足工程计算要求。因此，在 ABAQUS 中采用嵌入约束（embed）来定义钢筋与混凝土之间的相互作用。

3.2.5　定义边界条件及施加荷载

为保证组合柱试件在有限元计算中边界条件及加载方式与试验相同，对基础的上下表面采用固接，保证在有限元模拟过程中基础不产生滑移及转动；为保证 ABAQUS 计算时的收敛性，在柱顶竖向荷载加载端及水平荷载加载端设置垫板，垫板与试件表面采用绑定约束（tie），在柱顶及水平垫板表面施加耦合约束（coupling），如图 3-4 所示。

根据试验加载过程，在 ABAQUS/standard 的 step 模块中设置两个分析步。第一步为竖向荷载施加阶段，在竖向垫板的耦合约束（coupling）参考点处施加竖向集中力，荷载大小按照试验中试件的设计轴压比确定。第二步为水平荷载施加阶段，采用位移控制，在水平垫板的耦合约束（coupling）参考点处施加与试验相同的水平位移，并打开几何非线性开关（nlgeom）。

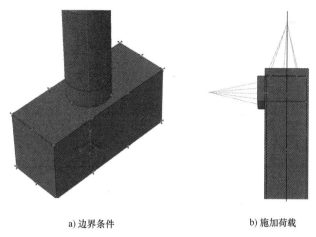

a) 边界条件　　　　　　　　　b) 施加荷载

图 3-4　边界条件及施加荷载

3.3　计算结果与试验结果的对比分析

3.3.1　骨架曲线

　　RC-CFST 组合柱的荷载-位移骨架曲线的试验实测结果与 ABAQUS 计算结果对比如图 3-5 所示，其中试验骨架曲线为正负向骨架曲线的平均值。同时表 3-1 给出了试件骨架曲线特征点荷载及位移的实测值与计算值的对比。由图 3-5 及表 3-1 可知，从总体上看，ABAQUS 计算结果与试验结果吻合度较高。

表 3-1　试件骨架曲线的特征点荷载及特征位移

试　件		屈服点		峰值点		破坏点	
		P_y/kN	Δ_y/mm	P_m/kN	Δ_m/mm	P_u/kN	Δ_u/mm
LJ-1	试验	55.23	33.54	71.86	83.82	61.08	147.84
	ABAQUS	59.83	30.01	76.45	68.38	64.45	145.32
	差异(%)	8.33	10.52	6.39	18.42	5.52	1.70
LJ-2	试验	52.69	22.15	75.78	59.99	64.42	121.84
	ABAQUS	58.08	28.18	75.05	63.03	63.79	123.33
	差异(%)	10.23	27.22	0.96	5.07	0.98	1.22
LJ-3	试验	47.85	40.75	67.22	105.00	57.14	183.07
	ABAQUS	54.94	45.96	71.10	97.01	60.44	184.81
	差异(%)	14.83	12.79	5.77	7.61	5.78	0.95
LJ-4	试验	48.49	33.75	72.54	105.39	61.66	167.53
	ABAQUS	53.43	43.64	69.62	93.90	59.19	158.50
	差异(%)	10.19	29.32	4.03	10.90	4.01	5.39

注：P_y、P_m、P_u 分别代表屈服荷载、峰值荷载和破坏荷载，其中屈服荷载 P_y 根据通用屈服弯矩法得到，破坏荷载 P_u 为峰值荷载 P_m 的 85%，Δ_y、Δ_m、Δ_u 分别为 P_y、P_m、P_u 所对应的位移。

由表 3-1 可知，试件 LJ-1~LJ-4 的峰值荷载、峰值位移、破坏荷载及破坏位移的计算值与试验值差异较小；轴压比 0.25 的试件的屈服荷载、屈服位移的计算值与试验值的差异较小，而轴压比 0.5 的试件的差异较大。这是由于较大的轴压比可以延缓 RC 柱混凝土的裂缝产生及开展，使得试件的初期刚度较大，ABAQUS 计算结果中，轴压比对初期刚度影响很小，因此试验实测屈服点对应荷载及位移与 ABAQUS 计算值差异较大，随着荷载不断增大，混凝土逐渐退出工作，钢材材质较为均匀，其力学性能受轴压比影响较小，试验值与计算值差异逐渐减小。

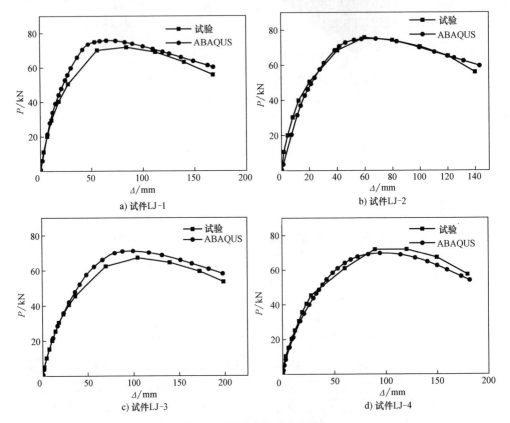

图 3-5　试件的骨架曲线对比

ABAQUS 计算结果与试验实测结果的偏差原因主要如下：

1）在低周反复荷载作用下，轴压比 0.25 的试件的 RC 柱混凝土开裂损伤较为严重，ABAQUS 有限元模拟则是单调加载，混凝土损伤稍弱，因此计算的刚度退化比试验实测结果缓慢；试验过程中，较大的轴压比对试件在加载初期的刚度和水平承载力有提高作用，延缓 RC 柱混凝土的裂缝产生和开展，这在该次有限元计算中并未很好地体现，轴压比不同，有限元计算的试件初期刚度没有明显差别，水平承载力有降低趋势，导致 0.5 轴压比下 ABAQUS 计算结果的初期刚度和水平承载力比试验实测值稍低。

2）由图 3-5 可以看出，ABAQUS 计算的骨架曲线下降段更为平缓，这是由于在 ABAQUS 计算中未考虑钢筋与混凝土之间的黏结滑移，组合柱尽管没有发生黏结滑移破坏，但 RC 柱钢筋与混凝土之间存在一定滑移，故试验过程中骨架曲线下降段刚度退化相对较快。

3.3.2　变形模式

图 3-6、图 3-7 所示为 A、B 组试件加至最大水平位移时的整体变形，通过 ABAQUS 有限元计算与试验的整体变形对比可以看出，两者变形吻合度较高，试件 CFST 柱的水平位移较大，RC 柱的水平位移较小，这也间接证明建立的 ABAQUS 有限元模型的合理性。

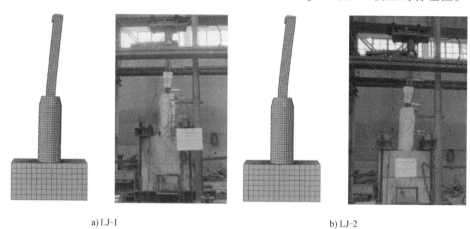

a) LJ-1　　　　　　　　　　　　　　　b) LJ-2

图 3-6　A 组试件有限元模型与试验的变形对比

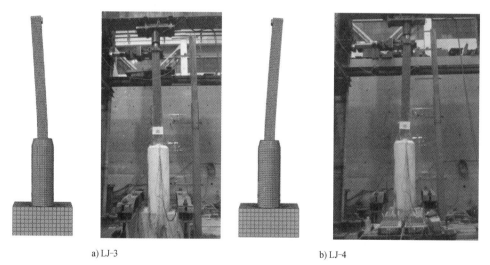

a) LJ-3　　　　　　　　　　　　　　　b) LJ-4

图 3-7　B 组试件有限元模型与试验的变形对比

3.3.3　模型应力分析

选取试件 LJ-1、LJ-3 作为主要应力分析模型。为分析组合柱中钢材及混凝土的应力分布，选取 2 个主要控制截面：CFST 柱和 RC 柱的柱根处截面。为分析不同受力阶段时试件的应力状态，选取 5 个典型时刻对应的特征点进行比较，如图 3-8 所示。其中 1 点为屈服点，2 点为 1.5 倍屈服位移点，3 点为峰值点，4 点为 1.5 倍峰值位移点，5 点为加载结束点。

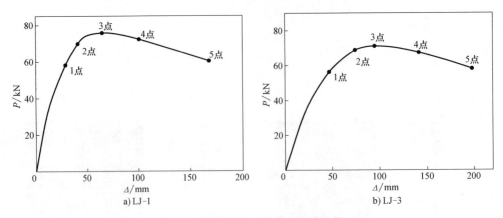

a) LJ-1   b) LJ-3

图 3-8   特征点对应骨架曲线的位置

1. 混凝土应力分析

混凝土整体应力分布如图 3-9 所示。由图 3-9 可知，组合柱的上柱混凝土压应力沿着柱身向下逐渐增大，在 CFST 柱根部达到最大值，同时锚固区段钢管内混凝土压应力沿柱身向下逐渐减小，这表明随着钢管插入深度的增大，该区段钢管内部混凝土逐渐不再参与工作；RC 柱柱顶混凝土压应力较小，沿着柱身向下逐渐增大，在柱根处达到最大值。

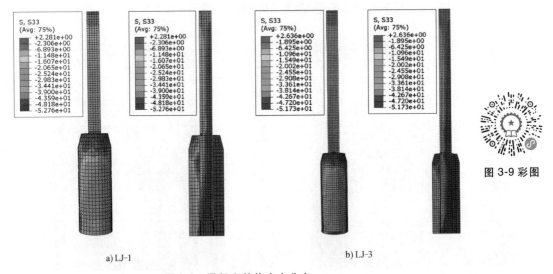

图 3-9 彩图

a) LJ-1   b) LJ-3

图 3-9   混凝土整体应力分布

各特征点对应控制截面混凝土应力如图 3-10、图 3-11 所示。

由图 3-10 可知，钢管内部混凝土与 RC 柱混凝土的应力分布有较大差异。从 RC 柱截面应力云图上可以看出，拉压界面明显，其分界线为直线；CFST 柱内混凝土在角部所受约束作用最大，远离角部时所受的约束作用逐渐减小，因此其拉压分界线为曲线。在受压弯荷载作用时，受压区混凝土应力沿钢管中线对称分布，在中线附近混凝土压应力达到最大，角部混凝土压应力逐渐减小，这是由于中线附近混凝土受到两边角部较大的约束作用，在竖向荷载作用下，达到三向受压状态，导致压应力最大。从图 3-10 上还可以看出，随着控制位移的增大，RC 柱混凝土受压区高度逐渐减小，达到峰值荷载时，受压区高度最小，而钢管混

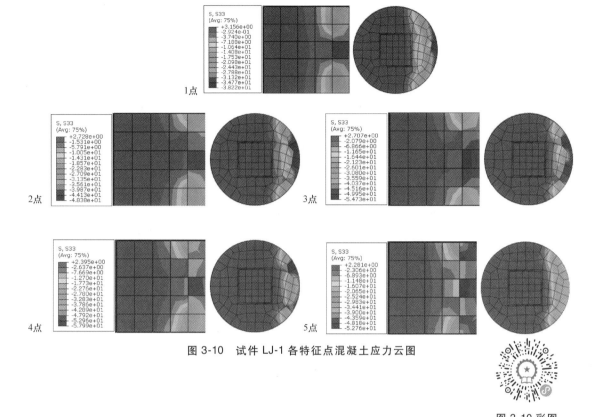

图 3-10　试件 LJ-1 各特征点混凝土应力云图

图 3-10 彩图

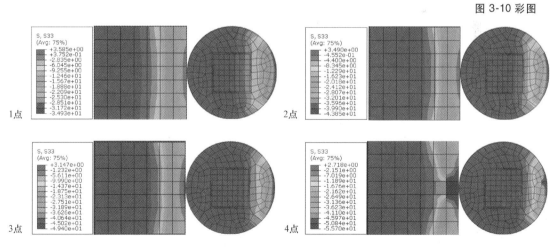

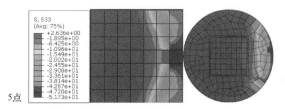

图 3-11　试件 LJ-3 各特征点混凝土应力云图

图 3-11 彩图

凝土由于受到钢管的约束作用,受压区高度逐渐增大,在加载结束点时,混凝土仍能保持较大的受压区面积和较高的压应力。由 1 点应力云图可知,受拉区混凝土应力超过其抗拉强度 10% 左右,说明受拉区混凝土已经开裂退出工作。由 3 点应力云图可知,CFST 柱与 RC 柱混凝土压应力基本达到最大,随后混凝土压应力逐渐减小,下柱混凝土破坏严重,逐步退出工作。

由图 3-11 可知,在加载初期,钢管内部混凝土压应力较小,RC 柱混凝土压应力较大;在 1 点时刻,RC 柱混凝土拉应力已经超过其抗拉强度,随着位移逐渐加大,钢管内部混凝土应力增长速度较快;在 4 点时刻,试件控制截面处的混凝土压应力均达到最大;在加载结束点时,钢管内混凝土与 RC 柱混凝土均能保持较高的应力状态,这与试验过程中 B 组试件 RC 柱受压区混凝土破坏程度比 A 组试件轻的现象相吻合,再次证明了有限元模型的合理性。从试件 LJ-1、LJ-3 的钢管内混凝土应力云图对比可知,试件 LJ-3 的 CFST 柱内混凝土拉压分界线接近直线,且受压区混凝土应力较小,表明钢管角部对混凝土约束作用较小,这主要是试件 LJ-3 的钢管截面尺寸较大,截面含钢率较小,减弱了钢管对混凝土的约束效应,该现象也与相关文献得出的结论相符。

2. 钢材应力分析

试件整体钢筋骨架及钢管 Mises 应力分布如图 3-12 所示,图 3-13 所示为在加载过程中控制截面的钢管及钢筋的应力情况。

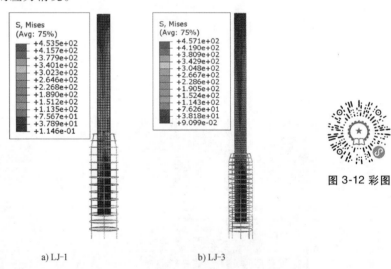

a) LJ-1   b) LJ-3

图 3-12 彩图

图 3-12 试件整体钢筋骨架及钢管 Mises 应力分布

由图 3-12 及图 3-13 可知,试件 LJ-1、LJ-3 在 CFST 柱及 RC 柱柱根处钢材均能达到屈服,形成塑性铰。在 RC 柱柱顶变截面范围内箍筋应力较大,这与试验现象相吻合,表明钢管对 RC 柱柱顶混凝土的"挤压"作用显著,使得箍筋产生较大的环向拉应力。锚固区段钢管的拉应力传递逐渐减弱,在锚固区段末尾拉应力转变为承受竖向荷载而产生的压应力。由图 3-13 可知,试件 LJ-1 的 CFST 柱钢管及 RC 柱钢筋在 1.5 倍屈服位移时都已进入屈服状态,试件 LJ-3 的 CFST 柱根部钢管先进入屈服状态,在 1.5 倍屈服位移时,RC 柱钢筋达到屈服,这与试验过程中钢材的屈服顺序不同,这可能是由于试验条件与有限元计算条件存在差异,相比单调加载,反复荷载作用下轴压比 0.25 的试件的混凝土损伤较大,RC 柱受拉区

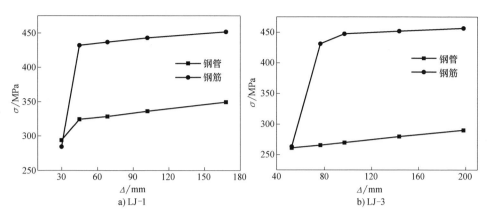

图 3-13　控制截面钢管及钢筋应力情况

混凝土退出工作较早，使钢筋先达到屈服。

　　为分析钢管在变截面范围内的应力状态，以 RC 柱顶截面处为 0mm 位置，对试件 LJ-1 选取距 0mm 位置 ±100mm、±200mm 处进行应力分析，对试件 LJ-3 选取距 0mm 位置 ±150mm、±300mm 处进行应力分析，如图 3-14 所示。

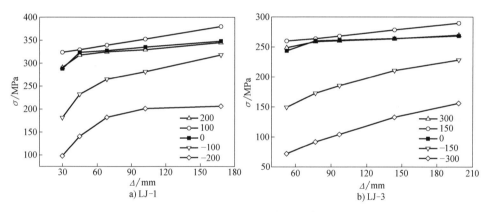

图 3-14　不同位置钢管应力情况

　　由图 3-14 分析可知，钢管在 0mm 及其以上 2 处位置均能达到屈服，在一定高度范围内，随着高度的增大，钢管应力将呈增大趋势，试件 LJ-1 的 200mm 处钢管应力及试件 LJ-3 的 300mm 处钢管应力与其 0mm 处钢管应力几乎相等，可见，高度超过一定范围，钢管应力将逐渐降低。0mm 以下 2 处位置均未屈服，随着插入深度增大，传递应力迅速减小，峰值点后，试件 LJ-1 的应力增大放缓，而试件 LJ-3 的应力增大仍较为明显，由此可知，为保证组合柱的荷载在连接区域有效传递及 CFST 柱的锚固可靠，应合理布置抗剪栓钉，且应保证钢管的锚固长度在合理范围内。

■ 3.4　传统风格建筑 RC-CFST 组合柱参数分析

　　本节利用 3.3 节的有限元模型对组合柱进行变参数分析。组合柱的结构形式特殊，影响其受力性能的因素很多，本节主要选取钢管屈服强度 f_y、混凝土强度 f_c、纵筋配筋率 ρ_s、上

下柱线刚度比 i_{CFST}/i_{RC}、轴压比 n 5 个参数进行分析。

3.4.1 钢管屈服强度

钢管屈服强度对组合柱的承载力及延性有重要影响，因此选取钢管屈服强度作为一个主要分析参数。不同钢管屈服强度对组合柱（试件）的荷载-位移骨架曲线的影响如图 3-15 所示，对试件特征点的影响见表 3-2，对 A、B 组试件钢筋骨架及钢管应力分布的影响如图 3-16、图 3-17 所示。

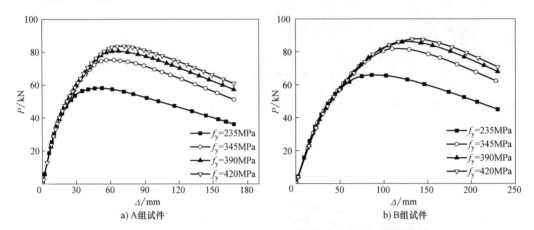

a) A组试件   b) B组试件

图 3-15 不同钢管屈服强度对试件的荷载-位移骨架曲线的影响

表 3-2 不同钢管屈服强度对试件特征点的影响

试件编号	钢管屈服强度 f_y/MPa	屈服点		峰值点		破坏点		位移延性系数
		P_y/kN	Δ_y/mm	P_m/kN	Δ_m/mm	P_u/kN	Δ_u/mm	
LJ-1	235	47.10	21.14	58.24	49.41	49.50	105.21	4.98
	345	57.69	28.29	75.22	59.77	63.94	121.07	4.28
	390	60.39	30.37	80.64	65.51	68.55	127.05	4.18
	420	61.67	31.51	83.62	70.35	71.08	131.57	4.18
LJ-3	235	56.07	47.57	65.84	89.42	55.96	172.24	3.62
	345	67.65	64.99	81.88	116.67	67.65	196.63	3.03
	390	70.43	70.94	86.32	126.11	73.37	207.35	2.92
	420	71.12	73.49	87.88	138.47	74.70	214.18	2.91

注：P_y、P_m、P_u 分别对应试验的屈服荷载、峰值荷载、破坏荷载，P_u 为试件骨架曲线荷载下降到 85% 峰值荷载时所对应数值，P_y 按通用屈服弯矩法确定，Δ_y、Δ_m、Δ_u 分别为屈服荷载、峰值荷载、破坏荷载对应的位移值。

选取钢管屈服强度 f_y 为 235MPa、345MPa、390MPa、420MPa，对应钢管强度等级为 Q235、Q345、Q390、Q420，对应最小抗拉强度 f_u 为 375MPa、470MPa、490MPa、520MPa。由图 3-15 可知，钢管屈服强度对试件的弹性刚度几乎没有影响，这主要是由于钢材屈服强度与其弹性模量关系不大。其中 Q345、Q390、Q420 对应试件的水平承载力与 Q235 所对应的水平承载力相差很大，A 组试件提高了 29.16%、38.46%、43.58%，B 组试件提高了 24.36%、31.11%、33.48%，由此可知钢管屈服强度对组合柱水平承载力有较大的影响，随着屈服强度的大幅提高，水平承载力提高较为显著；试件峰值荷载对应位移增大，这在 B 组

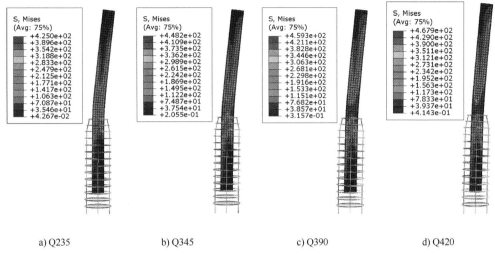

　　　a) Q235　　　　　　　b) Q345　　　　　　　c) Q390　　　　　　　d) Q420

图 3-16　钢管屈服强度对 A 组试件钢筋骨架及钢管应力分布的影响

图 3-16 彩图

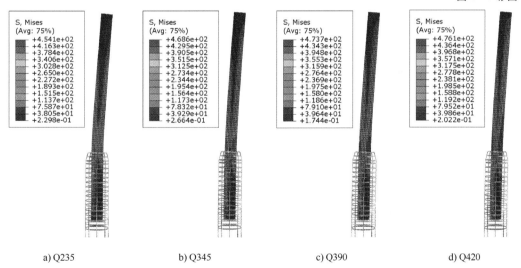

　　　a) Q235　　　　　　　b) Q345　　　　　　　c) Q390　　　　　　　d) Q420

图 3-17　钢管屈服强度对 B 组试件钢筋骨架及钢管应力分布的影响

图 3-17 彩图

试件中表现尤为显著。由图 3-16 及图 3-17 可知，不同钢管屈服强度的试件 CFST 柱及 RC 柱的钢材均能达到屈服，钢管屈服区域约为 1/3 的 CFST 柱柱高，随着钢材屈服强度的提高，钢骨架整体变形越协调，RC 柱钢筋屈服范围越大，这也表明 RC 柱根部的破坏情况越严重。由表 3-2 可知，随着屈服强度的提高，组合柱的位移延性系数有降低趋势，屈服强度提高幅度越大，位移延性系数降低越明显，这主要是由于随着钢管屈服强度的提高，试件的 CFST 柱与 RC 柱的屈服顺序发生变化，CFST 柱钢管屈服较晚，试件整体协调变形能力较强，RC 柱纵筋屈服更早，混凝土破坏更加严重，使其位移延性系数有降低趋势。

3.4.2 混凝土强度

混凝土强度是影响 RC-CFST 组合柱水平承载力及变形能力的重要因素，混凝土强度对组合柱试件的荷载-位移骨架曲线的影响如图 3-18 所示，表 3-3 列出了混凝土强度对试件延性的影响，图 3-19、图 3-20 所示为混凝土强度对 A、B 组试件混凝土应力分布的影响。

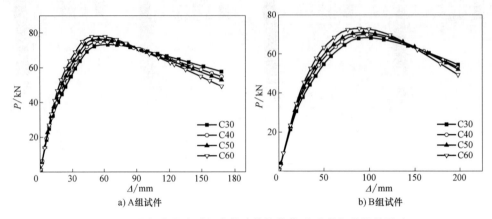

a) A组试件　　　　　　　　　　　　　　　b) B组试件

图 3-18　混凝土强度对组合柱试件的荷载-位移骨架曲线的影响

表 3-3　混凝土强度对试件延性的影响

试件编号	混凝土强度 f_{cu}/MPa	屈服位移 Δ_y/mm	破坏位移 Δ_u/mm	位移延性系数
LJ-1	30	30.48	142.77	4.68
	40	28.74	126.74	4.41
	50	27.84	116.92	4.20
	60	25.38	104.02	4.10
LJ-3	30	48.71	179.23	3.68
	40	46.66	169.51	3.63
	50	45.26	164.34	3.63
	60	44.16	153.23	3.47

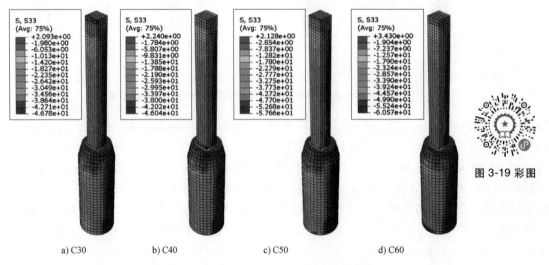

图 3-19 彩图

a) C30　　　　　　b) C40　　　　　　c) C50　　　　　　d) C60

图 3-19　混凝土强度对 A 组试件混凝土应力分布的影响

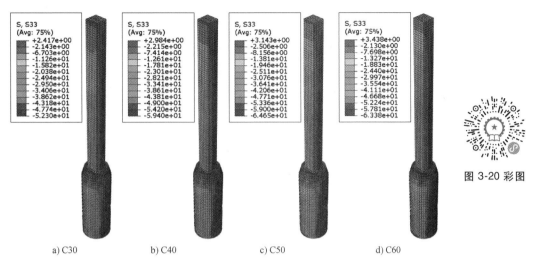

图 3-20 彩图

a) C30   b) C40   c) C50   d) C60

图 3-20　混凝土强度对 B 组试件混凝土应力分布的影响

选取混凝土强度等级为 C30、C40、C50、C60，立方体抗压强度 f_{cu} 分别为 30MPa、40MPa、50MPa、60MPa。由图 3-18 及表 3-3 可知，混凝土强度对试件的荷载-位移骨架曲线有一定影响，随着混凝土强度的提高，试件的弹性刚度及水平承载力有小幅度的提高，峰值点后承载力下降速度较快，混凝土强度对试件的影响规律与钢材强度类似，混凝土强度的提高导致试件的延性稍有降低。由图 3-19、图 3-20 可知，随着混凝土强度的提高，试件的 CFST 柱在加载结束时的混凝土应力更小，而 RC 柱混凝土仍能保持较高的压应力，这表明提高混凝土强度可以有效地提高 RC 柱的后期承载力，但会加剧 CFST 柱混凝土的破坏。这可能是由于随着混凝土强度提高，竖向荷载也相应增大，$P\text{-}\Delta$ 效应显著，在水平荷载的共同作用下，加剧了 CFST 柱的破坏，使钢管核心混凝土的残余应力较小。

3.4.3　纵筋配筋率

纵筋配筋率对试件荷载-位移骨架曲线的影响如图 3-21 所示，对 A、B 组试件钢筋骨架及钢管应力分布的影响如图 3-22、图 3-23 所示。表 3-4 给出了不同纵筋配筋率下试件的位移延性系数。

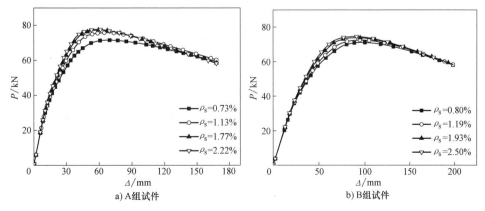

a) A组试件   b) B组试件

图 3-21　纵筋配筋率对试件荷载-位移骨架曲线的影响

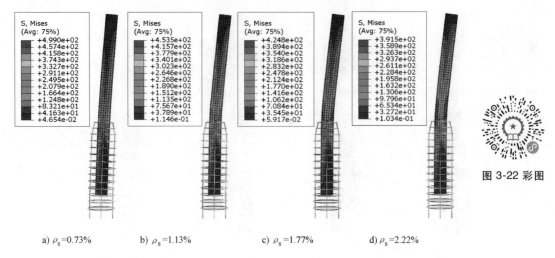

a) ρ_s=0.73%　　b) ρ_s=1.13%　　c) ρ_s=1.77%　　d) ρ_s=2.22%

图 3-22　纵筋配筋率对 A 组试件钢筋骨架及钢管应力分布的影响

图 3-22 彩图

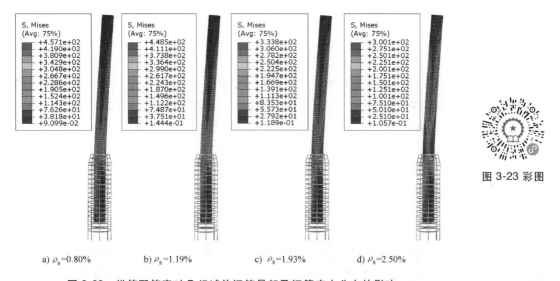

a) ρ_s=0.80%　　b) ρ_s=1.19%　　c) ρ_s=1.93%　　d) ρ_s=2.50%

图 3-23　纵筋配筋率对 B 组试件钢筋骨架及钢管应力分布的影响

图 3-23 彩图

对 A 组试件的纵筋配筋率选取为 0.73%、1.13%、1.77%、2.22%，对 B 组试件的纵筋配筋率选取为 0.80%、1.19%、1.93%、2.50%。由图 3-21 可知，纵筋配筋率对传统风格建筑 RC-CFST 试件有一定影响：随着纵筋配筋率的增大，试件的水平承载力稍有提高，弹性刚度几乎相等，试件荷载-位移骨架曲线的下降段趋势基本一致，加载结束时，其荷载数值几乎相等，这主要是由于在加载后期，RC 柱后期承载力并未完全发挥，试件的后期承载力主要取决于上部 CFST 柱。从表 3-4、图 3-22、图 3-23 中可以发现，随着纵筋配筋率的增大，试件的屈服位移先增大后减小，破坏位移减小，其位移延性系数稍有降低，RC 柱的屈服纵筋数量逐渐减少，试件加载结束时 CFST 柱钢管应力较大，当 A、B 组试件的纵筋配筋率分别达到 1.77%、1.93% 时，RC 柱纵筋基本上未达到屈服。由此可知，当 RC 柱的纵筋配筋率过大时，试件的上下柱变形不协调加剧，RC 柱变形减小，破坏程度较轻，CFST 柱变形过大，钢管应力过大，形成薄弱部位，其抗震性能有下降趋势。

表3-4　不同纵筋配筋率下试件的位移延性系数

试件编号	纵筋配筋率(%)	屈服位移 Δ_y/mm	破坏位移 Δ_u/mm	位移延性系数
LJ-1	0.73	28.51	158.74	5.57
	1.13	30.01	145.32	4.84
	1.77	30.26	131.55	4.35
	2.22	29.94	129.79	4.34
LJ-3	0.80	45.96	184.81	4.02
	1.19	47.32	180.78	3.82
	1.93	46.64	175.36	3.76
	2.50	46.03	172.16	3.74

3.4.4　上下柱线刚度比

　　试件由方钢管混凝土柱与钢筋混凝土圆柱连接而成，上下柱截面抗弯刚度在变截面处发生变化，因此上下柱线刚度比将对试件的受力性能产生重要影响。线刚度比对试件的荷载-位移骨架曲线的影响如图3-24所示，上下柱线刚度比对试件特征点的影响见表3-5，图3-25、图3-26所示为上下柱线刚度比对A、B组试件钢筋骨架及钢管应力分布的影响。

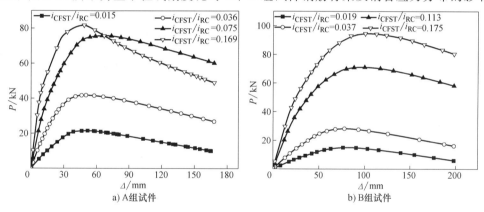

图3-24　上下柱线刚度比对试件的荷载-位移骨架曲线的影响

表3-5　上下柱线刚度比对试件特征点的影响

试件编号	线刚度比	屈服点		峰值点		破坏点		位移延性系数
		P_y/kN	Δ_y/mm	P_m/kN	Δ_m/mm	P_u/kN	Δ_u/mm	
LJ-1	0.015	20.07	35.30	21.53	50.15	18.30	90.98	2.58
	0.036	36.91	30.04	41.75	48.89	35.49	109.87	3.66
	0.075	59.83	30.01	76.45	68.38	64.45	145.32	4.84
	0.169	60.95	18.73	81.69	48.15	69.44	85.21	4.55
LJ-3	0.019	13.76	60.20	14.89	81.33	12.65	122.45	2.03
	0.037	25.37	53.37	28.18	80.68	23.95	131.77	2.47
	0.113	54.94	45.96	71.10	97.01	60.44	184.81	4.02
	0.175	75.34	44.60	94.52	102.96	80.34	197.92	4.44

　　注：表中各符号意义同表3-2。

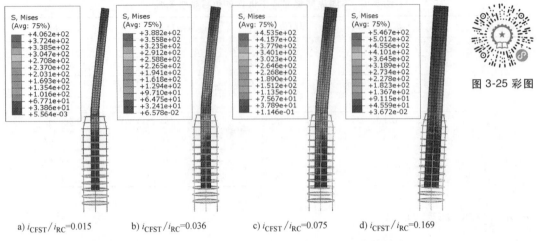

a) $i_{CFST}/i_{RC}=0.015$　　b) $i_{CFST}/i_{RC}=0.036$　　c) $i_{CFST}/i_{RC}=0.075$　　d) $i_{CFST}/i_{RC}=0.169$

图 3-25　上下柱线刚度比对 A 组试件钢筋骨架及钢管应力分布的影响

图 3-25 彩图

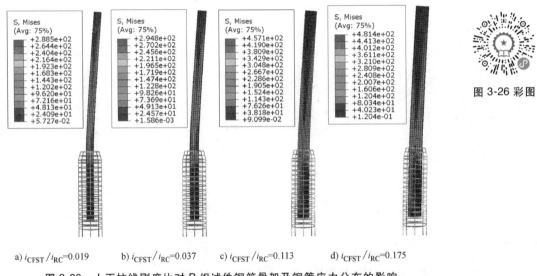

a) $i_{CFST}/i_{RC}=0.019$　　b) $i_{CFST}/i_{RC}=0.037$　　c) $i_{CFST}/i_{RC}=0.113$　　d) $i_{CFST}/i_{RC}=0.175$

图 3-26　上下柱线刚度比对 B 组试件钢筋骨架及钢管应力分布的影响

图 3-26 彩图

　　考虑到实际工程中的方钢管尺寸型号，对 A 组试件选取上下柱线刚度比为 0.015、0.036、0.075、0.169，其中 0.075 为 A 组试件的试验线刚度比；对 B 组试件选取上下柱线刚度比为 0.019、0.037、0.113、0.175，其中 0.113 为 B 组试件的试验线刚度比，保持其他参数不变。由图 3-24 及表 3-5 可知，上下柱线刚度比对试件产生重要影响：随着线刚度比的增大，试件的初始弹性刚度将明显增大，水平承载力提高显著，与线刚度比为 0.015 的试件比，A 组试件的水平承载力分别提高了 94%、255%、279%；与线刚度比为 0.019 的试件比，B 组试件的水平承载力分别提高了 89%、378%、535%。从图 3-24 及表 3-5 中还可以看出，在一定范围内，随着线刚度比的增大，B 组试件的荷载-位移骨架曲线下降段较缓，其延性越来越好；A 组试件的位移延性系数随着线刚度比的增大先提高，但当线刚度比达到 0.169 时，荷载-位移骨架曲线的下降速度明显加快，位移延性系数反而降低；这是由于 A 组试件的 CFST 柱截面尺寸过大时，上下柱截面抗弯刚度相差较小。由图 3-25d 可知，上部 CFST 柱在加载时并未达到屈服，其延性好、后期承载力较高的特点并未完全发挥，在水平及竖向荷载作用下，RC柱根部破坏更严重，导致承载力迅速下降。由图3-25、图3-26可以看出，当试件的线刚度比过小时，RC柱钢筋应力极小，而CFST柱钢管完全达到屈服，上下柱变形严重不协调，上柱变形过大，形成薄弱部位，抗震性能下降，因此为保证传统风格建筑RC-CFST组合柱的抗震性能良好，上下柱线刚度比必须限制在适当范围内。

3.4.5　轴压比

为深入研究轴压比对试件抗震性能的影响，选取轴压比为0.15、0.25、0.5、0.75。图3-27所示为不同轴压比对试件荷载-位移骨架曲线的影响，表3-6列出了轴压比对试件延性的影响，图3-28、图3-29所示为轴压比对A、B组试件钢筋骨架及钢管应力分布的影响。

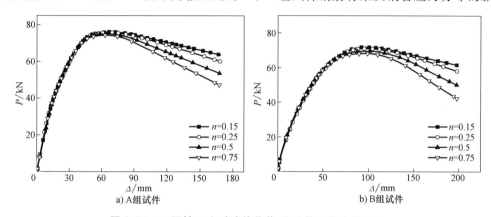

图3-27　不同轴压比对试件荷载-位移骨架曲线的影响

表3-6　轴压比对试件延性的影响

试件编号	轴压比 n	屈服位移 Δ_y/mm	破坏位移 Δ_u/mm	位移延性系数
LJ-1	0.15	30.92	158.20	5.12
	0.25	30.01	145.32	4.84
	0.50	28.18	123.33	4.38
	0.75	27.25	107.27	3.94
LJ-3	0.15	46.65	195.45	4.19
	0.25	45.96	184.81	4.02
	0.50	43.64	158.50	3.63
	0.75	42.35	139.38	3.29

由图3-27及表3-6可知，不同轴压比对试件的弹性刚度影响较小，荷载-位移骨架曲线弹性段几乎重合，随着轴压比的增大，试件的水平承载力有降低趋势，但降幅不明显，荷载-位移骨架曲线下降段越陡，承载力下降速度较快，试件的位移延性系数降低。由图3-28、图3-29可知，随着轴压比的增大，试件整体变形更加不协调，RC柱侧移较小，纵筋应力逐渐减小；当轴压比达到0.75时，RC柱纵筋未达到屈服，CFST柱侧移增大，钢管应力增加显著，屈服区域向上延伸。结合图3-27可知，轴压比过大，会导致试件在加载后期迅速达到破坏阶段，抗震性能稍差。因此，为保证传统风格建筑RC-CFST组合柱在遭遇地震作用时不至于过早丧失承载力，发生破坏，轴压比必须限制在合理范围内。

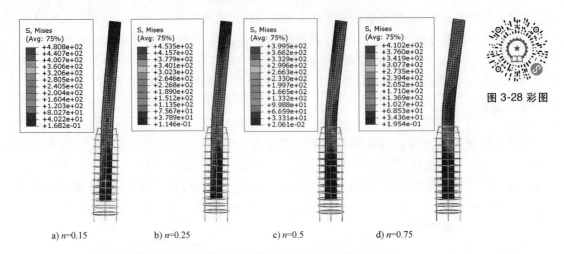

a) n=0.15　　　　b) n=0.25　　　　c) n=0.5　　　　d) n=0.75

图 3-28　彩图

图 3-28　轴压比对 A 组试件钢筋骨架及钢管应力分布的影响

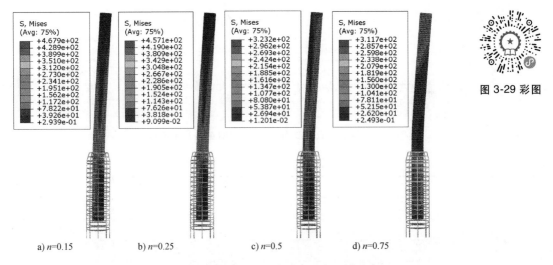

a) n=0.15　　　　b) n=0.25　　　　c) n=0.5　　　　d) n=0.75

图 3-29　彩图

图 3-29　轴压比对 B 组试件钢筋骨架及钢管应力分布的影响

■ 3.5　本章小结

本章通过有限元分析软件 ABAQUS 对试验进行了模拟分析，计算得到了试件的荷载-位移骨架曲线，分析了在各特征点的混凝土、钢管及钢筋的应力分布。软件模拟分析结果与试验结果吻合较好。选取了 5 个参数对传统风格建筑 RC-CFST 组合柱进行有限元分析，得到了以下结论：

1）钢管屈服强度对试件的水平承载力产生重要影响。随着钢管屈服强度的提高，试件的水平承载力将明显增大，但其位移延性系数稍有降低。

2）混凝土强度对试件有一定影响。随着混凝土强度的提高，试件的弹性刚度及水平承载力有一定的提高，峰值点后承载力下降速度稍快，延性有较轻微的降低。

3）纵筋配筋率对试件有一定影响。随着纵筋配筋率的增大，试件的水平承载力稍有提高，荷载-位移骨架曲线的下降段趋势基本一致，加载结束时，其水平承载力几乎相等，当纵筋配筋率过大时，试件的上下柱变形不协调加剧，RC 柱变形减小，CFST 柱变形过大，形成薄弱部位，其抗震性能有下降趋势。

4）上下柱线刚度比对试件承载力及延性有很大影响。随着上下柱线刚度比的增大，试件的弹性刚度及水平承载力明显提高。在一定范围内，随着上下柱线刚度比的增大，试件的位移延性系数提高；但当上下柱线刚度比超过一定范围时，试件的延性有降低趋势，且后期承载力迅速下降。因此为保证组合柱的抗震性能良好，上下柱线刚度比必须限制在合理范围内。

5）轴压比对试件受力性能产生重要影响。随着轴压比的增大，试件的后期承载力下降较快，为保证传统风格建筑 RC-CFST 组合柱在遭遇较大地震作用时不至于过早丧失承载力，发生破坏，轴压比必须限制在合理范围内。

第4章

传统风格建筑RC-SRC组合柱抗震性能试验研究及抗侧刚度计算

■ 4.1 引言

传统风格建筑组合柱中还有一类常见的组合柱为 RC-SRC 组合柱。该组合柱由型钢混凝土（SRC）柱与钢筋混凝土（RC）圆柱连接而成。本章对 RC-SRC 组合柱进行低周反复加载试验，研究其破坏形态及抗震性能。在传统风格建筑 RC-SRC 组合柱和 RC-CFST 组合柱力学性能研究的基础上，结合各国相关设计规范，提出了两种组合柱的抗侧刚度计算公式，以期为其科学研究和工程应用提供参考。

■ 4.2 试验概况

4.2.1 试件设计

试验共设计了 2 个足尺变截面组合柱试件，编号依次为 RC-SRC1 和 RC-SRC2，SRC 柱的剪跨比 $\lambda = L/(2h_0) = 6.131$，其中 L 为 SRC 柱长度，h_0 为 SRC 柱截面的有效高度，试件轴压比分别为 0.3 和 0.6。为着重研究变截面区域的抗震性能，特将下部钢筋混凝土圆柱纯 RC 段缩减至 200mm 以便于观察。上部型钢混凝土柱高 1.594m，截面尺寸为 180mm×180mm，纵筋采用 4 Φ 20 钢筋，配筋率为 3.88%。柱内所选型钢采用 Q235b 级 I10，其型钢含钢率为 4.57%；下部钢筋混凝土圆柱高 1.6m，柱身截面直径为 460mm，纵筋采用 6 Φ 20 钢筋，其配筋率为 1.13%。柱箍筋均采用 Φ 8。混凝土保护层厚度为 25mm。试件的详细尺寸及配筋如图 4-1 所示。为保证变截面组合柱混凝土的材性一致，将地梁至距上柱顶 0.5m 高处的混凝土进行整体浇筑，最后再浇筑上柱剩余部分。钢材与混凝土力学性能见表 4-1。

表 4-1 钢材与混凝土力学性能

钢材	f_y/MPa	f_u/MPa	E_s/GPa	混凝土	f_{cu}/MPa
I10（翼缘）	317.3	453.4	197	RC 柱及 SRC 柱下部	41.3
型钢（腹板）	232.3	361.2	201		
Φ 20	385.2	533.2	203	SRC 柱上部	35.0
Φ 8	372.4	520.0	199		

注：f_y 为屈服强度；f_u 为极限强度；E_s 为弹性模量；f_{cu} 为混凝土立方体抗压强度。

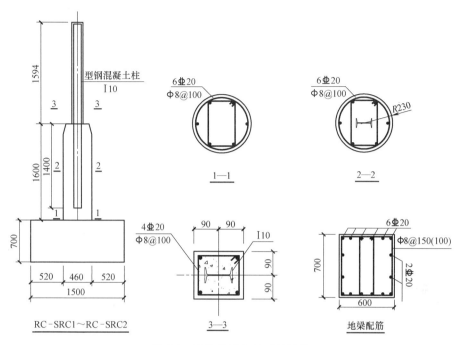

图4-1　试件的详细尺寸及配筋

4.2.2　试验加载及测点布置

在西安建筑科技大学结构工程与抗震教育部重点实验室完成试件试验，试件加载装置示意图如图4-2所示。试验过程中，先通过500kN油压千斤顶将竖向荷载加至设计荷载值（230kN和460kN），保持恒定后通过MTS电液伺服程控结构试验系统控制500kN电液伺服作动器施加往复水平荷载进行拟静力试验，作动器的量程为±250mm。加载采用荷载-位移混合控制。在试件屈服前采用荷载控制，以2kN一级施加反复水平荷载，每级循环一次；在试件进入屈服状态后采用位移控制加载，按屈服位移作为第一级控制位移，随后按每级增加10mm或15mm位移控制，每级位移下循环三次，直至水平承载力下降到承载力峰值的85%。加载制度示意图如图4-3所示。

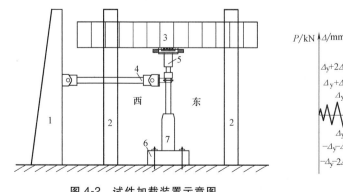

图4-2　试件加载装置示意图

1—反力墙　2—承力架　3—反力梁　4—作
动器　5—千斤顶　6—地梁　7—试件

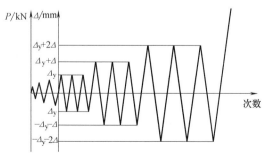

图4-3　加载制度示意图

测试中，位移计主要布置在上部 SRC 柱顶部、1/2 高处、柱根及下部 RC 柱顶部、下柱 1/2 高处，在地梁基础的侧面与上部分别布置百分表检测其滑移情况。由于试验研究的重点在于变截面区域，故在变截面处的型钢翼缘、SRC 柱纵筋与箍筋处布置一定数量的应变片，在型钢腹板一侧布置一个应变花，并且在 RC 柱根部纵筋及上下部箍筋处布置适量应变片。测点布置如图 4-4 所示。

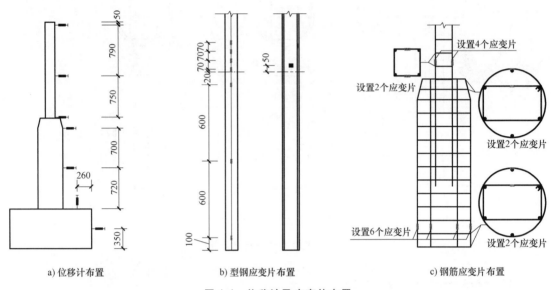

a) 位移计布置　　　　　b) 型钢应变片布置　　　　　c) 钢筋应变片布置

图 4-4　位移计及应变片布置

■ 4.3　试验结果分析

4.3.1　破坏过程及特征

为便于阐述试验现象，本章定义推为正向、拉为负向。

试件 RC-SRC1 在加载初期处于弹性阶段，当荷载加至 ±12kN 时，SRC 柱底部东西两侧出现少量横向裂缝，裂缝长度为 6~9cm。随着荷载增大，原有裂缝沿水平方向延伸并逐渐延伸至南北两面，且柱根新的横向裂缝不断增加。部分柱底边缘处的混凝土裂缝由 SRC 柱角部斜向延伸至变截面。当荷载加至 ±24kN 时，少量南北两面水平裂缝开始斜向延伸发展。变截面处裂缝沿纵向向下延伸，RC 柱底部东西两侧出现少量环向裂缝，至此加载进入位移控制阶段。当控制位移加至 18mm 时，下柱根部出现部分长度为 25~40cm 的环向裂缝。当控制位移加至 33mm 时，大量长度为 30~50cm 的环向裂缝均匀分布在 RC 柱柱身，部分东西两侧柱角的水平裂缝沿纵向延伸形成 5~7cm 的竖向裂缝。当控制位移加至 48mm 时，上柱柱底东西两侧水平裂缝加宽且贯通，南北两侧柱根角部形成多条竖向裂缝与原斜裂缝发展为少量的主裂缝，宽度为 1~2mm。上柱根部混凝土开始起皮，柱角混凝土少量压碎。随控制位移增大，东西两侧柱根多条水平裂缝连通形成横向主裂缝且不断加宽发展形成块状，混凝土开始压碎剥落。当控制位移加至 ±108mm 时，上柱根部东西两侧混凝土大面积脱落，南北两侧混凝土沿主斜裂缝被连带压碎，纵筋与箍筋外露。

　　试件 RC-SRC2 的轴压比为 0.6，与 RC-SRC1 相比，试件开裂较晚，但裂缝发展更加迅速，试件更早进入屈服阶段且最终破坏对应位移更小，但总体上破坏变形基本一致。当荷载加至 ±16kN 时，上部型钢混凝土柱与变截面处东西两侧出现长 5~8cm 的横向裂缝。当荷载加至 ±18kN 时，SRC 柱根部新增少量水平裂缝，试验加载改为位移控制模式。当控制位移加至 18mm 时，SRC 柱根部东西两侧出现大量水平裂缝且部分裂缝贯通，裂缝长度为 7~20cm。延伸至南北两侧的水平裂缝斜向延伸形成长度为 3~5cm 的斜裂缝。当控制位移加至 28mm 时，柱角由原斜裂缝延伸发展新增少许竖向裂缝，部分柱底边缘处的混凝土裂缝由 SRC 柱角部斜向延伸至变截面处并延伸发展出现纵向裂缝。当控制位移加至 −32mm 时，RC 柱柱身东西两侧出现大量水平裂缝，随控制位移增大，裂缝沿南北两侧环向延伸至部分连通。SRC 柱柱根南北两侧柱角出现大量竖向裂缝且不断延伸连接加宽形成主斜裂缝。变截面处持续出现部分纵向裂缝。东西两侧柱根出现起皮现象，部分表皮脱落。随控制位移增加至 ±68mm，SRC 柱柱根混凝土严重起皮，东西两侧大面积混凝土压碎剥落，露出纵筋与箍筋。南北两侧主斜裂缝开裂严重，柱角部分混凝土严重压碎剥落。该试件变截面处破坏程度比试件 RC-SRC1 严重，试件的破坏形态如图 4-5 所示。

a) RC-SRC1　　　　　　　　　　　　　　　b) RC-SRC2

图 4-5　试件的破坏形态

　　因下部钢筋混凝土圆柱截面的抗弯刚度约为上部型钢混凝土柱的 22 倍，其值远大于型钢混凝土柱的截面抗弯刚度；在水平低周反复荷载作用下，SRC 柱在变截面处的变形受到 RC 柱的约束，两者变形不协调，变截面处成为试件的最不利截面，因此试件的破坏发生在变截面处 SRC 柱根部。SRC 柱的剪跨比较大（为 6.131），在加载方向上混凝土主要受弯矩作用，因此形成大量的水平裂缝且裂缝均匀分布。加载初期 SRC 柱根部型钢先进入屈服状态，柱东西两侧由多条水平裂缝延伸连通形成主裂缝，随后 SRC 柱根部纵筋也逐渐达到屈服。当荷载逐步加大时，变截面区域内部分 SRC 柱箍筋达到屈服，RC 柱柱身出现大量裂缝，少量 RC 柱根部纵筋进入屈服状态。随荷载的增大及型钢对核心混凝土的约束作用，主裂缝在南北方向斜向延伸，并且由于混凝土在水平主裂缝与 SRC 柱底部范围内压碎严重造成大面积剥离脱落，故南北两侧斜裂缝被连带迅速发展，部分混凝土也被压碎。试件 RC-SRC2 的轴压比较大，在高轴压作用下，由 P-Δ 效应引起的附加弯矩较大，故裂缝发展较试件 RC-SRC1 更迅速，混凝土压碎剥落程度更严重。试件均发生弯曲破坏，在变截面区形成具有一定转动能力的塑性铰。

4.3.2 滞回曲线

试件的滞回曲线如图4-6所示。由图4-6可以看出：

1）型钢的存在使滞回曲线没有严重的捏拢现象，有别于钢筋混凝土柱的滞回曲线。SRC柱截面尺寸小、型钢配钢率较高，故其滞回曲线与钢结构的滞回曲线相似，滞回环非常饱满，具有比钢筋混凝土更优异的抗震性能。

2）加载初期试件尚未开裂，荷载与位移基本呈线性关系，卸载后变形几乎完全恢复，滞回环面积很小，试件处于弹性阶段。随着水平荷载的增大，曲线斜率逐渐减小，卸载后产生较大残余变形，滞回曲线逐渐向位移轴靠拢，滞回环面积逐渐增大，刚度明显降低，试件处于弹塑性阶段。试件进入屈服状态后，滞回环更加饱满。当水平荷载超过峰值荷载后，由于受损伤累积和$P-\Delta$效应的影响，承载力随控制位移及荷载循环次数的增加而逐渐下降（即强度衰减显著），残余变形迅速增大，在图中表现为滞回环卸载段快速下降形成与荷载轴平行的趋势。此时刚度退化变得缓慢。

3）轴压比大小对试件滞回曲线具有一定影响：当轴压比变大时，其滞回曲线更饱满，耗能能力更强。其最大承载力降低，延性减小，刚度退化速度比小轴压比试件快。

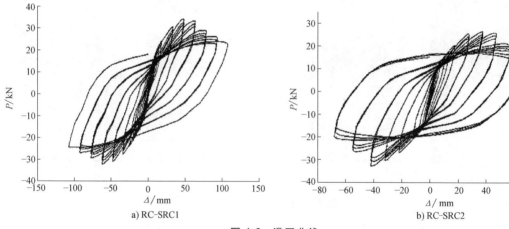

a) RC-SRC1   b) RC-SRC2

图4-6　滞回曲线

4.3.3 骨架曲线

图4-7所示为两个试件的骨架曲线。从整体上看，骨架曲线基本划分为上升段、强化段、下降段这三个过程。试件由于上柱的配钢率高，其初始刚度大，下降段较平缓即具有良好的延性。试件正向承载力较负向稍小且左右两侧位移不同，这是因为混凝土振捣、型钢定位等施工误差导致试件在一定程度存在不均匀性，拉侧型钢对混凝土核心区约束作用更强。当轴压比增大时，峰值荷载

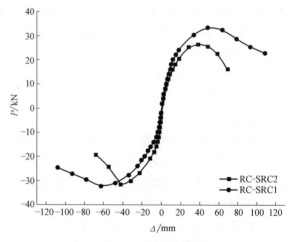

图4-7　两个试件的骨架曲线

降低，下降段变陡。轴压比大的试件较早进入屈服阶段，这是由大轴压比下 $P\text{-}\Delta$ 效应引起的二阶弯矩加剧所引起的。

4.3.4 承载力及延性

本章用位移延性系数 $\mu=\Delta_u/\Delta_y$ 来表征试件延性，其中 Δ_u 和 Δ_y 分别为破坏荷载和屈服荷载对应的位移。表 4-2 所列为实测试件各特征点的承载力、位移及位移延性系数。由表 4-2 可知，两个试件的位移延性系数均大于 3，说明该类型传统风格建筑圆形 RC-方形 SRC 变截面组合柱具有良好的延性。而大轴压比时 $P\text{-}\Delta$ 效应造成二阶弯矩增大，使试件 RC-SRC2 的承载力在达到峰值后迅速下降，延性较轴压比为 0.3 的有所减小。

表 4-2 实测试件各特征点的承载力、位移及位移延性系数

试 件	加载方向	开裂点		屈服点		峰值点		破坏点		位移延性系数
		P_{cr}/kN	Δ_{cr}/mm	P_y/kN	Δ_y/mm	P_m/kN	Δ_m/mm	P_u/kN	Δ_u/mm	Δ_u/Δ_y
RC-SRC1	正	11.97	6.91	26.41	22.36	33.60	47.96	28.56	84.16	3.764
	负	-12.15	-5.60	-23.54	-24.23	-32.29	-63.02	-27.44	-90.61	3.740
	均值	12.06	6.26	24.97	23.30	32.94	55.49	28.00	87.39	3.751
RC-SRC2	正	15.89	8.88	20.55	18.23	26.50	37.99	22.53	57.94	3.178
	负	-15.88	-5.45	-22.12	-14.08	-33.40	-42.01	-28.39	-49.00	3.481
	均值	15.98	7.89	21.33	16.15	29.95	40.00	25.46	53.47	3.310

注：P_{cr}、P_y、P_m、P_u 分别为开裂荷载、屈服荷载、峰值荷载、破坏荷载，P_u 为试件骨架曲线荷载下降到85%峰值荷载时所对应数值，P_y 按通用屈服弯矩法确定，Δ_{cr}、Δ_y、Δ_m、Δ_u 分别为开裂荷载、屈服荷载、峰值荷载、破坏荷载对应的位移值。

4.3.5 耗能能力

通常采用等效黏滞阻尼系数 h_e 来表征试件的耗能性能，计算公式如下：

$$h_e=\frac{1}{2\pi}\frac{S_{(BCD+DAB)}}{S_{(\triangle OAF+\triangle OCE)}} \tag{4-1}$$

式中，$S_{(BCD+DAB)}$ 为滞回环面积；$S_{(\triangle OAF+\triangle OCE)}$ 为滞回环峰值点对应的三角形面积之和，如图 4-8 所示。

表 4-3 所列为各阶段试件的等效黏滞阻尼系数。由表可知：破坏荷载时试件的等效黏滞阻尼系数平均值为 0.314，而普通 RC 柱的等效黏滞阻尼系数为 0.1~0.2，因此传统风格建筑圆形 RC-方形 SRC 变截面组合柱具有良好的耗能能力。此外，随控制位移的增大，试件各阶段 h_e 逐级增大；在同一加载阶段轴压比为 0.6 试件的等效黏滞阻尼系数较轴压比为 0.3 试件的大，即大轴压比试件的耗能能力比小轴压比试件的耗能能力强。

表 4-3 各阶段试件的等效黏滞阻尼系数

试件	h_{ey}	h_{em}	h_{eu}
RC-SRC1	0.115	0.161	0.289
RC-SRC2	0.169	0.221	0.338

注：h_{ey}、h_{em}、h_{eu} 分别为屈服点、峰值荷载点、破坏点对应的等效黏滞阻尼系数。

4.3.6 刚度退化

试件累积损伤的影响可用刚度的退化来反映。在低周反复荷载作用下的滞回曲线中，通常采用割线刚度替代其切线刚度，割线刚度为每一循环下最大荷载与对应位移的比值。各阶段试件特征点的割线刚度见表 4-4，根据试验实测数据绘出试件的刚度退化曲线，如图 4-9 所示。

由表 4-4、图 4-9 可知，不同轴压比下传统风格建筑圆形 RC-方形 SRC 变截面组合柱的刚度退化规律基本一致，即刚度随位移的增大而逐渐降低。加载初

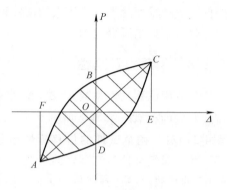

图 4-8　滞回环

期，随荷载增大混凝土产生裂缝，刚度退化非常迅速，其中轴压比为 0.6 的试件更加明显。试件达到屈服，进入弹塑性阶段后，刚度下降较快。当试件完全进入塑性阶段后，刚度退化趋于平缓，其中轴压比为 0.3 的试件较明显。此外，试件拉方向的刚度比推方向的刚度更大，这是由于试件的不对称性导致拉向的型钢对混凝土约束作用加强。从总体上看，轴压比对刚度退化影响较小，但轴压比大的试件刚度退化速度稍快。

表 4-4　试件主要特征点的割线刚度

试　　件	加载方向	开裂阶段 $K_{cr}/kN \cdot mm^{-1}$	屈服阶段 $K_y/kN \cdot mm^{-1}$	峰值阶段 $K_m/kN \cdot mm^{-1}$	破坏阶段 $K_u/kN \cdot mm^{-1}$
RC-SRC1	正	1.73	1.18	0.70	0.34
	负	2.17	0.97	0.51	0.30
	均值	1.93	1.07	0.59	0.32
RC-SRC2	正	1.79	1.13	0.70	0.39
	负	2.91	1.57	0.79	0.58
	均值	2.22	1.32	0.75	0.48

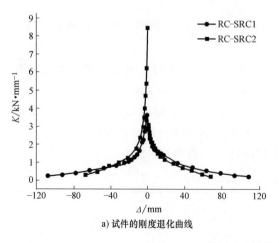

a) 试件的刚度退化曲线

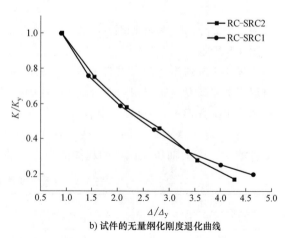

b) 试件的无量纲化刚度退化曲线

图 4-9　试件的刚度退化曲线

4.3.7　强度衰减

从试件 P-Δ 滞回曲线中可以看出，在同一级控制位移下，柱水平承载力随加载循环次数的增加而逐渐降低，这种现象即为强度衰减。强度衰减速度越快表明试件在反复荷载作用下损伤及破坏程度越严重，破坏速度加快，故强度衰减是检验试件抗震性能的重要指标之一。本节采用同一级控制位移下第三次循环的水平承载力 P_3 与第一次循环的水平承载力 P_1 的比值曲线来表征强度衰减程度。P_3/P_1 与 Δ/Δ_y 的关系如图 4-10 所示。

由图 4-10 可知，从总体上看，强度衰减速度随控制位移及循环次数的增加而增大。其主要原因在于随荷载增大试件不断产生裂缝，SRC 柱根部型钢外围混凝土逐渐剥落退出工作，有效受力面积减小，水平承载力不断降低。当轴压比为 0.3 时，强度衰减速度较为缓慢，最后一级控制位移的 P_3/P_1 维持在 0.88 左右，损伤程度较轻；当轴压比为 0.6 时，强度衰减速度与幅度增大，最后一级控制位移的 P_3/P_1 已低至 0.76。

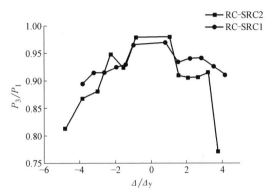

图 4-10　试件的强度衰减曲线

综上所述，在大轴压比作用下，传统风格建筑圆形 RC-方形 SRC 变截面组合柱破坏速度加快，变截面处混凝土较早退出工作，最终使其承载力快速下降，即强度衰减速度增大。

4.4　传统风格建筑组合柱抗侧刚度研究

传统风格建筑组合柱主要分为两部分，即上柱型钢混凝土（SRC）柱或钢管混凝土（CFST）柱与下柱混凝土（RC）柱。由于上下柱的截面不同，因此在变截面区域的刚度产生变化，组合柱刚度无法在柱连接区域进行平缓过渡。相应的上下柱水平位移所占比例不均匀，侧向变形不协调。上柱截面面积比下柱截面面积小得多，因此上柱抗侧刚度比下柱抗侧刚度小得多，上柱位移占总位移的比例大。由于 RC 柱内配置一定量的型钢，但其配钢率较小并且该型钢主要起锚固作用，因此为了方便计算，不考虑 RC 柱内型钢对试件整体抗侧刚度的影响。

4.4.1　截面抗弯刚度

1. 下柱（RC 柱）的截面抗弯刚度

在钢筋混凝土柱中，由于钢筋与混凝土材料特性不同，并且受加载时裂缝的影响，RC 柱的 E 与 I 无法精确确定。各相关规范对钢筋混凝土的截面抗弯刚度计算方式不同，本节给出了国内外对钢筋混凝土截面抗弯刚度的计算公式。

美国《混凝土结构设计规范》（ACI 318—2014）规定公式为

$$EI = 0.2E_c I_g + E_s I_{se} \tag{4-2}$$

欧洲《组合结构设计规范》（Eurocode 4—2004）中规定公式为

$$EI = 0.6E_{cm}I_c + E_sI_s \qquad (4-3)$$

式中，E_c 为混凝土的弹性模量；E_{cm} 为混凝土的切线模量；E_s 为钢筋的弹性模量；I_s、I_{se} 为钢筋关于构件截面形心轴的惯性矩；I_c、I_g 为混凝土截面惯性矩。

由上述公式可知，虽然计算公式各不相同，但是美国《混凝土结构设计规范》（ACI 318—2014）和欧洲《钢与混凝土组合结构设计规范》（Eurocode 4—2004）都考虑了钢筋与混凝土对截面抗弯刚度的影响。

《混凝土结构设计规范（2015 年版）》（GB 50010—2010）第 5.3.2 条规定，截面惯性矩可按匀质的混凝土全截面计算截面惯性矩，进行公式的简化，既不计钢筋的换算面积，也不扣除预应力筋孔道等的面积。因此本节选用的钢筋混凝土截面抗弯刚度计算公式为

$$EI = E_cI_c \qquad (4-4)$$

式中，各符号含义同前。

2. 柱（SRC 柱和 CFST 柱）截面抗弯刚度

（1）SRC 柱截面抗弯刚度 国内外对于影响型钢混凝土柱截面抗弯刚度计算公式的考虑因素基本一致，都包含了型钢及混凝土对截面抗弯刚度的贡献，但在核心混凝土对截面抗弯刚度贡献程度方面有部分差异。

美国钢结构协会《建筑钢结构荷载与抗力系数设计规范》（AISC-LRFD—1999）在计算型钢混凝土的截面抗弯刚度时，只考虑核心混凝土对型钢弹性模量上的贡献，没有定义其在惯性矩方面对钢材的影响。因此该规程得到组合截面的折算弹性模量 E_m，其计算公式为

$$E_m = E + c_3 E_c \frac{A_c}{A_s} \qquad (4-5)$$

由上可推导出组合截面抗弯刚度的计算公式为

$$E_m I_s = EI_s + c_3 E_c \frac{A_c}{A_s} I_s \qquad (4-6)$$

式中，E、E_c 分别为钢材、混凝土的弹性模量；A_c、A_s 分别为混凝土、型钢的截面面积；c_3 为型钢外包混凝土的系数，取 0.2。

欧洲《组合结构设计规范》（Eurocode 4—2004）规范给出了独立的组合刚度计算公式，并引入复合柱横截面有效抗弯刚度 $(EI)_{eff}$ 的概念，该规程基于核心混凝土及型钢的抗弯刚度叠加的思想又考虑了混凝土开裂与钢筋对刚度的贡献，具体公式为

$$(EI)_{eff} = E_aI_a + E_sI_s + K_eE_{cm}I_c \qquad (4-7)$$

式中，E_a 为型钢的弹性模量；I_a 为型钢的截面惯性矩；I_c 为未开裂混凝土的截面惯性矩；K_e 为修正系数，取 0.6；其他符号含义同前。

我国规范《组合结构设计规范》（JGJ 138—2016）和《钢骨混凝土结构技术规程》（YB 9082—2006）则考虑型钢（钢骨）和钢筋混凝土两部分刚度的叠加。采用《钢骨混凝土结构技术规程》（YB 9082—2006）中第 5.0.7 条规定计算型钢混凝土截面抗弯刚度，计算公式为

$$EI = E_cI_c + E_{ss}I_{ss} \qquad (4-8)$$

式中，E_{ss}、E_c 分别为钢材与混凝土的弹性模量；I_{ss}、I_c 分别为钢材与混凝土的截面惯性矩。

（2）CFST柱截面抗弯刚度　各国对钢管混凝土的截面抗弯刚度计算思路基本上相同，即分别考虑钢管与混凝土对刚度的贡献，其区别在于核心混凝土对刚度贡献程度的不同。

欧洲《组合结构设计规范》（Eurocode 4—2004）在计算钢管混凝土的截面抗弯刚度时，没有定义组合抗弯弹性模量和组合截面惯性矩，而是给出了独立的组合刚度，它的大小等于钢管部分与混凝土部分各自抗弯刚度的叠加，但考虑了混凝土开裂的影响。其计算公式为

$$EI = E_a I_a + 0.6 E_{cm} I_c \tag{4-9}$$

式中，E_a、E_{cm} 分别为钢材的弹性模量和混凝土的弹性割线模量；I_a、I_c 分别为钢材与混凝土的截面惯性矩。

日本建筑协会《钢骨钢筋混凝土结构计算标准及解说》（AIJ-SRC—2014）没有定义组合截面抗弯刚度，其在计算钢管混凝土柱的等效稳定承载力 N_k 时，间接地引入了钢管混凝土截面抗弯刚度的计算公式，即

$$EI = E_s I_s + 0.2 E_c I_c \tag{4-10}$$

式中，E_s、E_c 分别为钢材与混凝土的弹性模量；I_s、I_c 分别为钢材与混凝土的截面惯性矩。

采用《矩形钢管混凝土结构技术规程》（CECS 159：2004）中第5.2.2条规定计算钢管混凝土截面抗弯刚度，计算公式为

$$EI = E_s I_s + 0.8 E_c I_c \tag{4-11}$$

式中，E_s、E_c 分别为钢材与混凝土的弹性模量；I_s、I_c 分别为钢管截面与管内混凝土截面在所计算方向对其形心轴的截面惯性矩。

4.4.2　组合柱抗侧刚度公式推导及验证

在水平荷载作用下，组合柱的简化受力模型为下端固定，上端自由，如图4-11所示。

在计算组合柱弹性阶段的侧向变形（Δ）时，需要考虑由水平荷载引起的弯曲变形（Δ_M）与剪切变形（Δ_V）。由结构力学相关知识，得

$$\Delta = \Delta_M + \Delta_V = \int_0^h \frac{M_i M_p}{EI} dx + \int_0^h \frac{K Q_i Q_p}{GA} dx \tag{4-12}$$

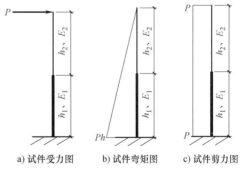

a）试件受力图　b）试件弯矩图　c）试件剪力图

图4-11　试件简化受力模型

式中，h 为柱高；EI、GA 分别为组合柱的截面抗弯刚度与抗剪刚度；K 为剪应力沿截面高度分布不均匀而引用的修正系数。

弯曲变形的计算公式为

$$\Delta_M = \int_0^{h_1} \frac{M_i M_p}{E_1 I_1} dx + \int_{h_1}^{h_2} \frac{M_i M_p}{E_2 I_2} dx = P \left(\frac{h_2^3}{3 E_2 I_2} + \frac{3 h_1 h_2^2 + 3 h_1^2 h_2 + h_1^3}{3 E_1 I_1} \right) \tag{4-13}$$

式中，$E_1 I_1$、$E_2 I_2$ 分别为上下柱的截面抗弯刚度；h_1、h_2 分别为上下柱的柱高。

剪切变形的计算公式为

$$\Delta_{\mathrm{V}} = \int_0^{h_1} \frac{KQ_{\mathrm{i}}Q_{\mathrm{p}}}{G_1 A_1} \mathrm{d}x + \int_{h_1}^{h_2} \frac{KQ_{\mathrm{i}}Q_{\mathrm{p}}}{G_2 A_2} \mathrm{d}x = \frac{9Ph_1}{10 G_1 A_1} + \frac{5Ph_2}{6 G_2 A_2} \qquad (4\text{-}14)$$

式中，$G_1 A_1$、$G_2 A_2$ 分别为上下柱的截面抗剪刚度；h_1、h_2 分别为上下柱的柱高。

根据第 RC-CFST 组合柱试验研究和 RC-SRC 组合柱试验研究的材性试验结果及试验加载过程中开裂点对应的荷载及位移，由式（4-12）求得各试件的侧向位移。两类组合柱试件顶点侧移计算值与试验值的比较见表 4-5 和表 4-6。

表 4-5　RC-CFST 组合柱试件顶点侧移计算值与试验值的比较

试件编号	弯曲位移 $\Delta_{\mathrm{M}}/\mathrm{mm}$	剪切位移 $\Delta_{\mathrm{V}}/\mathrm{mm}$	总位移 $\Delta_{\mathrm{c}}/\mathrm{mm}$	试验值 $\Delta_{\mathrm{t}}/\mathrm{mm}$	$\Delta_{\mathrm{c}}/\Delta_{\mathrm{t}}$
LJ-1	5.857	0.000438	5.858	6.455	0.91
LJ-2	8.868	0.000663	8.868	8.240	1.08
LJ-3	15.890	0.000651	15.891	17.855	0.89
LJ-4	18.711	0.000767	18.711	19.075	0.98

表 4-6　RC-SRC 组合柱试件顶点侧移计算值与试验值的比较

试件编号	弯曲位移 $\Delta_{\mathrm{M}}/\mathrm{mm}$	剪切位移 $\Delta_{\mathrm{V}}/\mathrm{mm}$	总位移 $\Delta_{\mathrm{c}}/\mathrm{mm}$	试验值 $\Delta_{\mathrm{t}}/\mathrm{mm}$	$\Delta_{\mathrm{c}}/\Delta_{\mathrm{t}}$
RC-SRC1	6.553	0.0524	6.605	6.910	0.956
RC-SRC2	8.683	0.0694	8.752	8.880	0.986

由表 4-5 和表 4-6 可知，组合柱在弹性阶段的计算位移与试验实测位移吻合度较高，且试件的剪切变形极小，可忽略不计，故组合柱弹性阶段的抗侧刚度计算公式为

$$D = \cfrac{1}{\cfrac{h_2^3}{3E_2 I_2} + \cfrac{3h_1 h_2^2 + 3h_1^2 h_2 + h_1^3}{3E_1 I_1}} \qquad (4\text{-}15)$$

式中，$E_1 I_1$、$E_2 I_2$ 分别为钢筋混凝土部分及钢管混凝土部分的截面抗弯刚度；h_1、h_2 分别为钢筋混凝土部分柱高及钢管混凝土部分柱高。

采用式（4-15）计算的组合柱试件抗侧刚度与试验实测值的比较见表 4-7 和表 4-8。

表 4-7　RC-CFST 组合柱计算抗侧刚度与试验实测值的比较

试件编号	计算抗侧刚度 $D_{\mathrm{c}}/(\mathrm{kN/mm})$	试验抗侧刚度 $D_{\mathrm{t}}/(\mathrm{kN/mm})$	$D_{\mathrm{c}}/D_{\mathrm{t}}$
LJ-1	3.420	3.103	1.10
LJ-2	3.420	3.680	0.93
LJ-3	1.916	1.705	1.12
LJ-4	1.916	1.880	1.02

表 4-8　RC-SRC 组合柱计算抗侧刚度与试验实测值的比较

试件编号	计算抗侧刚度 $D_c/(kN/mm)$	试验抗侧刚度 $D_t/(kN/mm)$	D_c/D_t
RC-SRC1	1.826	1.732	1.054
RC-SRC2	1.800	1.789	1.006

由表 4-7 和表 4-8 可知，RC-CFST 与 RC-SRC 组合柱计算抗侧刚度与试验抗侧刚度比值的平均值为 1.043 和 1.030，具有较高的吻合度，因此式（4-15）具有理论参考价值。

4.5　本章小结

本章对 2 个传统风格建筑 RC-SRC 组合柱试件进行低周反复荷载试验，由试验现象及实测数据分析可得如下结论：

1）试件的破坏形态为典型的弯曲破坏。在水平加载方向两侧，SRC 柱根部均匀分布水平裂缝，该区域型钢及纵筋屈服，形成具有一定转动能力的塑性铰。

2）在低周反复荷载作用下，小轴压比试件 SRC 柱根部型钢先进入屈服状态，随后 SRC 柱纵筋、箍筋接连屈服，RC 柱纵筋最后接近屈服，而大轴压比试件上柱纵筋比型钢先开始屈服，上柱箍筋屈服范围较小，RC 柱纵筋及箍筋都未屈服。表明轴压比对试件钢材屈服顺序起到重要的作用。

3）所有试件的 P-Δ 滞回曲线非常饱满，具有良好的滞回性能。大轴压比试件的滞回环有一定的捏拢现象。

4）试件位移延性系数均大于 3，具有良好的变形能力，由于 P-Δ 效应二阶弯矩的影响，大轴压比试件的位移延性系数比小轴压比试件的位移延性系数略小。

5）试件在低周反复荷载作用下具有良好的耗能能力，并且受屈服机制影响，大轴压比试件的耗能能力比小轴压比试件的好。

6）试件的刚度退化趋势相似，刚度均随位移的增大而下降。但大轴压比试件的刚度退化曲线表现更为陡峭与短暂，而小轴压比试件的刚度退化曲线更加平缓与持续。

7）从整体上看，所有试件在最后一级第三循环的承载力仍能保持第一循环的 75% 以上，强度衰减不明显，具有良好的抗震性能。

8）参照相关规范给出了上下柱的截面抗弯刚度计算公式，并简化了传统风格建筑组合柱计算模型。依据 RC-CFST 组合与 RC-SRC 组合柱抗震性能试验结果，提出了组合柱的抗侧刚度计算公式，计算结果与试验结果吻合较好。

第5章

传统风格建筑混凝土梁柱组合件动力循环加载试验研究

■ 5.1 引言

传承与创造出具有中华民族风格与地域特色的新型现代建筑，对目前我国城市发展与建设具有重要的意义。传统风格建筑是我国古代建筑艺术与现代建筑技术文明有机融合的体现，在我国未来城市发展中具有很好的推广与应用前景。传统风格建筑继承了我国古建大屋盖的特点，使得传统风格建筑大部分质量集中在屋盖部位，使得存在收分的柱上部分轴压比较大，结构的抗震性能削弱，极大地限制了传统风格建筑在高烈度地区的使用与推广。目前，国内对传统风格建筑尚缺乏系统的研究，对其关键受力部位——梁柱组合件的力学性能还没有清楚的认识，缺乏科学的基础理论研究。同时，传统风格建筑混凝土梁柱组合件与现代常规节点的差别较大，现有规范对传统风格建筑混凝土梁柱组合件的设计缺乏研究基础，所以亟待开展传统风格建筑混凝土梁柱组合件的相关研究工作。

为研究传统风格建筑混凝土梁柱组合件的力学性能，笔者设计了1个典型传统风格建筑混凝土双梁-柱组合件及1个传统风格建筑混凝土单梁-柱组合件，进行了动力循环加载试验，获得了试件在动力循环荷载作用下的破坏过程，并对其抗震性能展开研究，包括各试件水平荷载-位移曲线、荷载-位移骨架曲线（简称骨架曲线）、承载能力、强度和刚度退化、延性以及耗能能力等。

■ 5.2 试件设计

5.2.1 模型设计及制作

为研究传统风格建筑混凝土梁柱组合件的抗震性能，选取了传统风格建筑中典型的梁柱组合件单元，设计并制作了1个典型双梁-柱试件（编号：DLJ-1）及1个单梁-柱试件（编号：SLJ-1），并进行动力循环荷载试验。传统风格建筑混凝土双梁-柱组合件基本构造形式如图5-1所示。双梁-柱组合件与常规梁柱组合件相比，不但节点域范围增大，其受力特点和变形特征也与常规梁柱组合件显著不同。

试件原型尺寸参考普陀山佛学院混凝土殿堂式传统风格建筑大雄宝殿工程实例并结合古建筑形制尺寸，按照宋《营造法式》"材份"制进行换算后最终确定。"材份"制是作为控制建筑规模等级和丈量木构件规格的模数制度。它由规定比例的"材"和规定比例的"栔"组成。宋代的"材"是指截面高宽比为3∶2的方木，依据房屋的类型等级规模选择确定，规定每等材的广（高）为15份、厚（宽）为10份。"栔"截面高度为6份、宽为4份，常用于斗栱的两层栱之间。当前，国内常见的传统风格建筑混凝土多为殿堂式建筑，其材份等级多为一等材或二等材，试验设计的传统风格建筑混凝土梁柱组合件试件按二等殿堂式建筑进行设计。

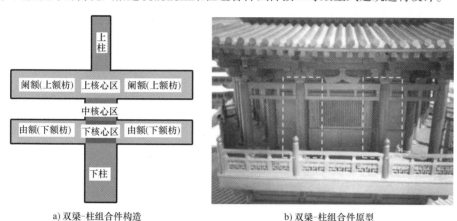

a) 双梁-柱组合件构造   b) 双梁-柱组合件原型

图5-1 传统风格建筑混凝土双梁-柱组合件基本构造形式

根据普陀山佛学院混凝土殿堂式传统风格建筑大雄宝殿工程的基本结构特征，在确保传统风格建筑混凝土梁柱组合件主要特征不变的基础上，选取水平荷载作用下，柱上下反弯点之间的部分、阑额由额之间、竖向小短柱之间的单元体作为试验研究对象，试件总高2650mm，总宽3000mm。试件钢筋布置、方钢管插入下柱尺寸及栓钉锚固要求经过数值模拟分析计算，选择合适的数值，并参照《混凝土结构设计规范（2015年版）》（GB 50010—2010）、《建筑抗震设计规范（2016年版）》（GB 50011—2010）确定，试件按照"强柱弱梁、强剪弱弯、强节点弱构件"抗震要求进行设计。对于传统风格建筑混凝土双梁-柱试件，如图5-2a示，其核心区域分为三个部分，即上核心区、中核心区、下核心区。图5-2b为传统风格建筑混凝土单梁-柱试件示意图。试件几何尺寸及断面图如图5-3、图5-4所示，试件

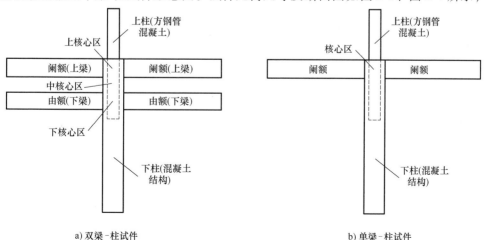

a) 双梁-柱试件   b) 单梁-柱试件

图5-2 试件示意图

设计参数见表5-1。

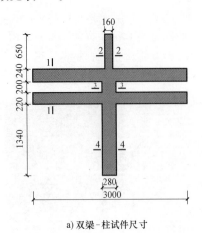
a) 双梁-柱试件尺寸

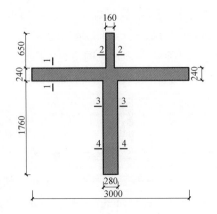
b) 单梁-柱试件尺寸

图 5-3　试件几何尺寸

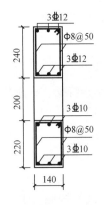
a) 双梁-柱试件1—1断面

b) 2—2断面图

c) 单梁-柱试件1—1断面

f) 双梁-柱试件方钢管尺寸及构造

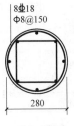
d) 3—3断面

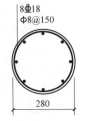
e) 4—4断面

g) 单梁-柱试件方钢管尺寸及构造

图 5-4　试件断面图及方钢管尺寸

表 5-1　试件设计参数汇总表

试件编号	纵筋						箍筋			
	上梁		下梁		上柱	下柱	上梁	下梁	上柱	下柱
	受压	受拉	受压	受拉						
DLJ-1	3 Φ 12	3 Φ 12	3 Φ 10	3 Φ 10	—	8 Φ 12	Φ 8@ 50	Φ 8@ 50	—	Φ 8@ 50
SLJ-1	3 Φ 12	3 Φ 12	—	—	—	8 Φ 12	Φ 8@ 50	—	—	Φ 8@ 50

设计轴压比按下式确定：

$$n = N / (f_c A_c + f_{ss} A_{ss})$$

式中，N 为轴向压力；f_c 为混凝土轴心抗压强度设计值；A_c 为扣除钢管截面后混凝土面积；f_{ss} 为型钢抗压强度设计值；A_{ss} 为钢管截面面积。

根据原型结构设计尺寸及荷载分布情况，结合选取研究单元的基本尺寸，确定试件设计轴压比 $n = 0.25$，将各参数代入轴压比计算公式可得轴向压力 $N = 310kN$。

根据试件设计要求，同时为保证试件制作精度，方钢管及方钢管上栓钉焊接均在专业加工厂制作，然后在西安建筑科技大学结构工程与抗震教育部重点实验室进行试件的后续制作。混凝土采用 C40 细石商品混凝土。试件制作步骤如下：方钢管切割→方钢管开孔→方钢管栓钉焊接→钢筋笼绑扎→模板制作→钢筋笼水平悬空就位→梁柱构件混凝土浇筑→标准条件下养护 28 天→将构件竖立放置→方钢管混凝土二次浇筑→养护 28 天→拆模。

试件核心区位置构造复杂，既需要焊接栓钉，又要在保证梁内纵筋连续的情况下，在方钢管相应位置开孔，以便让梁纵筋穿过。试验试件制作流程如图 5-5~图 5-8 所示。

图 5-5 试件方钢管栓钉焊接并钻孔

图 5-6 试件钢筋笼绑扎

图 5-7　试件模板制作

图 5-8　试件浇筑成型

5.2.2　材性试验

试件中采用的钢材均按《金属材料拉伸试验　第 1 部分：室温试验方法》（GB/T 228.1—2021）制作材性试验试件，钢板材性试样尺寸如图 5-9 所示，其材性指标见表 5-2。

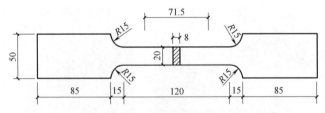

图 5-9　钢板材性试样尺寸

表 5-2　钢材材性指标

板厚（直径）/mm	屈服强度 f_y/MPa	屈服应变 $/10^{-6}$	极限强度 f_u/MPa	弹性模量 E_s/MPa	伸长率 A（%）
$t=5.5$	336.5	1674	463.3	$2.01×10^5$	32.9
Φ8	323.5	1570	400.0	$2.06×10^5$	35.6
Φ10	465.5	2316	596.5	$2.01×10^5$	33.1
Φ12	450.1	2296	586.7	$1.96×10^5$	30.8

为保证浇筑质量，提高混凝土流动性，避免出现蜂窝、麻面等问题，试件的混凝土采用细石商品混凝土，其分次浇筑的强度等级均为 C40。在分次浇筑时，均按《混凝土结构试验

方法标准》（GB/T 50152—2012）预留边长为 150mm 的标准混凝土立方体试块，并在与试件相同养护条件下进行养护。试块按《混凝土物理力学性能试验方法标准》（GB/T 50081—2019）进行材性试验，测试结果见表 5-3。根据实测轴心立方体抗压强度 f_{cu}，可换算出棱柱体抗压强度 f_c、轴心抗拉强度 f_t、弹性模量 E_c，具体计算公式如下：

$$f_c = 0.76 f_{cu}, \quad f_t = 0.395 f_{cu}^{0.55}, \quad E_c = 10^5 / (2.2 + 34.7 / f_{cu})$$

表 5-3 混凝土材料性能指标

混凝土	f_{cu}/MPa	f_c/MPa	f_t/MPa	E_c/MPa
第一批	58.2	47.6	4.1	3.63×10^4
第二批	52.9	41.7	3.8	3.53×10^4

5.3 加载方案

5.3.1 加载装置

水平加载装置采用 MTS 电液伺服程控结构试验系统，由 500kN 电液伺服作动器施加水平往复荷载，作动器行程 ±250mm。竖向力由 1000kN 液压千斤顶在柱顶施加，千斤顶与反力梁之间设置滚轮装置，使千斤顶能够随柱顶实时水平移动。

当前常用的梁柱组合件试验的梁端约束装置是竖向球铰连杆，可用于常规梁柱组合件的边界约束。但传统风格建筑混凝土双梁-柱组合件试验需要保证上下梁之间约束条件与实际工程一致，即上下梁能够在水平方向移动且能保持一定的竖向距离，同时上下梁之间不产生弯矩和剪力，仅传递竖向力。当前常用的梁柱组合件试验的梁端约束装置为竖向球铰连杆，在使用时必须在上下梁的梁端放置刚性垫板，则会在上下梁之间产生剪力和弯矩，使得试件的试验边界条件与实际工程不符。为解决上述问题，课题组设计了适用于传统风格建筑双梁-柱组合件的梁端连接装置（专利号：ZL201620201513.3），配合现有的竖向球铰连杆可以满足在上下梁之间不产生弯矩和剪力，只是传递竖向力，上下梁之间能够保持一定的竖向距离。双梁连接装置如图 5-10 所示，试验加载装置、加载现场及加载简图如图 5-11 所示。

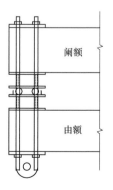

a) 双梁连接装置正视图　　b) 双梁连接装置侧视图　　c) 双梁连接装置实际应用图

图 5-10 双梁连接装置

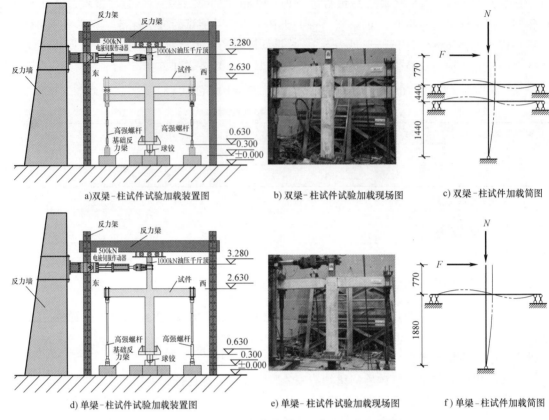

a) 双梁-柱试件试验加载装置图　　b) 双梁-柱试件试验加载现场图　　c) 双梁-柱试件加载简图

d) 单梁-柱试件试验加载装置图　　e) 单梁-柱试件试验加载现场图　　f) 单梁-柱试件加载简图

图 5-11　试件试验加载装置、加载现场及加载简图

5.3.2　加载制度

当前，在梁柱组合件抗震性能试验研究中常采用的加载方式为低周反复加载，又称为拟静力加载，其主要原理是通过对结构（构件）施加多次往复循环作用的静力荷载，使结构（构件）在正反两个方向重复加载和卸载，用以模拟地震作用下结构（构件）在往复受迫振动中的力学特征。采用拟静力加载方式获得的试验结果是用静力方法求得结构在静力荷载作用时的效果。

低周反复荷载试验加载方式的加载速率很低，由加载速率而引起的应力、应变的变化速率对于试验结果的影响很小。因此，拟静力加载方式在一定程度上不能反映动力荷载作用下结构的破坏特征和破坏模式。同时为与后续附设黏滞阻尼器的传统风格建筑混凝土梁柱组合件试验相对比，试验采用正弦波动力循环荷载的加载方式。通过 MTS 电液伺服程控结构试验系统输入正弦波荷载以更好地研究动态循环荷载作用下试件的力学性能。加载频率主要是根据不同加载工况下正弦波荷载的峰值加速度反推得出，正弦波加速度的峰值以地震烈度等级的划分及其对应的水平地震动参数范围作为设计依据。控制位移设计依据消能减震结构的层间弹塑性位移角限值应符合预期的变形控制要求。正弦波振幅及频率由《建筑抗震设计规范（2016 年版）》（GB 50011—2010）及《中国地震烈度表》（GB/T 17742—2020）确定。试验加载工况见表 5-4。

表 5-4　试验加载工况

工　况	加速度/(cm/s²)	控制位移/mm	频率/Hz	工　况	加速度/(cm/s²)	控制位移/mm	频率/Hz
1	50	5	1.59	6	460	40	1.71
2	100	8	1.78	7	500	53	1.55
3	150	11	1.86	8	570	65	1.50
4	250	15	2.05	9	585	77	1.39
5	350	27	1.81	10	600	88	1.31

试验采用柱顶加载方式，先在柱顶施加竖向荷载至设计值，然后在柱端施加动力水平荷载。加载时，对 MTS 加载设备输入振幅（控制位移）及频率，便可实施加载。

试件加载结束标志为：试件不能正常维持所施加的轴向压力或水平荷载下降到峰值荷载的85%。

5.3.3　量测方案

试件主要观察及量测内容为：①节点破坏情况；②梁端区域破坏情况及变形情况；③节点核心区箍筋应变及承载力；④梁端纵筋、箍筋应变及承载力；⑤柱顶荷载-位移关系。应变数据由 4 通道 DC-104R 动态应变数据采集仪实时记录，柱顶荷载-位移数据通过 MTS 加载系统自动采集。应变片布置在梁端纵筋及核心区箍筋位置，应变片布置如图 5-12、图 5-13 所示。动态应变数据采集仪如图 5-14 所示。

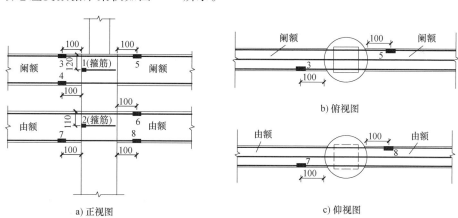

图 5-12　双梁-柱试件应变片布置

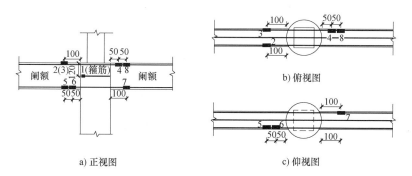

图 5-13　单梁-柱试件应变片布置

图 5-14　动态应变数据采集仪

■ 5.4　试验加载过程及破坏形态

试验试件均是按照"强柱弱梁、强节点弱构件"的抗震设防要求进行设计，在整个试验加载过程中，试验现象主要出现在梁端区域，节点核心区无明显破坏现象。传统风格建筑混凝土典型双梁-柱组合件破坏过程及破坏形态与单梁-柱试件相比，既有相似之处，又存在差异。

对加载全过程描述中，定义作动器推的方向为正向"+"，拉的方向为负向"−"。试验正式开始加载前，首先在柱顶施加 $N = 310\mathrm{kN}$ 的竖向轴力（试件设计轴压比 $n = 0.25$），然后将梁端的双梁连接器安装就位，最后通过 MTS 作动器在柱顶施加动力循环荷载。

为保证观测人员的安全，试验现象及裂缝宽度均是在 MTS 位于平衡位置时试件未加载情况下观察和测量。

5.4.1　双梁-柱试件 DLJ-1

试验加载全过程中试件破坏过程及最终破坏形态如图 5-15 所示。对试件加载全过程进行分析研究，可将其加载破坏全过程划分为以下 4 个阶段：

1）开裂阶段：在控制位移达到 27mm 前，荷载-位移曲线呈线性关系，说明试件基本在弹性范围内工作。在该阶段，当控制位移为 8mm 时，试件首次出现裂缝，裂缝出现位置主要为西侧下梁底面，向梁顶面延伸，但未延伸到梁顶面，裂缝长度较短、宽度较小，东侧下梁底面出现裂缝，向梁顶面延伸，但未延伸至梁顶面。当控制位移为 11mm 时，新裂缝出现位置为东西两侧下梁底面，并有向梁顶面延伸的趋势，但总体上所出现的裂缝宽度较小，长度均较短，裂缝出现位置多为核心区与阻尼器梁支座之间，且裂缝大致平行，并未形成贯通裂缝。当控制位移为 15mm 时，试件上梁首次出现裂缝，位于西侧上梁，数量为 1 条；西侧下梁底面也有新裂缝出现，数量为 3 条，长度均较短，宽度较细，东侧下梁新裂缝数量为 1 条。当控制位移为 27mm 时，裂缝宽度增大，新出现的裂缝位置开始向远离柱核心区发展，目前为止，无混凝土压碎剥落现象，裂缝多为原有裂缝扩展，几乎无明显新裂缝出现，初步判断，已经达到最小裂缝间距。

2）屈服阶段：随着加载的继续，当控制位移达到 40mm 时，试件刚度出现明显退化，上梁梁端区域已出现明显裂缝，宽度约为 0.20mm，梁端区域应变片大部分超过了材料的屈服应变，同时试件荷载-位移曲线出现明显拐点，表明试件达到屈服，进入弹塑性工作阶段。

a) 梁端首次出现裂缝

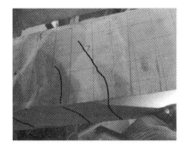

b) 弯剪裂缝

c) 梁端贯通裂缝

d) 片状开裂

e) 上下梁间混凝土剥落

f) 剥落严重、钢筋裸露

g) 上梁梁端混凝土剥落、钢筋裸露

h) 试件最终破坏形态

图 5-15　传统风格建筑混凝土双梁-柱组合件破坏过程及最终破坏形态

该阶段试件几乎无新裂缝出现，但原有裂缝继续扩展、宽度增大，当前，根据裂缝比对卡可知最大裂缝宽度约为 0.20mm；试件东西两侧上梁均已形成沿着梁端与柱交界处的环向裂缝，宽度较大，最大裂缝宽度约为 0.30mm，下梁也如此。

3）极限阶段：继续加载至荷载分别达到正向、负向极限荷载，峰值荷载为 52kN、−42kN；试件梁端区域混凝土出现明显剥落现象，上梁梁端混凝土剥落严重，当控制位移达到 77mm 时，加载过程中伴有压溃混凝土剥落，剥落位置位于梁端与柱交界处。但核心区混凝土未出现裂缝，中核心区西侧混凝土有鳞状开裂，西侧下梁与柱交界处裂缝已形成贯通裂缝；上核心区与西侧上梁交界处有角度约为 45° 的斜裂缝。

4）破坏阶段：随着荷载的继续增加，上梁梁端混凝土已大部分剥落，下梁梁端混凝土虽有剥落，但程度轻于上梁梁端，加载过程中，混凝土剥落明显，但无混凝土飞溅现象，混凝土剥落区域进一步扩大且向梁端逐步发展，混凝土剥落位置明显可见裸露钢筋；西侧上梁底面与柱交界处混凝土剥落严重，剥落深度最大约为 2.0cm。当层间转角达到 1/38 时，下梁梁端形成塑性铰且承载力下降至极限荷载的 85% 以下，终止试验。

5.4.2 单梁-柱试件 SLJ-1

单梁-柱试件破坏过程及最终破坏形态如图 5-16 所示。对试件加载全过程进行分析研究，可将其加载破坏全过程划分为以下 4 个阶段：

1）开裂阶段：当加载至控制位移达到 15mm 前，荷载-位移曲线基本呈线性关系，试件在弹性范围内工作。在该阶段，当控制位移为 8mm 时，试件首次出现裂缝，裂缝长度较短、宽度较细，为细小微裂缝，裂缝出现位置距离柱节点核心区位置较远；随着加载的继续，原有裂缝有所扩展，同时伴有新裂缝出现，但长度较短、宽度较小、数量较少。当控制位移为 11mm 时，试件既有新裂缝出现，同时伴有原有裂缝扩展，裂缝最大宽度约为 0.05mm，东西两侧梁裂缝分布几乎呈对称，裂缝间距大致相等。当控制位移为 15mm 时，有新裂缝出现的同时伴有原有裂缝扩展，裂缝宽度加大，最大裂缝宽度约为 0.10mm，此时，裂缝数量总体较少。当控制位移为 27mm 时，西侧梁北侧部位有新裂缝出现，同时伴有原有裂缝扩展，裂缝宽度明显增大；此时，已出现裂缝之间的间距几乎达到了裂缝最小间距。该控制位移下明显出现的新裂缝数量为 2 条，位于西侧梁下边缘，距离柱核心区距离约为 70cm。

2）屈服阶段：随着加载的继续，当控制位移达到 40mm 时，构件刚度出现明显退化，梁端区域应变片均超过了材料的屈服应变，同时试件荷载-位移曲线出现明显拐点，表明试件达到屈服，进入弹塑性阶段。此时，最大裂缝宽度约为 0.15mm，虽有新裂缝出现，但主要是原有裂缝扩展，同时上柱柱根位置处首次出现了朝着梁端角部发展的裂缝，东西两侧均出现该类型裂缝；加载过程中，有少量混凝土掉落，梁端角部混凝土已被压碎，但未见钢筋裸露。

3）极限阶段：继续加载，至荷载分别达到正向、负向极限荷载，试件梁端区域混凝土破坏严重，加载过程中伴有混凝土剥落，梁根部裂缝宽度约为 0.25mm，已清晰可见，上柱柱根处裂缝宽度增大。加载过程中，有少量混凝土剥落，西侧梁与柱交界处混凝土已严重剥落，但未见钢筋裸露，目前，西侧梁端底部位置靠近柱部位混凝土破坏严重，东侧梁端底部虽有较宽裂缝，但破坏程度轻于西侧梁端。随着加载的继续，加载过程中有块状混凝土剥落且明显可见两侧梁绕着梁端处转动，但角度较小，经判断，两侧梁已初步形成铰支座；梁端角部位置出现了沿着梁角部朝着柱核心区发展的裂缝，角度约为 45°且左右对称；梁端底部混凝土被压碎大量剥落，钢筋裸露，明显可见纵筋。

4）破坏阶段：继续加载，梁端混凝土剥落更加严重，梁端形成塑性铰，有大量块状混凝土掉落，上柱根部混凝土已明显被压碎掉落，裂缝由上柱柱根向东西两侧梁端延伸，东西两侧梁端顶部已形成因混凝土被压碎而剥落之后的凹陷，已不再有裂缝出现；此时，极限荷载下降到：推方向为 87%，拉方向为 78%，终止试验。

通过对试件最终的破坏形态进行观察分析，可将其破坏过程概括如下：在加载初期，试件处于弹性工作阶段，其荷载-位移曲线基本表现为线性关系，残余变形较小；随着加载的继续，荷载增大，试件裂缝增多增宽，形成贯通裂缝，尤其是梁端混凝土剥落严重，梁铰机制逐步形成，同时伴有刚度退化；当试件临近破坏时，梁端已形成明显的铰接点，层间位移角已远超规范要求且试件荷载下降至极限荷载的 85% 以下，梁端混凝土剥落严重，钢筋裸露明显，终止试验。

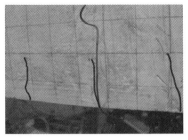 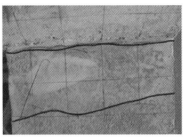 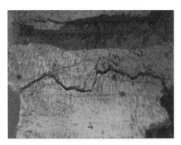

a) 梁端首次出现裂缝　　　　　b) 梁端贯穿裂缝1　　　　　c) 梁端贯穿裂缝2

  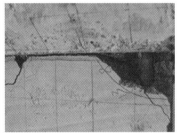

d) 梁端混凝土压溃　　　　e) 梁端混凝土剥落严重　　　f) 梁端混凝土剥落严重、钢筋裸露

g) 梁端顶面混凝土剥落严重　　　　　　h) 试件最终破坏形态

图 5-16　单梁-柱试件破坏过程及最终破坏形态

5.5　应变分析

试件 DLJ-1、SLJ-1 的梁端纵筋及核心区箍筋的应变数据如图 5-17 所示。鉴于试验采用动力循环加载方式，每个测点应变值取各级加载位移下第一循环时其应变值的最大绝对值。

由图 5-17 可知，在加载初期，水平位移较小，试件塑性铰区域应变值较低且相差不大，试件基本处在弹性工作阶段；随着荷载的增大，各测点应变值迅速增大，尤其是在试件开裂之后，应变值快速增大；试件在达到极限荷载后，各测点应变值增大速度减缓，这是由于在极限荷载之后，试件破坏严重，梁端已形成塑性铰，塑性铰区域钢筋全部达到屈服值，进入弹塑性工作阶段，在荷载下降段，试件承受荷载能力较低。

控制位移达到 27mm 前，DLJ-1 试件的核心区箍筋测点 1、测点 2 最大应变值为 $1300\mu\varepsilon$，并未超过箍筋的屈服应变，说明此时核心区应处在弹性阶段，此时梁端纵筋最大应变为 $5000\mu\varepsilon$，显然已经超过梁端纵筋的屈服应变。DLJ-1 试件核心区箍筋测点 1 的最大应变值为 $2500\mu\varepsilon$，SLJ-1 试件核心区箍筋测点 1 的最大应变值为 $3200\mu\varepsilon$，说明单梁-柱试件承载力小于双梁-柱试件。加载后期，各试件梁端纵筋应变值均已远远超过其屈服应变，而核心区箍筋应变值保持在 $3300\mu\varepsilon$，虽然已超过箍筋的屈服应变，但相比于梁端纵筋应变值仍较小，说明试件的破坏模式为梁铰破坏机制，这也表明试件按照"强柱弱梁、强节点弱构件"抗震设防要求设计达到了预期试验目的。

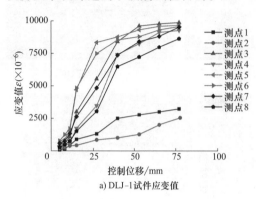
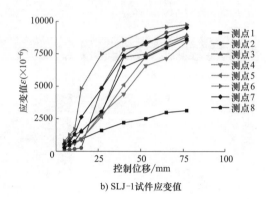

a) DLJ-1试件应变值　　　　　　　　　　b) SLJ-1试件应变值

图 5-17　试验试件应变值

图 5-17 彩图

5.6　试验结果及分析

5.6.1　柱顶荷载-位移曲线

加载端的荷载-位移（即 $P\text{-}\Delta$）曲线是试件在循环荷载作用下抗震性能的综合体现，主要反映构件的承载能力、延性性能、刚度退化规律和耗能能力等性能。将试件各工况下第一圈滞回曲线绘于一张图中，得到的水平荷载-位移曲线如图 5-18 所示。

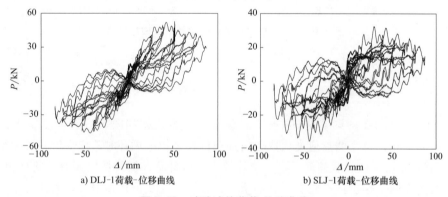

a) DLJ-1荷载-位移曲线　　　　　　　　b) SLJ-1荷载-位移曲线

图 5-18　试验试件荷载-位移曲线

试件荷载-位移（即 $P\text{-}\Delta$）曲线为锯齿状，主要是由于在快速加载过程中，MTS 加载设备在送油及回油过程中，不能一直处于稳定速率，具有一定的浮动，致使 MTS 位移采集系统不能较平稳地采集数据。虽然试件 $P\text{-}\Delta$ 曲线呈现一定的锯齿状，但仍能客观全面地反映试件的力学特征。

如图 5-18 所示，在正弦波动力循环荷载作用下，试验试件的荷载-位移曲线具有以下特点：

1）试件 P-Δ 曲线较为饱满。试件按"强柱弱梁、强节点弱构件"抗震设防要求进行设计，最终破坏类型为梁铰破坏，耗能能力得以充分发挥。

2）加载初期，柱端水平荷载与位移基本呈线性关系（试件处于弹性工作阶段），滞回环所包围的面积较小，卸载后几乎无残余变形，刚度退化不明显，试件裂缝数量较少、宽度较细。

3）随着加载的继续，试件进入弹塑性工作阶段，滞回环所包围的面积逐渐增大，表现了良好的耗能特性，同时滞回环逐渐向位移轴倾斜，初始斜率逐渐变小，试件刚度及强度逐渐退化，这是由试件损伤累积导致，有一定的残余变形。

总体而言，试件滞回曲线均较饱满，耗能能力较强，说明上柱采用方钢管混凝土的传统风格建筑混凝土梁柱组合件试件抗震性能良好。

5.6.2 柱顶荷载-位移骨架曲线

荷载-位移骨架曲线反映出构件受力和变形的关系，是结构抗震性能的综合体现和进行结构抗震弹塑性动力反应分析的主要依据。各试件的荷载-位移骨架曲线如图 5-19 所示。

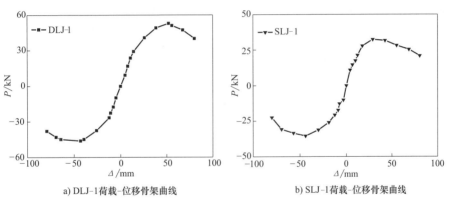

a) DLJ-1荷载-位移骨架曲线   b) SLJ-1荷载-位移骨架曲线

图 5-19 试件荷载-位移骨架曲线

由图 5-19 所示可知各试件柱顶荷载-位移骨架曲线具有以下特点：

1）当荷载较小时，试件的荷载-位移骨架曲线基本呈线性，说明试件在弹性工作阶段，随着荷载的增大及试件裂缝数量逐渐增多、宽度增大，荷载-位移曲线表现出明显的非线性，出现了明显的拐点，刚度开始降低，荷载增长滞后于变形。

2）对比试件 SLJ-1 及 DLJ-1 可知，两者虽轴压比相同，但构造形式不同，由图 5-19 可知两者的骨架曲线在弹性阶段刚度相差较小；试件屈服后，SLJ-1 很快达到极限荷载，但其荷载-位移骨架曲线下降段更为平缓，在加载后期能够保持更高的承载力。

3）对比两试件荷载-位移骨架曲线，DLJ-1 试件峰值荷载明显大于 SLJ-1 试件，在加载后期，SLJ-1 试件的破坏位移大于 DLJ-1 试件。同时两者荷载-位移骨架曲线下降段差别较大，这是由于 DLJ-1 试件为双梁-柱设计，上梁与下梁共同存在，两者相互影响，虽能提高试件的承载力，但加载后期，下梁的存在导致上下梁变形不协调，内力分布不均匀，达到极限承载力后，承载力下降较快，其荷载-位移骨架曲线下降段不如 SLJ-1 平缓。

为对试件各刚度变化进行分析，采用初始刚度、硬化刚度和负刚度分别描述各阶段刚度变化规律。初始刚度 K_e：用来描述荷载-位移骨架曲线的弹性阶段，在荷载-位移骨架曲线图上为原点与屈服点的连线；硬化刚度 K_s：用来描述结构屈服后的受拉刚化效应，其物理意义为承载力从屈服荷载到峰值荷载增长的幅度，在荷载-位移骨架曲线图上为屈服点与峰值点的连线；负刚度 K_n：用来描述结构荷载-位移曲线的下降段，为荷载达到峰值后结构承载力衰减的幅度，在荷载-位移骨架曲线图上为峰值点与破坏点的连线。硬化刚度、负刚度均与初始刚度成比例，计算公式分别用为

$$K_s = \alpha_s K_e \tag{5-1}$$
$$K_n = \alpha_n K_e \tag{5-2}$$

式中，α_s 为硬化刚度与初始刚度的比例系数，α_n 为负刚度与初始刚度的比例系数。

根据式（5-1）、式（5-2），各试件的 α_s、α_n 计算值见表 5-5。现有研究结果表明，钢结构的 $\alpha_s = 0.03$、$\alpha_n = -0.03$，钢筋混凝土结构为 $\alpha_s = 0.1$、$\alpha_n = -0.24$。传统风格建筑混凝土梁柱组合件的硬化刚度与初始刚度的比例系数要高于钢结构和钢筋混凝土结构，说明传统风格建筑混凝土梁柱组合件屈服后强度提升的空间较大。双梁-柱试件的负刚度与初始刚度的比例系数大于钢结构和钢筋混凝土结构，说明当荷载超过结构的最大承载力之后，传统风格建筑混凝土双梁-柱组合件的性能要优于钢筋混凝土结构及钢结构；单梁-柱试件的负刚度与初始刚度的比例系数介于钢结构与钢筋混凝土结构之间，说明当荷载超过结构的最大承载力之后，传统风格建筑混凝土单梁-柱组合件的性能要优于普通钢筋混凝土结构，而略低于钢结构。

表 5-5　各试件刚度比例系数

试件	α_s	α_n
DLJ-1	0.400	-0.196
SLJ-1	0.276	-0.136

5.6.3　承载力及特征位移

试验采用 Park 法确定试件的屈服点。如图 5-20 所示，首先绘制 P-Δ 曲线极限荷载点的水平切线 AB，B 点即为极限荷载值 P_u；取 P-Δ 曲线极限荷载 P_u 的 0.6 倍，即在纵坐标上取 $0.6P_u$，作横坐标的平行线，交 P-Δ 曲线于 C 点，连接 OC，延长 OC 交 AB 于 E 点，由 E 点向水平位移轴绘制垂线交 P-Δ 曲线于 F 点，则 F 点对应的坐标值即为试件的等效屈服荷载和相应的等效屈服位移。试件各特征点的试验值见表 5-6。其中，P_y 为屈服荷载，Δ_y 为相应的屈服位移；P_u 为极限荷载，Δ_u 为相应的极限位移；P_m 为破坏荷载，Δ_m 为相应的破坏位移。

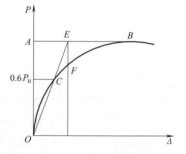

图 5-20　Park 法确定试件的屈服点示意图

表 5-6　试件各特征点的试验值

试件编号	屈服点		极限点		破坏点	
	P_y/kN	Δ_y/mm	P_u/kN	Δ_u/mm	P_m/kN	Δ_m/mm
DLJ-1	42.2	28.3	53.0	52.2	45.1	68.1
	33.5	24.2	46.7	43.1	39.7	70.7
SLJ-1	28.3	19.0	32.3	29.2	27.5	58.8
	27.5	22.4	35.5	44.7	30.1	70.9

由表 5-6 可知，试件 DLJ-1 的荷载特征点均比试件 SLJ-1 高，这是由于双梁-柱试件下梁的存在可分担一部分荷载，从而能提高其承载力。试件 DLJ-1 屈服荷载约为试件 SLJ-1 的 1.36 倍，极限荷载约为 1.47 倍，说明双梁-柱试件具有较高的承载力。

5.6.4　延性分析

　　选用位移延性系数 μ_Δ 和转角延性系数 μ_θ 来反映试件的延性特性。根据《建筑抗震试验规程》（JGJ/T 101—2015），其计算公式为

$$\mu_\Delta = \frac{\Delta_m}{\Delta_y}, \quad \mu_\theta = \frac{\theta_m}{\theta_y} \tag{5-3}$$

式中，Δ_m 为试件的极限位移，取骨架曲线中荷载下降到极限荷载的 85% 时对应的位移；Δ_y 为试件的屈服位移，即与屈服荷载相对应的位移值；θ_m 为试件的层间极限位移角，取荷载下降到极限荷载的 85% 时对应的层间位移角；θ_y 为试件的层间屈服位移角，即屈服荷载时位移角的值，$\theta = \Delta / H$，H 为柱的长度。

　　试验中各试件的位移延性系数和转角延性系数见表 5-7。

表 5-7　试件延性系数

试件编号	Δ_y/mm	Δ_m/mm	θ_y	θ_m	$\mu_\Delta = \mu_\theta$	μ
DLJ-1	28.3	68.1	1/94	1/39	2.41	2.66
	24.2	70.7	1/109.5	1/37.5	2.92	
SLJ-1	19.0	58.8	1/139	1/45	3.09	3.13
	22.4	70.9	1/118.4	1/37.4	3.17	

注：μ 为试件的延性系数，取正、负加载方向位移延性系数或转角延性系数的平均值。

　　由表 5-7 可知：

　　1）两试件的延性系数分别为 3.13、2.66，相差为 18.1%。总体上，试件延性系数均大于参考文献 [14] 中试件延性系数平均值 2.36，说明上柱采用方钢管混凝土的传统风格建筑混凝土梁柱组合件延性性能优于传统风格建筑混凝土梁柱组合件。结合试件承载能力分析可知，双梁-柱试件在显著提高试件承载力的同时对试件延性影响较小。

　　2）《建筑抗震设计规范（2016 年版）》（GB 50011—2010）规定在大震作用下，结构（构件）的弹塑性变形应小于容许极限变形，以防止结构倒塌，因而要求结构的弹塑性层间位移角必须小于规定限值。规范规定：混凝土结构的弹性层间位移角限值 $[\theta_e] = 1/550$；弹塑性层间位移角限值 $[\theta_p] = 1/50$。试件弹性层间位移角 $\theta_e = (4.0 \sim 5.5)[\theta_e]$，弹塑性层间位移角 $\theta_p = (1.1 \sim 1.35)[\theta_p]$，表明试件弹塑性层间位移角高于规范规定限值，说明上柱采用方钢管混凝土的传统风格建筑混凝土梁柱组合件试件屈服后仍有较好的变形能力。

　　3）双梁-柱试件的延性略小于单梁-柱试件，这是由于双梁-柱试件下梁的存在导致试件受力不均匀，变形不协调。

5.6.5　耗能性能

　　图 5-21 所示的 S_{ABCD} 为滞回曲线一周所耗散的能量，面积 $S_{(\triangle OBE + \triangle ODF)}$ 为直线 OB 在达到相同位移时所包围的面积。曲线面积 $S_{(ABC+CDA)}$ 与三角形面积 $S_{(\triangle OBE + \triangle ODF)}$ 之比表示

耗散能量与等效弹性体产生相同位移时输入的能量值之比。

等效黏滞阻尼系数 h_e 根据图 5-21，计算公式为

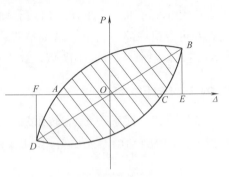

$$h_e = \frac{E_d}{2\pi}, \quad E_d = \frac{S_{(ABC+CDA)}}{S_{(\triangle OBE + \triangle ODF)}} \quad (5-4)$$

式中，h_e 为试件等效黏滞阻尼系数；E_d 为能量耗散系数。

功比系数 I_W 是表示耗能能力的一种常用指标，用来表达结构在加载过程中吸收能量的大小。Go-sain 等提出在第 i 次循环后试件的功比系数为

图 5-21　等效黏滞阻尼系数 h_e
计算方法示意图

$$I_W = \sum_{i=1}^{n} \frac{P_i \Delta_i}{P_y \Delta_y} \quad (5-5)$$

式中，I_W 为试件功比系数；P_i、Δ_i 为分别为第 i 次循环加载时结构顶点的荷载和位移；P_y、Δ_y 分别为试件的屈服荷载和屈服位移。

在荷载作用下，各试件的等效黏滞阻尼系数 h_e、能量耗散系数 E_d 及试件破坏时功比系数 I_W 按上述公式计算，结果见表 5-8。其中，E_{dy}、E_{du}、E_{dm} 分别为试件在屈服、极限和破坏荷载时对应的能量耗散系数；h_{ey}、h_{eu}、h_{em} 分别为试件在屈服、极限和破坏荷载时对应的等效黏滞阻尼系数；I_W 为试件破坏时的功比系数；J1~J4 为试件编号。

表 5-8　各试件耗能指标

试件编号	屈服荷载		极限荷载		破坏荷载		功比系数
	h_{ey}	E_{dy}	h_{eu}	E_{du}	h_{em}	E_{dm}	I_W
DLJ-1	0.085	0.534	0.128	0.804	0.141	0.886	16.32
SLJ-1	0.144	0.905	0.192	1.206	0.223	1.401	15.48
J1	0.065	0.408	0.085	0.534	0.138	0.867	—
J2	0.061	0.383	0.076	0.478	0.192	1.206	—
J3	0.056	0.352	0.079	0.496	0.227	1.426	—
J4	0.048	0.302	0.068	0.427	0.138	0.867	—

由表 5-8 可知：

1）屈服荷载时，试件等效黏滞阻尼系数的平均值为 0.115；极限荷载时，试件等效黏滞阻尼系数的平均值为 0.160；破坏荷载时，试件等效黏滞阻尼系数的平均值达 0.182，均明显高于其他试验试件的平均值，说明上柱采用方钢管混凝土的传统风格建筑混凝土梁柱组合件耗能能力更强，其抗震性能更优越。

2）破坏荷载时，与已有试验结果（普通钢筋混凝土梁柱组合件等效黏滞阻尼系数 h_e 约为 0.1，型钢混凝土梁柱组合件的等效黏滞阻尼系数 h_e 约为 0.3）相比，本试验单梁-柱试件 h_e 为 0.223，双梁-柱试件 h_e 为 0.141，均明显高于普通混凝土梁柱组合件，且单梁-柱试件的 h_e 接近型钢混凝土梁柱组合件。说明上柱采用钢管混凝土的传统风格建筑混凝土梁柱组合件耗能能力强，耗能指标满足结构抗震设防设计的要求。

3）各试件功比系数均较大，说明结构在超过了其极限点之后的下降阶段仍具有较高的耗能能力。传统风格建筑混凝土双梁-柱试件 DLJ-1 的功比系数大于单梁-柱试件 SLJ-1。根据

已有研究结果，混凝土结构、钢结构在破坏点的功比系数分别约为10、40。试验结果表明上柱采用钢管混凝土的传统风格建筑混凝土梁柱组合件具有优于混凝土构件的耗能能力，且双梁-柱试件的耗能能力优于单梁-柱试件。

为了进一步量化传统风格建筑混凝土梁柱组合件的耗能能力，根据各试件柱顶水平荷载-位移曲线计算试件在不同控制位移下的总耗能，每一级加载位移下滞回耗能取第一次循环、中间一次循环及最后一次循环滞回环的面积，计算结果如图 5-22a 所示。图 5-22b 所示为每一级加载位移第一次循环时滞回环的面积。

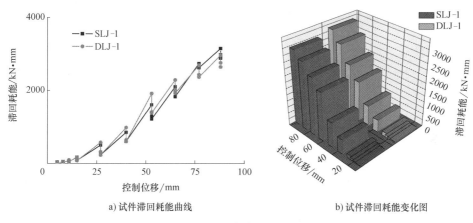

a) 试件滞回耗能曲线　　　　　b) 试件滞回耗能变化图

图 5-22　试件滞回耗能

由图 5-22，并结合表 5-7、表 5-8 可知：

1）试件屈服前，滞回耗能较小，表明在外界作用较小时，滞回曲线基本呈线性，力随位移的增加呈直线上升，几乎不存在残余变形，试件耗能主要是以可恢复的弹性应变能为主。

2）随着荷载的不断增大，试件由弹性阶段逐渐进入弹塑性阶段，其水平荷载-位移曲线逐渐饱满，存在残余变形，滞回耗能也随之不断增大，试件耗能由弹性应变能为主向塑性变形耗能转变，且弹性应变能在结构总耗能中所占比例也不断减小。

3）滞回耗能曲线中每个"台阶"均由三个数据点组成，第三个滞回环数据点值较第一个滞回环小，说明在同级位移下，试件强度逐步退化，其耗能能力也随之降低。

4）临近破坏时，试件塑性变形、裂缝开展及混凝土剥落已较为严重，梁端形成塑性铰，构件承载能力明显降低，在其滞回耗能曲线上表现为斜率倾向于横坐标，但仍保留一定的耗能能力。

5）传统风格建筑混凝土双梁-柱试件的耗能能力明显高于单梁-柱试件，说明双梁-柱试件下梁的存在不但可提高试件的承载能力，还可提升试件耗能能力，且对试件延性影响较小。

5.6.6　刚度退化及刚度分析

割线刚度计算公式为

$$K_i = \frac{\left|+P_i\right| + \left|-P_i\right|}{\left|+\Delta_i\right| + \left|-\Delta_i\right|}$$

(5-6)

式中，P_i 为第 i 次循环峰值点的荷载；Δ_i 为第 i 次循环峰值点的位移。

各试件在不同加载位移条件下，割线刚度计算见表 5-9。刚度退化曲线如图 5-23 所示。

表 5-9　各试件割线刚度计算

Δ/mm	DLJ-1 $K_i/(\mathrm{kN/mm})$	SLJ-1 $K_i/(\mathrm{kN/mm})$
40	1.21	1.07
53	1.04	0.77
65	0.72	0.55
77	0.61	0.40
88	0.49	0.27

由表 5-9 和图 5-23 可知试件刚度退化具有以下特点：

1）各试件刚度随加载位移的增大呈退化趋势。导致试件刚度退化的根本原因是试件屈服后的弹塑性性质和累积损伤，对混凝土结构梁柱试件而言，这种损伤主要表现为钢筋的屈服、混凝土裂缝的开展及缝宽的增大、贯通裂缝的形成及混凝土剥落等。

2）试验中，双梁-柱试件刚度明显高于单梁-柱试件。这是由于双梁-柱试件中下梁的存在提高了试件的整体刚度和承载力。双梁-柱试件刚度与单梁-柱试件刚度的退化曲线几

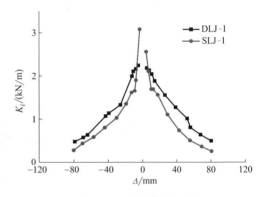

图 5-23　刚度退化曲线

乎平行，表明两者退化速率大致相等，且几何构造形式对其刚度退化速率影响甚微；随着反复加卸载，试件损伤累积，使得试件塑性变形的影响更加明显。

3）加载后期，试件刚度退化速率减缓，这是由于达到极限承载力后，试件不再有新裂缝出现，且钢筋已大部分达到屈服。

从试验试件水平荷载-位移滞回曲线关系可知，刚度与位移及循环次数存在一定的联系，其本身也在不断地变化中，分析时，一般采用割线刚度代替切线刚度。定义开裂刚度 K_{cr} 为开裂点与坐标原点连线的斜率；屈服刚度 K_y 为屈服点与开裂点连线的斜率；等效线性体系的等效刚度 K_{eq} 定义为屈服点与坐标原点连线的斜率，则各试件刚度计算结果见表 5-10。

表 5-10　各试件刚度计算

试件编号	$K_{cr}/(\mathrm{kN/mm})$	$K_y/(\mathrm{kN/mm})$	$K_{eq}/(\mathrm{kN/mm})$
DLJ-1	2.14	1.24	1.49
	2.26	0.97	1.38
SLJ-1	1.84	0.81	1.48
	1.62	0.99	1.23

由表 5-10 可知，传统风格建筑混凝土双梁-柱试件的开裂刚度 K_{cr} 约为单梁-柱试件的 1.16~1.40 倍；说明试件在开裂前，即试件基本处于弹性工作阶段时，双梁-柱试件的抗侧

刚度优于单梁-柱试件，这是由于双梁-柱试件下梁的存在提高了试件的抗侧刚度；传统风格建筑混凝土双梁-柱试件的屈服刚度 K_y 约为单梁-柱试件的 $1.00 \sim 1.53$ 倍，平均约为 1.23 倍，说明双梁-柱试件进入弹塑性阶段而未屈服之前的抗侧刚度大于单梁-柱试件；各试件的等效刚度 K_{eq} 虽大致相等，但双梁-柱试件的等效刚度 K_{eq} 略大于单梁-柱试件，这是由于双梁-柱试件中下梁的存在在一定程度上提高了试件的等效刚度。

5.6.7 承载力衰减

承载力降低系数计算公式为

$$\lambda_i = \frac{P_j^1}{P_j^i} \tag{5-7}$$

式中，P_j^1 为加载位移级别 $j = \Delta_j > \Delta_y$ 时，第 1 次循环时峰值荷载；P_j^i 为加载位移级别 $j = \Delta_j > \Delta_y$ 时，最后一次循环时峰值荷载。

各试件在不同位移加载条件下，承载力降低系数计算结果见表 5-11，强度退化曲线如图 5-24 所示。

表 5-11 各试件承载力降低系数

试件编号	控制位移 Δ/mm	正向 λ_i	负向 λ_i
DLJ-1	40	0.89	0.94
	53	0.85	0.93
	65	0.82	0.92
	77	0.82	0.79
	88	0.62	0.64
SLJ-1	40	0.88	0.85
	53	0.76	0.63
	65	0.75	0.61
	77	0.73	0.60
	88	0.70	0.53

1）各试件承载力衰减趋势基本相同，试件从开始屈服直至极限荷载附近的承载力降低系数均小于 1.0。这表明正向加载和负向加载时试件的同级加载承载力已经开始了一定程度的衰减。这是由于混凝土本身作为一种各向异性材料，材质不均匀，受力较复杂，且混凝土试件在受荷之前本身就存在内部微裂缝。

2）从试件开始屈服到其承载力达到极限承载力之前，各试件在同级正负向加载过程中，承载力衰减不明显。这是由于屈服前，

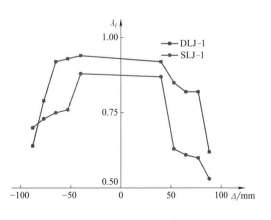

图 5-24 强度退化曲线

试件基本处在弹性工作阶段，损伤较小。

3）试件达到极限承载力之后，随着水平荷载和循环次数的增加，试件的承载力衰减逐渐明显，且总体呈加快的趋势。这主要是混凝土剥落严重，钢筋屈服，试件损伤累积导致。

4）加载后期，传统风格建筑混凝土双梁-柱试件强度衰减速率大于单梁-柱试件。这是由于双梁-柱试件构造形式导致其上、下梁在破坏过程中变形不一致，受力不均匀。

■ 5.7   本章小结

1）传统风格建筑混凝土梁柱组合件的滞回曲线饱满，试件耗能能力较强，延性性能优于普通混凝土梁柱组合件，且试件破坏类型均为梁铰破坏机制。

2）传统风格建筑混凝土双梁-柱试件承载能力高于单梁-柱试件，而延性略低于单梁-柱试件；双梁-柱试件耗能能力与单梁-柱试件耗能能力大致相等，传统风格建筑混凝土梁柱组合件耗能能力优于普通混凝土梁柱组合件。

3）从试件开始屈服到其承载力达到极限承载力之前的阶段，各试件在同级正负向加载过程中，承载力退化并不明显。这是由于在试件屈服前，试件基本在弹性阶段，损伤较小；试件达到极限承载力之后，随着水平荷载和循环次数的增加，试件的承载力退化明显，且总体上呈加快的趋势。

4）双梁-柱试件刚度明显高于单梁-柱试件；两者退化速率大致相等，且几何构造形式对其刚度退化速率影响较小；随着反复加卸载，试件损伤累积，使得试件塑性变形的影响更加明显；加载后期，试件刚度退化速率减缓。

5）双梁-柱试件的荷载特征点均高于单梁-柱试件，屈服荷载约为对比试件的 1.36 倍，极限荷载约为 1.47 倍，说明采用双梁-柱可显著提高结构的承载能力。

第 6 章

附设黏滞阻尼器的传统风格建筑新型梁柱组合件动力循环加载试验研究

■ 6.1 引言

为抵抗地震作用的破坏,传统的抗震措施主要是增大梁柱截面的尺寸、增加梁柱配筋和提高建筑材料强度等。这会导致结构刚度增大,向上部结构传递的地震作用增强,即传统的建筑抗震思想可概括为"以刚制刚"。传统抗震体系把结构构件作为耗能部件,通过容许结构构件在地震中产生塑性变形来吸收地震能量。

第 5 章对上柱采用方钢管的传统风格建筑混凝土梁柱组合件进行了快速动态加载试验,获得其耗能能力、延性等抗震性能。从试验结果可知,其抗震性能相对现代常规结构低。为确保在高烈度地区传统风格建筑的推广应用,必须采取有效措施提升其抗震性能。根据传统风格建筑的形制特点,结合日益成熟的减震隔震技术,形成附设黏滞阻尼器的传统风格建筑结构形式。目前,将黏滞阻尼器应用于传统风格建筑的研究尚未见报道,因此对传统风格建筑关键部位附设黏滞阻尼器后的结构抗震性能进行研究,不但可以填补仿传统风格建筑设计理论与方法的空白,也为工程实际提供科学的参考依据。

鉴于此,将黏滞阻尼器与传统风格建筑混凝土梁柱组合件相结合,组成附设黏滞阻尼器的传统风格建筑混凝土新型梁柱组合件。为研究附设黏滞阻尼器的传统风格建筑混凝土新型梁柱组合件的力学性能,设计了两组共 4 个该类型试件,对其进行动力循环荷载试验,研究该新型梁柱组合件在动力循环加载作用下的破坏过程及破坏机制,并对其抗震性能展开研究,包括各试件水平荷载-位移曲线、骨架曲线、承载能力、强度和刚度退化、延性以及耗能能力等。

■ 6.2 试件设计与制作

6.2.1 试件设计

雀替是中国古建筑最具特色的构件之一。雀替施于枋端,即梁枋与柱连接处,如图 6-1 所示。雀替有多种叫法,宋《营造法式》中称为"绰幕",清代称为"雀替""插角"或"托木",是指置于梁枋下与立柱相交的短木,具有一定的承重能力,其作用是缩短梁枋的净跨度从而增强梁枋的承载力,并可以减少梁与柱相接处的向下剪力,极大地提高了榫头的抗弯和抗剪能力，使节点承载能力得到较大幅度提升，改变了古建筑榫卯连接中由于卯口削弱而导致的"弱节点"缺陷；同时，雀替的存在防止了横竖构材间的角度倾斜。《营造法式》及《工程做法则例》中规定雀替尺寸为：其长为净面阔[○]的 1/4~1/3，其高按其长折半，其厚按柱径的 1/3。顶面用栽销与横构件连接，侧边做双脚榫与柱连接。总体上，古建筑中雀替具有结构和装饰的双重功能。

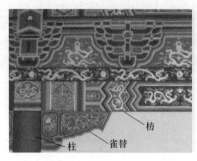

a) 雀替布置位置图

b) 雀替布置实例

图 6-1　雀替示意图

当前，雀替作为传统风格建筑的重要组成元素，其在建筑上的结构作用已被忽略，而主要起装饰作用。这是由于传统风格建筑梁柱组合件中节点为刚性连接，改变了古建筑木结构梁柱榫卯节点柔性连接的特性。从已有传统风格建筑发生的地震破坏分析中可知，由于传统风格建筑结构（构件）形式发生了较大变化，导致其受力特点与现代结构存在较大差异，其破坏主要发生在梁柱连接区域。例如，在台湾 9·21 地震中，武昌宫的梁柱组合件破坏导致结构发生了整体倒塌式的压溃破坏，如图 6-2 所示。

a) 梁柱组合件破坏图

b) 整体倒塌图

图 6-2　武昌宫震害

如何确保传统风格建筑在地震作用下的抗震性能，是当前亟待解决的关键问题之一。该问题主要有以下两种解决方式：一是改善节点区域的耗能能力、减小其应力集中；二是将梁端塑性铰外移，改善节点整体的抗震能力。但上述解决方式主要是通过增强结构本身的抗震性能抵御外界荷载作用，属于消极被动的抗震对策。

鉴于此，结合近年来减震隔震技术理论的日臻成熟，其在建筑结构上的应用也日趋广泛，将减震隔震技术与传统风格建筑混凝土结构相结合，即在传统风格建筑混凝土梁柱组合件的节点核心区位置附设消能器，从而改善传统风格建筑节点域的耗能能力，从整体上改善

○　面阔，中国建筑的专用名词，用以度量建筑物平面宽度的单位。

传统风格建筑混凝土梁柱组合件抗震性能差的缺陷。

综合考虑，选用黏滞阻尼器与传统风格建筑混凝土梁柱组合件相结合，形成一种传统风格建筑混凝土新型梁柱组合件（专利号：CN201620719626.2、CN201620720881.9），进而对其受力性能进行研究，以期改善传统风格建筑混凝土梁柱组合件抗震性能不佳的现状。

根据传统风格建筑特殊形制，设计了两组共 4 个传统风格建筑混凝土梁柱新型组合件试件，分为双梁-柱试件组和单梁-柱试件组，每组包括 2 个附设黏滞阻尼器的传统风格建筑混凝土新型梁柱组合件。为与前文未附设黏滞阻尼器的传统风格建筑混凝土梁柱组合件抗震性能对比，延续前文的试件编号，根据附设黏滞阻尼器型号的不同，对于双梁-柱试件，编号分别为 DLJ-2、DLJ-3；对于单梁-柱试件，编号分别为 SLJ-2、SLJ-3。试件尺寸及截面设计与前文中未附设黏滞阻尼器的传统风格建筑混凝土梁柱组合件相同，详细试件几何尺寸及截面配筋请参考 5.2 节。

6.2.2 黏滞阻尼器的选择

黏滞阻尼器的阻尼力-位移是评价其耗能性能的主要参数，为了能够准确测得试验过程中黏滞阻尼器的阻尼力和位移等关键数据，试验中的黏滞阻尼器采用智能型黏滞阻尼器，由专业阻尼器生产厂家提供。它主要由黏滞流体阻尼器和监测系统组成。监测系统包括传感器、信号采集系统及数据传输等。当黏滞阻尼器受力而产生位移时，就可以通过传感器将力和位移的信号传到数据采集记录仪上进行采集。

为了不造成传统风格建筑的不和谐感和影响传统风格建筑的整体美观，试件中附设的黏滞阻尼器尺寸应该不大于古建筑中雀替的尺寸范围。根据现有理论，黏滞阻尼器的力学性能与其设计长度具有一定的关系，且阻尼器耗能能力强弱与其两端活塞运动相对速度相关。消能阻尼器的耗能效率随着放置角度的增大而降低，因此倾角不宜过大，再考虑施工因素等，故阻尼器放置角度一般与梁夹角为 25°～45°。

鉴于试件是根据古建筑"材份等级"制进行设计，黏滞阻尼器附设于雀替位置处，按宋《营造法式》中雀替尺寸的规定，其长度一般为开间净面阔的 1/4，目前常见的二等材殿堂式传统风格建筑开间一般为 5.4～7.2m，故而雀替水平长度最大应为 1.35～1.8m，其高为其水平长度的一半，即为 0.6～0.9m。依据试验中缩尺试件所能选用的黏滞阻尼器长度范围，结合阻尼器生产厂家所能提供的阻尼器长度型号，最终选择一款长度为 0.77m 的智能型黏滞阻尼器，该款黏滞阻尼器自带拉压传感器，其阻尼力与位移可通过拉压传感器输出，通过特定的设备收集。选定黏滞阻尼器与梁夹角为 30°，与柱夹角为 60°。

根据现有研究理论，黏滞阻尼器的力学模型为

$$F = CV^{\alpha} \tag{6-1}$$

式中，C 为阻尼系数，单位为 kN·s/m；V 为活塞运动的相对速度，单位为 m/s；α 为阻尼指数，当 $\alpha = 1$ 时，为线性阻尼器；当 $\alpha < 1$ 时，为非线性阻尼器；当 $\alpha > 1$ 时，为超线性阻尼器。黏滞阻尼器阻尼指数的取值一般为 0.30～0.75。

根据所选的黏滞阻尼器长度，经过数值模拟分析，设计了适用于试验的黏滞阻尼器参数，试验所选用的两种黏滞阻尼器型号见表 6-1。

表 6-1　黏滞阻尼器设计参数

阻尼器型号	设计荷载 F/kN	阻尼系数 C/(kN·s/m)	阻尼指数 α	设计位移 /mm
ZVD-1	80	88	0.36	±30
ZVD-2	50	60	0.30	±30

　　黏滞阻尼器通过配套的双耳连接器与梁柱连接，连接器通过预埋钢板与构件连接，黏滞阻尼器安装图如图 6-3、图 6-4 所示。黏滞阻尼器安装方法：预先在阻尼器设计安装位置预埋钢板，预埋钢板的长度和宽度应比阻尼器支座大 100mm，预埋钢板应焊接足够多的锚固钢筋深入到构件内，采用对称断续焊接的方式将预埋钢板与阻尼器支座周边焊接牢固，然后，将黏滞阻尼器两端置于支座双耳内，插入销栓并拧紧。

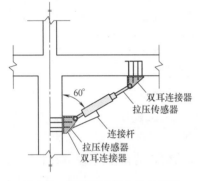

图 6-3　黏滞阻尼器安装示意图

图 6-4　黏滞阻尼器安装实物图

　　其中试件 DLJ-2、SLJ-2 采用 ZVD-2 型号黏滞阻尼器，试件 DLJ-3、SLJ-3 采用 ZVD-1 型号黏滞阻尼器。

■ 6.3　加载方案

6.3.1　加载装置

　　试验所选用的黏滞阻尼器为速度相关型消能器，需要在加载过程中提供一定的速度才能使黏滞阻尼器发挥其耗能功效。附设位移相关型消能器的阻尼节点多采用低周反复加载方式，附设黏滞阻尼器的传统风格建筑混凝土梁柱组合件的加载方式的相关研究少见报道。

　　进行附设黏滞阻尼器的传统风格建筑混凝土新型梁柱组合件的试验研究须对现有的试验方法进行改进。一种方法是在黏滞阻尼器上放置位移放大系统，使黏滞阻尼器具有位移放大功能，从而提高其耗能能力；另一种方法是直接提高试验加载设备的性能，使黏滞阻尼器获得较大的加载速度。

　　Chung 采用第一种方法进行了附设 HDADS（在黏滞阻尼器上连接液压缸）的新型混凝土梁柱节点的拟静力试验研究。试验中黏滞阻尼器设置了液压缸放大系统，克服了加载控制位移和频率较小的缺陷，取得了良好的试验结果，为附设黏滞阻尼器的传统风格建筑混凝土新型梁柱组合件的试验研究奠定了理论基础。

第二种方法主要难题在于加载装置的限制，大多现有的加载设备的加载频率与控制位移存在反比例关系。试验时要保证较高的加载频率，就无法保证较大的控制位移，而在保证了试验要求的控制位移时，就不能保证试验需求的加载频率。西安建筑科技大学结构工程与抗震教育部重点实验室引进的 MTS 电液伺服程控结构试验系统可以实现在较大控制位移条件下满足试验需求的加载频率。因此，第二种试验方法已经具备了试验条件。

本试验水平加载装置采用 MTS 电液伺服程控结构试验系统，由 500kN 电液伺服作动器在柱顶施加水平往复荷载，作动器行程±250mm。竖向荷载由 1000kN 油压千斤顶在柱顶施加，千斤顶与反力梁之间设置滚轮装置，使千斤顶能够随柱顶实时水平移动。双梁之间采用课题组开发的双梁连接器（专利号：ZL201620201513.3）。试验加载装置如图 6-5、图 6-6 所示。

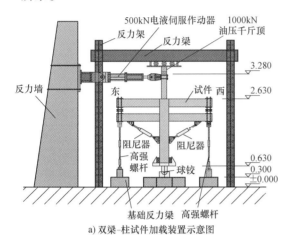

a) 双梁-柱试件加载装置示意图　　　　　b) 双梁-柱试件加载装置现场图

图 6-5　双梁-柱试件加载装置图

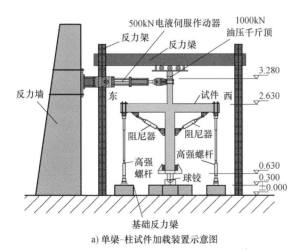

a) 单梁-柱试件加载装置示意图　　　　　b) 单梁-柱试件加载装置现场图

图 6-6　单梁-柱试件加载装置图

6.3.2　加载制度

试验采用动力加载制度，现有地震理论认为地震在一定程度上可以视为频率为基频 ω_1

及其某个倍数的简谐振动分量的合成作用过程，考虑到 MTS 电液伺服加载系统在进行试件动态加载时的设备和试件的安全及性能，采用以位移和频率进行控制加载的正弦波荷载形式，控制参数（正弦波的频率及振幅）通过 MTS 电液伺服程控结构试验系统输入。

输入的振幅及频率由《建筑抗震设计规范（2016 年版）》（GB 50011—2010）及《中国地震烈度表》（GB/T 17742—2020）中相关数据确定。加载频率主要是根据不同加载工况下正弦波荷载的峰值加速度反推得出，正弦波加速度的峰值根据地震烈度等级的划分及其对应的水平地震动参数范围作为设计依据。控制位移设计依据是消能减震结构的层间弹塑性位移角限值应符合预期的变形控制要求。《建筑抗震设计规范（2016 年版）》中规定，框架结构的弹性层间位移角限值 $[\theta_e]$ 为 1/550，弹塑性层间位移角限值 $[\theta_p]$ 为 1/50，并给出了实现抗震性能设计目标的参考方法，当需要按地震残余变形确定使用性能时，结构构件除满足提高抗震安全性的性能要求外，不同性能要求的层间位移参考指标按表 6-2 选用。

表 6-2　实现抗震性能要求的层间位移参考指标

性能要求	多遇地震	设防地震	罕遇地震
性能 1	完好，变形远小于 $[\theta_e]$	完好，变形小于 $[\theta_e]$	基本完好，变形略大于 $[\theta_e]$
性能 2	完好，变形远小于 $[\theta_e]$	基本完好，变形略大于 $[\theta_e]$	有轻微塑性变形，变形小于 $2[\theta_e]$
性能 3	完好，变形明显小于 $[\theta_e]$	轻微损坏，变形小于 $2[\theta_e]$	有明显塑性变形，变形约为 $4[\theta_e]$
性能 4	完好，变形小于 $[\theta_e]$	轻~中等破坏，变形小于 $3[\theta_e]$	不严重破坏，变形不大于 $0.9[\theta_p]$

刘伟庆等进行的附设黏滞阻尼器的方钢管钢筋混凝土框架结构性能试验研究中使用的加载制度和《建筑消能阻尼器》（JG/T 209—2012）中黏滞阻尼器力学性能试验方法中最大出力（即最大阻尼力）和阻尼系数的测定方法相一致，均采用正弦波激励，每工况循环 5 次。美国土木工程协会（ASCE）及著名的消能器生产厂家 Taylor 公司进行的黏滞阻尼器力学性能试验，正弦波激励下每工况循环 10 次。综合考虑黏滞阻尼器的动力和疲劳测试方法及加载设备的安全性能，本书试验确定正弦波激励下每工况循环 10 次，为了获得更为充分的黏滞阻尼器试验数据，试验最大控制位移为 133mm，约为 Chung 试验控制位移（10mm）的13 倍。

本书试验中设计的动力循环荷载加载工况见表 6-3。图 6-7 所示为动力循环加载工况示意图。表 6-4 汇总了刘伟庆试验、Chung 试验和 ASCE 试验动力循环荷载加载工况与本书试验加载工况具体参数。

表 6-3　动力循环荷载加载工况

工况	加速度/ (cm/s^2)	控制位移/ mm	频率/ Hz	工况	加速度/ (cm/s^2)	控制位移/ mm	频率/ Hz
1	50	5	1.59	7	500	53	1.55
2	100	8	1.78	8	570	65	1.50
3	150	11	1.86	9	585	77	1.39
4	250	15	2.05	10	600	88	1.31
5	350	27	1.81	11	700	106	1.29
6	460	40	1.71	12	800	133	1.23

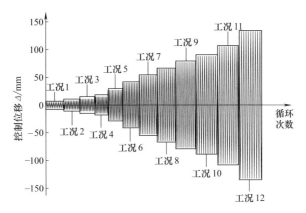

图 6-7　动力循环加载工况示意图

表 6-4　动力循环荷载加载工况

试验名称	试验对象	加载方式	加载波形	最大位移/mm	每级增幅/mm	循环次数	频率/Hz	阻尼器布置方式
刘伟庆试验	RC框架	水平加载	正弦波	50	5/10	3/5	0.05~1.0	沿框架对角线布置
Chung试验	RC节点	梁端竖向加载	谐波	10	1	2	1	安装在梁-柱节点,并附加液压位移放大装置
ASCE试验	黏滞阻尼器	两端加载	正弦波	20	20	10	0.5	直接放置在试验平台上
本书试验	传统风格建筑混凝土新型梁柱组合件	柱端加载	正弦波	133	见表6-3	10	1.0~2.0	安装在梁-柱节点处

由表 6-4 可知，Chung 试验的试验方法主要是采用了第一种试验方法，刘伟庆和 ASCE 试验主要是采用第二种试验方法。本书试验在综合了上述试验的基础上，提出了符合本书试验试件特点的加载制度，对加载制度中的最大控制位移及加载频率均有较大的改进。

6.3.3　量测方案

试件量测方案与5.3.3节相同。

为能够准备测得试验过程中黏滞阻尼器阻尼力-位移关系，选用的智能型黏滞阻尼器由黏滞阻尼器与数据输出系统组成，数据输出系统包括位移和拉压力传感器、信号采集系统、数据传输系统，将智能型黏滞阻尼器与动态数据采集系统相连，动态数据采集系统与数据存储设备（如计算机等）相连，从而收集并储存黏滞阻尼器阻尼力及其对应位移的动态数值。黏滞阻尼器的阻尼力-位移由 DH5922N 通用型动态信号测试分析仪实时采集并由存储设备保存，如图 6-8 所示。试验前，先对采集系统进行基线校准平衡，黏滞阻尼器荷载-位移数据采集流程如图 6-9 所示。

DH5922N 通用型动态信号测试分析仪基本技术参数如下：

1）动态采样频率信息：当多通道同时工作时，每通道采样频率为100Hz，分档切换，分时间段自由采样，所有数据实时传输至计算机硬盘存储。

2）抗混滤波器基本信息：

① 滤波方式：低通滤波30Hz。

② 截止频率：采样速率的1/2.56倍，在设置采样速率时同时设定。

图 6-8 DH5922N 通用型动态信号测试分析仪

③ 阻带衰减：约-150dB/oct。

④ 平坦度（分析频率范围内）：小于±0.05dB。

3）采集数据失真度：不大于0.5%。

4）模数转换器：24 位 A/D 转换器。

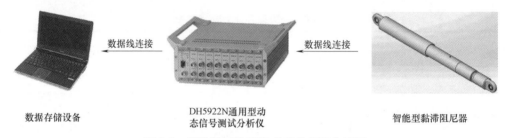

数据存储设备　　　DH5922N通用型动态信号测试分析仪　　　智能型黏滞阻尼器

图 6-9 黏滞阻尼器荷载-位移数据采集流程

6.4 试验加载过程及破坏形态

试验试件按照"强柱弱梁、强节点弱构件"的抗震设防要求进行设计，在整个试验加载过程中，试验现象主要出现在梁端区域，节点核心区无明显破坏现象。各试件破坏过程及破坏形态，既有相似之处，又存在差异。

在对加载全过程描述中，定义作动器推的方向为正向"+"，拉的方向为负向"-"。试验正式开始前，首先在柱顶施加 $N=310kN$ 的竖向轴力（试件设计轴压比 $n=0.25$），然后在将梁端的连接器安装就位，最后通过 MTS 作动器在柱顶施加动力循环荷载。

试验现象及裂缝宽度均是在 MTS 位于平衡位置时试件未加载的情况下进行观察和采集。

6.4.1 双梁-柱试件 DLJ-2

试件 DLJ-2 破坏过程及最终破坏形态如图 6-10 所示。对试件加载全过程进行分析研究，可将其加载破坏全过程划分为以下 4 个阶段：

1）开裂阶段：施加竖向荷载至预定值；当控制位移较小时，试件无明显试验现象；当控制位移为 8mm 时，试件梁上首次出现弯曲裂缝（裂缝出现位置主要为东侧下梁顶面），并向梁底面延伸，但未延伸到梁底面，裂缝长度较短、宽度较小，所出现的裂缝几乎呈对称分布，开裂荷载约为 19.5kN，与试件 DLJ-1 开裂荷载接近，相差约为 10.8%，说明装设黏滞阻尼器的新型阻尼节点的抗裂性能有所改善。

2）屈服阶段：当控制位移为 11mm 时，试件梁上出现一定数量的新裂缝，并伴随原有裂缝的扩展，出现裂缝的位置多位于原有裂缝之间；在该控制位移下，梁顶面首次出现裂缝，裂缝宽度较小。当控制位移为 15mm 时，原有裂缝扩展，出现的新裂缝数量为 4 条，裂缝出现顺序基本上为从梁端与柱交界处开始至梁另一端发展，裂缝间距大致相等，宽度约为 0.15mm。当控制位移为 27mm 时，梁端钢筋已经屈服，伴有新裂缝出现，裂缝宽度增大，新出现的裂缝位置开始向远离柱核心区发展，无混凝土压碎剥落现象；阻尼器最大出力为 17.0kN；裂缝多为原有裂缝扩展，几乎无明显新裂缝出现，初步判断，已经达到最小裂缝间距；上柱柱根处开始出现朝着梁端角部方向发展的约 45° 的斜裂缝。

a) 梁端贯通裂缝

b) 上下梁间混凝土剥落1

c) 梁端混凝土剥落1

d) 梁端混凝土剥落2

e) 上下梁间混凝土剥落2

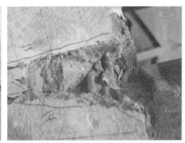

f) 剥落严重、钢筋裸露

g) 试件最终破坏形态

图 6-10　试件 DLJ-2 破坏过程及最终破坏形态

3）极限阶段：试件屈服后，加载位移不断增大，试件水平荷载逐步提高，但荷载增大速率滞后于位移增大速率，这表明试件出现刚度退化和强度退化。当控制位移为 40mm 时，阻尼器最大出力为 19.0kN，几乎无新裂缝出现，但原有裂缝继续扩展并宽度增大，根据裂缝比对卡可知最大裂缝宽度约为 0.20mm。当控制位移为 53mm 时，该工况有少量裂缝出现，且伴有原有裂缝扩展，中核心区西侧混凝土剥落严重，有少量被压碎的混凝土剥落，核心区混凝土未出现裂缝，裂缝深度最大约为 1.0cm，中核心区东侧的混凝土沿着与梁截面宽度平行方向出现裂缝，宽度较大、长度较短，该工况阻尼器最大出力为 30.0kN，最小为 21.0kN。当控制位移为 77mm 时，加载过程中，明显可见混凝土剥落，但无混凝土飞溅现象，混凝土剥落区域进一步扩大，且向梁端逐步发展，在该工况下混凝土剥落程度可见钢筋。西侧上梁底面与柱交界处混凝土剥落严重，剥落深度最大约为 2.0cm；加载过程中阻尼器的存在，使得结构仍然为不可变体系，同时，伴有混凝土压溃剥落，东侧上梁底面与柱交界处混凝土被压碎剥落，箍筋裸露，东侧下梁顶面与柱交界处，有混凝土被压碎剥落，但相对面积较小，底面被压碎剥落面积较大。

总体上，在加载过程中混凝土伴有轻度剥落，剥落位置钢筋不可见。加载过程中，明显可见黏滞阻尼器两端活塞杆发生相对位移，这表明黏滞阻尼器与试件协同工作，共同抵抗外荷载。

4）破坏阶段：附设黏滞阻尼器试件破坏阶段的基本过程和现象与对比试件 DLJ-1 相类似。当控制位移为 88mm 时，中核心区西侧混凝土整体被压溃剥落，只有少部分未被压溃，压溃部分最大深度约为 2.0cm。当水平位移为 133mm 时，梁端与柱连接部分混凝土剥落严重，明显可见裸露钢筋，如图 6-10f 所示。上梁与下梁间两侧混凝土开裂，但未见钢筋裸露，如图 6-10e 所示。目前为止，中核心区东西两侧混凝土几乎完全破坏殆尽，且东侧破坏比西侧严重，塑性铰区向柱内延伸，导致柱与梁连接处混凝土几乎被压碎剥落殆尽，且东西两侧破坏程度几乎对称，加载过程中，有被压碎的混凝土掉落，数量较多，上梁与柱交界处破坏最为严重，西侧上梁与柱交界处的中核心区混凝土整体剥落，已清晰可见箍筋及纵筋。试件最终因梁端破坏严重，且柱顶最大水平荷载已下降至峰值荷载的 85% 以下而终止试验。

6.4.2 单梁-柱试件 DLJ-3

试件 DLJ-3 破坏过程及最终破坏形态如图 6-11 所示。对试件加载全过程进行分析研究，可将其加载破坏全过程划分为以下 4 个阶段：

1）开裂阶段：施加竖向荷载至预定值；当控制位移较小时，试件无明显试验现象；当控制位移为 8mm 时，试件首次出现裂缝（裂缝出现位置主要为梁底面），并向梁顶面延伸，但未延伸到梁顶面，裂缝长度较短、宽度较小，裂缝几乎呈对称分布。

2）屈服阶段：当控制位移为 11mm 时，试件梁上裂缝出现数量为 3 条，且长度较短（约 4cm）、宽度较细，出现裂缝的位置多位于原有裂缝之间，且梁顶面首次出现裂缝。当控制位移为 15mm 时，有新裂缝出现，同时伴有原有裂缝扩展，出现的新裂缝数量为 7 条，裂缝出现顺序基本上为从梁端与柱交界处开始至梁另一端发展，裂缝间距大致相等，宽度约为 0.10mm。当控制位移为 27mm 时，梁端钢筋屈服，阻尼器最大出力为 24.0kN，阻尼器两端最大相对位移为 5.7mm，有新裂缝出现，裂缝宽度增大，新出现的裂缝位置开始向远离柱核心区发展，无混凝土压碎剥落现象。当控制位移为 40mm 时，阻尼器最大出力为 28.0kN，阻尼器两端最大相对位移为 8.54mm，几乎无新裂缝出现，但原有裂缝继续扩展并宽度增大，根据裂缝比对卡可知最大裂缝宽度约为 0.15mm，上柱柱根处开始出现朝着梁端角部方向发展的约 45° 的斜裂缝。

3）极限阶段：试件屈服后，加载位移不断增大，试件水平荷载逐步提高，但荷载增大速率滞后于位移增大速率，这表明试件出现刚度退化和强度退化。当控制位移为 53mm 时，阻尼器最大出力为 29.7kN，阻尼器两端最大位移为 14.1mm，力及位移曲线基本对称；有少

a) 上梁顶端贯通裂缝

b)下梁底端开裂

c)上下梁间混凝土片状开裂

d) 上梁顶端贯通裂缝继续发展

e) 上梁梁端混凝土开裂

f)上下梁间混凝土剥落

g)上下梁间箍筋外露

h) 试件最终破坏形态

图 6-11 试件 DLJ-3 破坏过程及最终破坏形态

量裂缝出现,且伴有原有裂缝扩展,所出现的新裂缝位于东侧上梁梁端底面区域;西侧上梁梁端顶面出现裂缝,并有向下延伸的趋势。在加载过程中,有少量混凝土剥落,剥落位置为西侧上梁与柱交界处,下柱与上柱交接变截面处出现斜裂缝,核心区混凝土未出现裂缝,中核心区西侧混凝土有鳞状开裂,西侧下梁与柱交界处裂缝已形成贯通裂缝;上核心区与西侧上梁交界处有角度约为 45°的斜裂缝,发展趋势为上柱柱根处,裂缝最大宽度约为 2.00mm。当控制位移为 65mm 时,阻尼器最大出力为 30.7kN,最小为 -29.0kN,位移最大为 14.4mm,

最小为-16.0mm，力及位移曲线基本对称。东侧下梁与柱交界处，西侧上梁与柱交界处均出现沿梁端的贯通裂缝，加载过程中，混凝土开始有相对较多的剥落，剥落位置位于梁端与柱交界处，混凝土剥落后，不可见钢筋，中核心区东西两侧混凝土为鳞状开裂。当控制位移为77mm时，加载过程明显可见混凝土剥落，但无混凝土飞溅现象，混凝土剥落区域进一步扩大，且向梁端逐步发展，该工况下混凝土剥落程度可见钢筋。西侧上梁底面与柱交界处混凝土剥落严重，剥落深度最大约为2.0cm，加载过程中，已明显可见梁绕着梁端转动，初步判断，已形成铰支座，但阻尼器的存在使得结构仍然为不可变体系，同时，伴有混凝土压溃剥落，东侧上梁底面与柱交界处混凝土被压碎剥落，箍筋裸露，东侧下梁顶面与柱交界处，有混凝土被压碎剥落，但相对面积较小，底面被压碎剥落面积较大。

4）破坏阶段：当控制位移为88mm时，中核心区西侧混凝土整体被压溃剥落，只有少部分未被压溃，压溃部分深度最大约为2.0cm，极限荷载下降到：推83%，拉86%。在该工况下，中核心区东西两侧混凝土几乎完全破坏殆尽，且东侧破坏比西侧严重，塑性铰区向柱内延伸，导致柱与梁连接处混凝土几乎被压碎剥落殆尽，且东西两侧破坏程度几乎对称，加载过程中，有被压碎混凝土掉落，数量较多，上梁与柱交界处破坏最为严重，西侧上梁与柱交界处的中核心区混凝土整体剥落，已清晰可见箍筋及纵筋。当控制位移为106mm时，阻尼器最大出力为30.7kN，最小为-29.4kN，位移最大为25.0mm，最小为-24.0mm，力及位移曲线基本呈对称，上、下梁梁端已完全形成铰支座，不适宜继续加载，终止试验。

6.4.3　单梁-柱试件 SLJ-2

试件 SLJ-2 破坏过程及最终破坏形态如图 6-12 所示。对试件加载全过程进行分析研究，可将其加载破坏全过程划分为以下 4 个阶段：

1）开裂阶段：施加竖向荷载至预定值后，施加柱端水平荷载。当控制位移为 8mm 时，试件首次出现裂缝，裂缝位于柱核心区与阻尼器梁支座之间，距离支座及核心区大致相等，西侧梁裂缝数量多于东侧，裂缝未形成贯通裂缝，裂缝宽度较细。与 SLJ-1 试件相比，试件开裂荷载大致相等，这表明黏滞阻尼器对提高试件的抗裂能力不明显。

2）屈服阶段：当控制位移为 11mm 时，裂缝多为原有裂缝扩展，新裂缝少量出现，且新出现的裂缝靠近核心区方向，但现有裂缝长度均较短，宽度较细，此时阻尼器阻尼力较低，阻尼器两端相对位移较小；当控制位移为 15mm 时，新裂缝出现位置多位于原有裂缝之间，因为原有裂缝间距未达到裂缝出现的最小间距，同时伴有原有裂缝扩展，阻尼器最大出力为 26.0kN，阻尼两端最小为-25.0kN，位移最大为 4.4mm，最小为-4.2mm，力及位移曲线基本呈对称；当控制位移为 27mm 时，有少量新裂缝出现，同时伴有原有裂缝扩展，裂缝最大宽度约为 0.1mm。

总体上，随水平荷载的不断增大，梁端出现弯剪裂缝，节点核心区两侧裂缝分布大致对称，随着荷载的增大，裂缝继续扩展，并伴随新裂缝的出现。随后，梁端钢筋率先屈服，进入弹塑性工作阶段，而核心区钢筋处于弹性工作阶段。

3）极限阶段：当控制位移为 40mm 时，阻尼器最大出力为 28.7kN，最小出力为-26.8kN，阻尼器两端相对位移最大为 9.0mm，最小为-5.3mm，力曲线基本呈对称，位移曲线不完全对称，这是由于东侧梁破坏程度比西侧严重，同时在加载过程中，阻尼器位移采集仪可能存在因偶然因素影响而导致的位移采集误差；此时，东侧梁与柱交界处裂缝扩展至梁底部，梁与柱交界处首次出现竖向裂缝，位于西侧梁北侧，裂缝最大宽度约为0.35mm。当控制位移为53mm时，阻尼器最大出力为30.5kN，阻尼器两端相对位移最小为−28.9kN，位移最大为10.6mm，最小为−10.9mm，力及位移基本呈对称。裂缝最大宽度约为0.55mm，梁上几无新裂缝出现，原有裂缝有所扩展延伸，梁端与柱交界处裂缝几乎形成贯通裂缝，梁端顶面出现半圆弧状裂缝，起始点为梁端顶面北侧与南侧，半圆弧位于上柱柱根变截面处，东西两侧梁也一样，裂缝最大宽度约为1.0mm。当控制位移为65mm时，阻尼器最大出力为30.2kN，阻尼器两端相对位移最小为−30.0kN，位移最大为13.6mm，最小为−14.6mm，力及位移曲线基本对称。加载过程中，有少量混凝土剥落，剥落混凝土呈小块状，混凝土剥落部位位于梁端处，但未见钢筋裸露，梁端已完全形成贯通裂缝。当控制位移为77mm时，加载过程中，可见被挤压破碎的混凝土掉落，但未见大块混凝土剥落现象，钢筋未裸露，初步判断，梁端与柱交界处已形成铰支座。当控制位移为88mm时，加载过程中有小块混凝土掉落，东侧梁与柱交界处的南侧已被压碎，但该处混凝土未剥落，北侧完好，此时，推方向最大荷载下降至极限荷载的82%，拉方向最大荷载下降至极限荷载的87%。

a) 上梁顶端贯通裂缝

b) 上梁顶端贯通裂缝发展

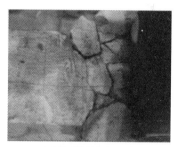
c) 上梁顶端混凝土开裂

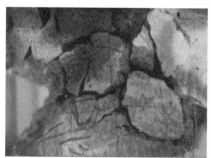

d) 上梁顶端混凝土碎裂及箍筋外露

e) 试件最终破坏形态

图 6-12　试件 SLJ-2 破坏过程及最终破坏形态

西侧梁、北侧梁梁端上部几乎完全压碎剥落，可见纵筋，下部位置混凝土未剥落。

总体上，梁端钢筋屈服之后，试件承载力仍继续增大，直至达到峰值。在该加载过程中，梁端未屈服钢筋相继屈服，但核心区钢筋仍处于弹性工作阶段。梁端混凝土局部压碎剥落严重，但未见钢筋裸露。梁端与柱连接区域形成贯通裂缝。

4）破坏阶段：当控制位移为106mm时，在加载过程中，混凝土剥落严重，极限荷载下降到：推方向为77%，拉方向为78%；东侧梁南侧上部角位移纵筋被拉断，被拉断位移为裹环氧树脂布置应变片处，上柱柱根处混凝土几乎被完全压碎，但钢筋完好，未见拉断；阻尼器最大出力为33.8kN，最小为-31.7kN，阻尼器两端相对位移最大为23.7mm，最小为-25.4mm，力及位移基本呈对称。梁端已完全形成铰支座，而阻尼器作为支撑存在，保证结构仍可继续承受一定的荷载，梁端混凝土已大部分剥落，明显可见钢筋，且梁端角部混凝土挤压程度明显比中部位置严重，已无新裂缝出现。当控制位移为133mm时，阻尼器最大出力为36.0kN，最小为-30.5kN，阻尼器两端相对位移最大为22.0mm，最小为-28.0mm，力及位移曲线基本呈对称；试件最终因梁端破坏严重，不适宜继续加载，终止试验。

总体上，在水平荷载达到峰值之后，随着上柱柱顶水平位移的增大，梁端混凝土压碎剥落区域逐渐扩大，在加载过程中，有明显的混凝土大面积剥落现象，且可见梁端钢筋外露。但核心区均未见裂缝，核心区钢筋仍处于弹性工作阶段。

6.4.4 单梁-柱试件 SLJ-3

试件 SLJ-3 破坏过程及最终破坏形态如图 6-13 所示。对试件加载全过程进行分析研究，可将其加载破坏全过程划分为以下 4 个阶段：

1）开裂阶段：施加竖向荷载至预定值后，施加柱端水平荷载。当控制位移为 8mm 时，试件首次出现裂缝，裂缝位置位于西侧梁南侧面，距离核心区位置约为 65cm，裂缝长度约为 7cm，裂缝数量为 1 条。

2）屈服阶段：当控制位移为 11mm 时，有细微新裂缝出现，但长度均较短，东侧梁裂缝明显少于西侧梁。当控制位移为 15mm 时，东侧梁首次出现裂缝，裂缝位置位于梁端根部南侧，长度约为 20cm，方向为从梁顶面延伸至梁底面，裂缝宽度约为 0.05mm。当控制位移为 27mm 时，阻尼器最大出力为 17.4kN，最小为-16.9kN，阻尼器两端相对位移最大为 4.9mm，最小为-4.7mm，力及位移曲线基本呈对称。新裂缝出现的同时伴有原有裂缝扩展，裂缝最大宽度约为 0.1mm，梁上所出裂缝间距大致相等，但西侧梁裂缝明显多于东侧梁，还未出现贯穿裂缝。当控制位移为 40mm 时，阻尼器最大出力为 18.7kN，最小出力为-17.3kN，阻尼器两端相对位移最大为 7.9mm，最小为-8.0mm，力及位移曲线基本呈对称。此时，东侧梁有新裂缝出现，位于梁端与柱交界处上部，有向上柱柱根部发展的趋势；当控制位移为 40mm 时，东侧梁仍有新裂缝出现，且所出现裂缝多位于东侧梁顶面，间距大致相等，东西两侧梁顶面出现了梁端裂缝，该裂缝位于梁端与柱连接部分，宽度约为 0.15mm，几乎形成了沿梁端的环向裂缝。

3）极限阶段：当控制位移为 53mm 时，西侧梁与柱交界处出现角度约为 45°，由梁端角部位置向上柱柱根处方向延伸的裂缝。东侧梁两端也是如此，裂缝最大宽度约为 0.20mm，东侧梁梁端裂缝已形成贯通裂缝，梁底面出现间距大致相等的裂缝，有新裂缝出现，但数量较少，均向梁顶面方向延伸；东侧梁端出现朝着上柱柱根处方向约 45°的裂缝，且宽度较大。西侧梁已形成宽度较大的沿着梁与柱交接位置环向裂缝，初步判断，西侧梁梁端已形成铰支座，该处裂缝宽度约为 1.5mm，但未有混凝土剥落。当控制位移为 65mm 时，该工况未出现新裂缝，但有原有裂缝扩展，梁端与上柱柱底部出现多条裂缝，原因是上柱与下柱截面不等，柱为变截面构件，梁端区域向柱内延伸，上柱柱根处可称为梁端位置。南侧与北侧柱核心区未见有明显裂缝。西侧梁所出现的新裂缝多向梁顶面延伸，宽度约为 0.10mm，阻尼器最大出力为 21.1kN，最小出力为 -20.4kN，阻尼器两端相对位移最大为 12.6mm，最小为 -16.7mm，力及位移曲线基本呈对称。加载过程中未见有混凝土剥落，原有裂缝延伸位置为梁端朝着上柱柱根处方向约 45° 的裂缝，同时梁端截面中心靠下位置出现朝着向下方向约 45° 的裂缝，与向上方向的裂缝几乎呈对称形式，该位置处出现的斜裂缝长度一般较短，但宽度较大，该裂缝主要存在于东侧梁，西侧无该类型裂缝出现。当控制位移为 77mm 时，加载过程中有少量被压碎的混凝土剥落，但混凝土块较小，梁端已形成完全铰支座，而阻尼器作为支撑存在，确保结构可继续承受一定的荷载。加载中，明显看到梁端角部混凝土被挤压破碎，有大量块状被压碎的混凝土掉落，但数量不多，已无新裂缝出现。当控制位移为 88mm 时，可见有大块混凝土掉落，钢筋裸露，阻尼器最大出力为 20.3kN，最小出力为 -20.3kN，阻尼器两端相对位移最大为 17.4mm，最小为 -23.2mm，力曲线基本呈对称，位移不对称的原因是西侧梁破坏程度要大于东侧梁，因此西侧梁仍具有部分刚度可抵抗外界荷载，而阻尼器所承担的荷载比东侧要小。

4）破坏阶段：当控制位移为 106mm 时，加载过程中，有较大块混凝土剥落，数量较多，东侧梁已破坏严重。两侧梁梁顶与上柱交界处因往复荷载挤压混凝土破碎剥落，而形成凹陷，深度约为 1.5cm，可见箍筋上表面，但该凹陷区域面积较小，约为 3cm×4cm，柱核心区未见明显裂缝。当控制位移为 133mm 时，柱核心区未见明显裂缝，东侧梁端与上柱交界处凹陷位移有所扩大，西侧梁梁端顶面角部混凝土已完全被压溃剥落；梁端破坏严重，西侧梁凹陷区域扩大，不适宜继续加载，终止试验。

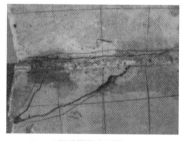

a）梁端混凝土开裂　　　　b）梁端底部混凝土开裂　　　　c）梁端顶部混凝土碎裂

d）梁顶端混凝土碎裂1　　　e）梁顶端混凝土碎裂2　　　f）梁顶端混凝土碎裂3

图 6-13　试件 SLJ-3 破坏过程及最终破坏形态

g) 试件最终破坏形态

图 6-13　试件 SLJ-3 破坏过程及最终破坏形态（续）

通过对各试件最终的破坏形态进行观察分析，可将附设黏滞阻尼器的传统风格建筑混凝土新型梁柱组合件破坏过程概括如下：

1）在加载初期，试件处于弹性工作阶段，其荷载-位移曲线基本表现为线性关系，残余变形较小；随着加载的继续，荷载增大，试件裂缝增多增宽，形成贯通裂缝，尤其梁端混凝土剥落严重，梁铰机制逐步形成，同时伴有刚度退化。试件均按照"强柱弱梁、强节点弱构件"的抗震设防要求设计，试件破坏主要发生在梁端区域，在整个加载过程中，核心区未发生明显破坏，说明达到了预期抗震设防目标。

2）从各个试件的破坏形态可知，设置黏滞阻尼器后，试件的破坏形态发生了一定的变化，在梁端塑性铰区钢筋屈服并产生塑性变形之后，附设的黏滞阻尼器提高了试件抵抗外荷载的能力，试件的变形发展得到了延迟。

■ 6.5　应变分析

各个试件的梁端区域纵筋及核心区域箍筋的应变数据如图 6-14 所示。鉴于试验采用动力循环加载方式，每测点应变取各级加载位移下第一圈循环时其应变值的最大绝对值。

由图 6-14 知，在加载初期，水平位移较小，各应变值均较低且相差不大，试件基本处在弹性工作阶段；随着荷载的增大，各测点应变值迅速增大，尤其是试件开裂之后，应变值快速增大；试件在达到极限荷载后，各测点应变值增大速度减缓，这是由于极限荷载之后，试件破坏严重，梁端已形成塑性铰，塑性铰区域钢筋全部达到屈服值；进入弹塑性阶段，在荷载下降段，试件承受荷载能力较低。

试件箍筋采用 HPB300 钢筋，根据材性试验结果可知，其屈服临界应变值约为 $1600\mu\varepsilon$。试验过程中，各试件核心区箍筋应变变化较梁端纵筋应变变化平稳，试件 DLJ-2 在控制位移为 27mm 时，箍筋的最大应变值为 $1640\mu\varepsilon$，达到了其屈服应变临界值；试件 DLJ-3 在控制位移为 53mm 时，箍筋的应变值最大为 $1720\mu\varepsilon$，超过了其屈服临界应变值；试件 SLJ-2 在控制位移为 40mm 时，箍筋的应变值最大为 $1580\mu\varepsilon$，接近其屈服临界应变值；试件 SLJ-3 在控制位移为 40mm 时，箍筋的应变值最大为 $1600\mu\varepsilon$，接近其屈服临界应变值。

加载后期，箍筋虽然均已远超其屈服临界应变值，但仍小于梁端纵筋应变值，说明核心区变形小于梁端区域。这也与加载过程中观察到的试验现象相符，即梁端已产生较大的破坏，混凝土剥落严重，而核心区并未出现明显破坏，破坏首先从梁开始，这说明按"强柱弱梁、强节点弱构件"的抗震设防要求设计的构件达到了预期目标。

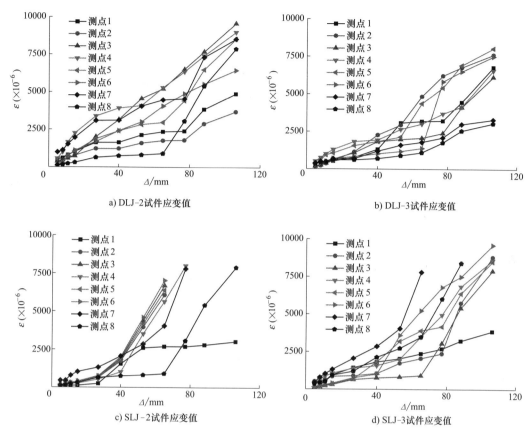

a) DLJ-2试件应变值

b) DLJ-3试件应变值

c) SLJ-2试件应变值

d) SLJ-3试件应变值

图 6-14　试验试件应变值

图 6-14 彩图

6.6　试验结果及分析

6.6.1　柱顶荷载-位移滞回曲线

加载端的荷载-位移滞回曲线是试件在循环荷载作用下抗震性能的综合体现。将试件各工况下第一圈滞回曲线绘于一张图中，得到的荷载 P-位移 Δ 滞回曲线如图 6-15 所示。

如图 6-15 所示，附设黏滞阻尼器的传统风格建筑混凝土新型梁柱组合件在正弦波动力循环荷载作用下的水平荷载-位移滞回曲线具有以下特点：

1）总体上，荷载-位移滞回曲线饱满，试件表现出良好的耗能能力。

2）控制位移较小时，试件荷载-位移滞回曲线表现为线性关系，试件处于弹性阶段，刚度退化不明显，试件耗能能力小，试件耗能主要以可恢复的弹性应变能为主。

3）随着荷载的增大，试件荷载与位移逐渐脱离线性关系，表现为非线性关系，且曲线斜率逐渐向位移轴倾斜，试件由弹性阶段逐步过渡到弹塑性阶段，试件耗能主要以不可恢复的塑性应变能为主；同时，滞回环包络的面积逐渐增大，同时试件伴有刚度退化，这是由于随着荷载的增大，梁端钢筋屈服及混凝土压碎的范围也逐渐增大。

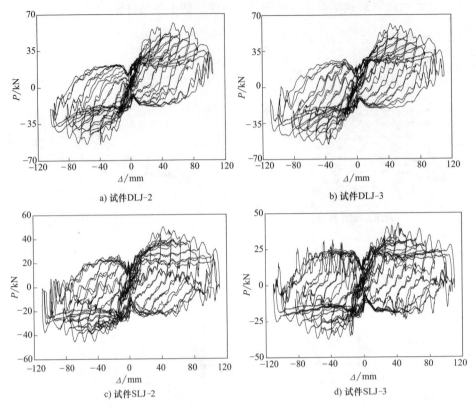

图 6-15　试验试件 *P*-Δ 滞回曲线

4）布置黏滞阻尼器的试件进入弹塑性工作阶段后，荷载-位移滞回曲线会经历较长的接近水平的强化阶段，且其承载力明显高于未布置黏滞阻尼器的试件，这表明黏滞阻尼器的设置可显著提高试件的承载力。

6.6.2　黏滞阻尼器阻尼力-位移曲线

以试件 DLJ-2、SLJ-2 为例，其阻尼力 *F*-位移 Δ 滞回曲线如图 6-16、图 6-17 所示。

图 6-16、图 6-17 黏滞阻尼器阻尼力-位移曲线可知：

1）随着控制位移的不断增大，黏滞阻尼器的阻尼力及轴向位移也不断增大，说明输入的能量越大，黏滞阻尼器的反应则越大；阻尼器阻尼力-位移曲线最大荷载随加载速率的不同而不同，反映了黏滞阻尼器作为速度相关型阻尼器的特征。

2）黏滞阻尼器的阻尼力-位移曲线较为饱满，说明该阻尼器具有较好的耗能能力。黏滞阻尼器的阻尼力-位移曲线具有一定的倾角，这是由于黏滞阻尼器在加载的瞬间具有一定的"瞬时刚度"，同时，曲线的斜率表示黏滞阻尼器的储能刚度，并且曲线的斜率不是固定的，而是随着荷载的增大而发生变化，其弹性刚度为一种动态刚度。

3）黏滞阻尼器阻尼力-位移曲线并不完全重合，具有一定的"错动"，且该"错动"随着控制位移的增大而更加明显，这是由于在加载过程中试件存在的累积损伤使得试件刚度及强度退化。

4）黏滞阻尼器的阻尼力-位移曲线在位移零点附近存在"凹陷"现象，这是由于试验

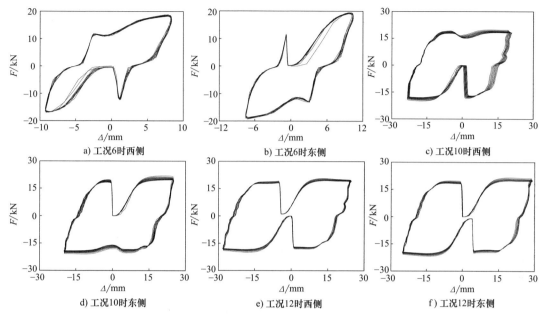

图 6-16　试件 DLJ-2 附设黏滞阻尼器 *F-Δ* 曲线

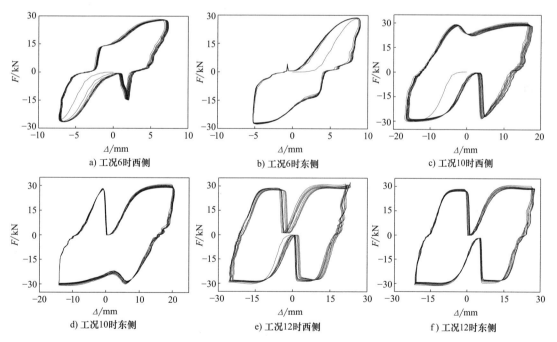

图 6-17　试件 SLJ-2 附设黏滞阻尼器 *F-Δ* 曲线

过程中，同级位移加载循环后会稍做停顿，然后进行下一循环的加载，因此，每一循环加载时阻尼器活塞都从中间位置起步，并在中间位置结束，此时，活塞的运动速度下降至零，因此阻尼器的阻尼力也下降至零，导致曲线在零点附近发生"凹陷"现象。

5）黏滞阻尼器阻尼力-位移曲线沿位移轴有一定的平移错动，这是由于黏滞阻尼器在安装过程中存在一定空隙，且黏滞阻尼器在注油的过程中可能存在气泡。

图 6-18 所示为黏滞阻尼器生产厂家提供的对其所生产的阻尼器力学性能进行测试所得出的阻尼力-位移曲线。从图 6-18 中可知，阻尼力-位移曲线在零点附近也会发生"凹陷"现象，这与试验中得到的阻尼力-位移曲线有相同之处，两者之间的不同之处是性能测试试验中采用的正弦波为连续加载，加载过程中不停断，因此图 6-18 中阻尼器的阻尼力-位移曲线仅是在开始加载的第一圈循环内才会出现"凹陷"

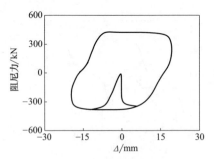

图 6-18　正弦波激励下黏滞阻尼器阻尼力-位移曲线

现象，而试验加载过程中，同级控制位移下每次循环均要从零点开始，并在零点结束，一是方便观察试验现象，二是确保加载设备及试件的安全。

6.6.3　柱顶荷载-位移骨架曲线

荷载-位移骨架曲线反映了构件受力和变形的关系，是结构抗震性能的综合体现和进行结构抗震弹塑性动力反应分析的主要依据。各试件水平荷载-位移曲线外包线形成的骨架曲线如图 6-19 所示。

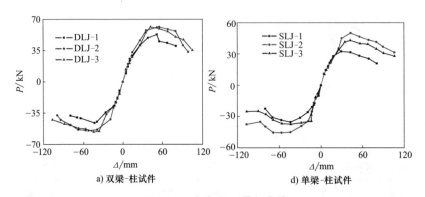

a) 双梁-柱试件　　　　　d) 单梁-柱试件

图 6-19　试件 P-Δ 骨架曲线

由图 6-19 可知各试件 P-Δ 骨架曲线具有以下特点：

1）试件在恒定竖向荷载和水平往复荷载作用下经历了开裂、屈服、极限和破坏四个阶段，但在试件骨架曲线上并未出现屈服拐点，说明试件的屈服是一个从局部向整体逐渐扩散的过程。根据试验测试结果，可将梁端钢筋开始屈服，试件滞回曲线出现拐点作为试件屈服的标志。

2）布置黏滞阻尼器的传统风格建筑混凝土新型梁柱组合件承载力明显高于未附设黏滞阻尼器的对比试件，且极限荷载后的曲线下降段，较对比试件平缓，说明设置黏滞阻尼器可显著提高试件的承载力及延性性能。

3）在弹性阶段，新型梁柱组合件试件与对比试件骨架曲线几乎重合，初始刚度大致相等，说明装设黏滞阻尼器对试件的开裂荷载及初始刚度影响较小；试件进入弹塑性工作阶段后，荷载-位移骨架曲线会经历较长的强化阶段，且其承载力明显高于对比试件，这表明装设黏滞阻尼器的传统风格建筑混凝土新型梁柱组合件具有优于对比试件的抵抗外荷载的能力。

根据式（5-1）、式（5-2），各试件的刚度系数 α_s、α_n 计算值见表6-5。

表6-5　各试件刚度系数

试件	DLJ-2	DLJ-3	SLJ-2	SLJ-3
α_s	0.196	0.046	0.200	0.196
α_n	−0.183	−0.156	−0.181	−0.118

现有研究结果表明，钢结构的 $\alpha_s = 0.03$，$\alpha_n = -0.03$，钢筋混凝土结构为 $\alpha_s = 0.1$，$\alpha_n = -0.24$。附设黏滞阻尼器的传统风格建筑混凝土新型梁柱组合件的硬化刚度与初始刚度的比例系数要高于钢结构和钢筋混凝土结构，说明附设黏滞阻尼器的传统风格建筑混凝土新型梁柱组合件屈服后强度提升的空间较大。负刚度与初始刚度的比例系数基本介于钢结构和钢筋混凝土结构之间，说明当荷载超过结构的最大承载力后，附设黏滞阻尼器的传统风格建筑混凝土新型梁柱组合件的性能要优于钢筋混凝土结构，略低于钢结构或与钢结构相接近。附设黏滞阻尼器的传统风格建筑混凝土新型梁柱组合件的负刚度与初始刚度的比例系数也说明试件超过极限点后，仍具有较高的残余承载力，与未附设黏滞阻尼器的试件相比，下降段较平缓，延性较好。

6.6.4　承载力分析

采用"Park法"确定试件的屈服点，相应坐标即为屈服荷载 P_y 和屈服位移 Δ_y。试件的破坏荷载 P_m 定义为 $0.85P_u$，相应的水平位移定义为破坏位移 Δ_m，P_u 为极限荷载，相应的屈服位移为 Δ_u，P_{cr} 为开裂荷载，相应的开裂位移为 Δ_{cr}。各试件特征点荷载及位移见表6-6。

表6-6　试件特征点荷载及位移

试件编号	开裂点		屈服点		极限点		破坏点	
	P_{cr}/kN	Δ_{cr}/mm	P_y/kN	Δ_y/mm	P_u/kN	Δ_u/mm	P_m/kN	Δ_m/mm
DLJ-1	16.9	7.9	42.2	28.3	53.0	52.2	45.1	68.1
	17.6	7.8	33.5	24.2	46.7	43.1	39.7	70.7
DLJ-2	19.9	7.8	50.6	29.8	61.5	55.9	52.3	82.4
	18.9	7.8	45.9	25.2	54.5	56.7	46.3	84.4
DLJ-3	16.7	7.0	57.6	26.3	61.5	52.8	52.3	75.7
	18.2	7.9	55.0	26.8	56.2	52.3	47.8	84.8
SLJ-1	14.3	7.6	28.3	19.0	32.3	29.2	27.5	58.8
	14.8	7.9	27.5	22.4	35.5	44.7	30.1	70.9
SLJ-2	15.2	7.7	47.2	25.5	50.1	42.9	42.6	73.1
	16.3	7.9	36.8	23.4	45.5	69.7	38.7	81.7
SLJ-3	17.2	7.6	35.8	28.2	42.9	42.3	36.5	81.2
	16.4	7.8	35.1	19.5	37.5	43.7	31.9	71.9

由表 6-6 可知,附设黏滞阻尼器的传统风格建筑混凝土新型梁柱组合件的开裂荷载和开裂位移与未附设黏滞阻尼器的对比试件大致相等,说明装设黏滞阻尼器对试件抗裂性能影响较小;而屈服荷载及极限荷载明显高于对比试件,对于双梁-柱试件,分别为对比试件的 1.38 倍、1.17 倍;对于单梁-柱试件,分别为对比试件的 1.25 倍、1.14 倍;说明附设的黏滞阻尼器可在一定程度上提高试件抵抗外荷载的能力。

6.6.5 变形能力及延性

通过位移延性系数 μ 反映试件的延性特性。位移延性系数及层间位移角计算结果见表 6-7。

表 6-7 试件位移延性系数

试件编号	Δ_{cr}/mm	Δ_y/mm	Δ_m/mm	θ_{cr}	θ_y	θ_u	μ
DLJ-2	7.8	29.8	82.4	1/340	1/89	1/47	3.06
	7.8	25.2	84.4	1/340	1/105	1/47	
DLJ-3	7.0	26.3	75.7	1/379	1/101	1/50	3.02
	7.9	26.8	84.8	1/335	1/99	1/51	
SLJ-2	7.7	25.5	73.1	1/344	1/104	1/36	3.18
	7.9	23.4	81.7	1/335	1/113	1/32	
SLJ-3	7.6	28.2	81.2	1/349	1/94	1/33	3.28
	7.8	19.5	71.9	1/340	1/136	1/37	

由表 6-7 可知:

1)《建筑抗震设计规范(2016 年版)》(GB 50011—2010)规定:混凝土结构的弹性层间位移角限值 $[\theta_e]=1/550$,弹塑性层间位移角限值 $[\theta_p]=1/50$。附设黏滞阻尼器的传统风格建筑混凝土新型梁柱组合件弹性层间位移角 $\theta_e=(4.0\sim5.5)[\theta_e]$,弹塑性层间位移角 $\theta_p=(1.0\sim1.3)[\theta_p]$,这表明附设黏滞阻尼器的传统风格建筑混凝土新型梁柱组合件试件的弹塑性层间位移角高于规范规定限值,说明该试件屈服后变形能力较好。

2)对附设黏滞阻尼器的传统风格建筑混凝土双梁-柱组合件,其位移延性系数分别为 3.06、3.02,相差仅为 1.3%,屈服荷载、极限荷载相差分别为 16.7%、1.5%,但黏滞阻尼器设计荷载相差为 37.5%,差别较大,说明黏滞阻尼器设计荷载大小与试件承载力及位移延性系数并非呈正比关系,因此不能单纯依靠提升装设的黏滞阻尼器的设计荷载来提升试件的整体力学性能,而应从整体上多因素考虑选用黏滞阻尼器,如黏滞阻尼器关键参数、设置角度等。

3)总体上,附设黏滞阻尼器的传统风格建筑混凝土双梁-柱组合件的位移延性系数均大于文献中试件位移延性系数平均值 2.36,这是由于试验各试件上柱采用了钢管混凝土结构,试件装设了黏滞阻尼器,在一定程度上提高了试件的延性性能。

6.6.6 耗能分析

本书选用等效黏滞阻尼系数 h_e、功比系数 I_W 及能量耗散系数 E_d 来评价各试件的耗能能力。功比系数 I_W 是表示耗能能力的一种常用指标,按式(5-5)计算。计算结果见表 6-8。

其中，E_{dy}、E_{du}、E_{dm} 分别为试件在屈服、极限和破坏荷载时对应的能量耗散系数；h_{ey}、h_{eu}、h_{em} 分别为试件在屈服、极限和破坏荷载时对应的等效黏滞阻尼系数；I_W 为试件破坏时的功比系数。

表 6-8　试件耗能指标

试件编号	屈服荷载		极限荷载		破坏荷载		功比系数
	h_{ey}	E_{dy}	h_{eu}	E_{du}	h_{em}	E_{dm}	I_W
DLJ-1	0.085	0.534	0.128	0.804	0.141	0.885	16.32
DLJ-2	0.124	0.779	0.195	1.225	0.275	1.727	19.61
DLJ-3	0.122	0.766	0.182	1.143	0.271	1.702	20.18
SLJ-1	0.144	0.904	0.192	1.206	0.223	1.400	15.48
SLJ-2	0.197	1.237	0.271	1.702	0.392	2.462	16.45
SLJ-3	0.187	1.174	0.279	1.752	0.397	2.493	19.86

1）附设黏滞阻尼器的传统风格建筑混凝土新型梁柱组合件试件等效黏滞阻尼系数和功比系数明显高于试件 DLJ-1、SLJ-1。对于双梁-柱组合件，屈服荷载时，h_e 提高幅度为 30.3%~31.5%；极限荷载时，h_e 提高幅度为 29.7%~34.4%；破坏荷载时，h_e 提高幅度为 48.0%~48.7%，功比系数提高幅度为 16.8%，19.1%。对于单梁-柱组合件，屈服荷载时，h_e 提高幅度为 23.0%~27.0%；极限荷载时，h_e 提高幅度为 29.1%~31.1%；破坏荷载时，h_e 提高幅度为 43.1%~43.8%，功比系数提高幅度为 5.9%，22.1%。这说明装设黏滞阻尼器可显著提高试件的耗能能力，从而确保试件"中震不坏，大震可修"抗震设防目标的实现。

2）附设黏滞阻尼器的传统风格建筑混凝土新型梁柱组合件试件的等效黏滞阻尼系数及功比系数接近，说明不同型号的黏滞阻尼器对提高传统风格建筑混凝土新型梁柱组合件的耗能能力程度不同，但提高幅度与黏滞阻尼器设计荷载大小无直接关系，并不能单纯地通过提高黏滞阻尼器的设计荷载来增大试件的耗能能力。

3）通过与已有的试验结果相比较，极限荷载时，普通钢筋混凝土组合件的 h_e 为 0.1，型钢混凝土组合件的 h_e 约为 0.3，对比试件 DLJ-1、SLJ-1 的 h_e 为 0.141、0.223，对于附设黏滞阻尼器的传统风格建筑混凝土新型梁柱组合件，双梁-柱组合件的 h_e 为 0.271~0.275，单梁-柱组合件的 h_e 为 0.392~0.397，明显高于普通混凝土梁柱组合件，说明装设黏滞阻尼器的传统风格建筑混凝土新型梁柱组合件，耗能能力强。

4）各试件功比系数均较大，说明结构在超过了其极限点之后的下降阶段仍具有较高的耗能能力。根据已有研究结果，混凝土结构、钢结构在破坏点的功比系数分别约为 10、40，表明装设黏滞阻尼器后试件具有优于普通混凝土构件的耗能能力，黏滞阻尼器可大幅度提升试件的整体抗震性能及力学性能。

为进一步量化黏滞阻尼器对试件耗能能力的提高，根据各试件的柱端水平荷载-位移曲线计算各试件在不同加载位移下的总耗能，其中总耗能取每级加载位移下各次循环的水平荷载-位移曲线包围的面积，计算结果如图 6-20 所示。图 6-21 所示为各加载位移下黏滞阻尼器阻尼力-位移滞回曲线包围的总面积，取两侧黏滞阻尼器耗能之和。表 6-9 给出了黏滞阻尼器总耗能占试件总耗能的比例，图 6-22 所示为黏滞阻尼器耗能比例图。

由图 6-20、图 6-21 及表 6-9 可知，当控制位移较小时，各试件耗能较小，这是由于荷载较小时，试件基本处于弹性阶段，试件耗能主要是以可恢复的弹性应变能为主，塑性变形较小；随着荷载的增大，试件逐步由弹性阶段过渡到弹塑性阶段，试件的耗能也逐步增大，耗能由弹性应变能为主向不可恢复的塑性应变能转变。

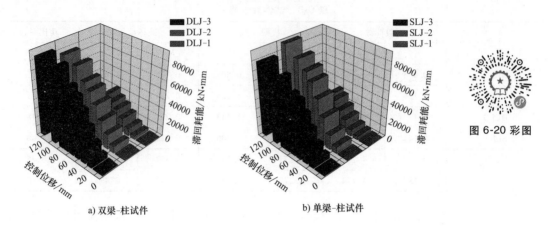

a) 双梁-柱试件　　　　　　　　b) 单梁-柱试件

图 6-20 彩图

图 6-20　各试件滞回耗能

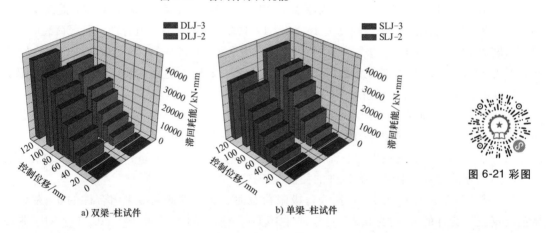

a) 双梁-柱试件　　　　　　　　b) 单梁-柱试件

图 6-21 彩图

图 6-21　黏滞阻尼器滞回耗能

表 6-9　黏滞阻尼器耗能比例

工况/控制位移	DLJ 系列		SLJ 系列	
	DLJ-2	DLJ-3	SLJ-2	SLJ-3
1/5	0.52%	0.22%	8.20%	4.17%
2/8	2.28%	1.40%	10.36%	4.42%
3/11	5.80%	6.59%	11.10%	10.79%
4/15	17.61%	17.66%	27.72%	24.63%
5/27	9.51%	12.58%	16.81%	11.69%
6/40	31.78%	43.09%	32.22%	30.18%
7/53	35.69%	44.00%	39.50%	32.21%
8/65	35.41%	44.34%	38.46%	33.29%

（续）

工况/控制位移	DLJ 系列		SLJ 系列	
	DLJ-2	DLJ-3	SLJ-2	SLJ-3
9/77	38.13%	48.27%	41.24%	36.76%
10/88	42.20%	52.38%	46.03%	42.36%
11/106	43.08%	49.07%	43.26%	45.07%
12/133	43.22%	51.76%	46.19%	40.94%

注：黏滞阻尼器耗能比例＝（两侧黏滞阻尼器每工况下滞回耗能总和/试件总耗能）×100%。

各试件的黏滞阻尼器耗能随着荷载的增大，大体上呈增大的趋势（图 6-22）。在工况 5，即当控制位移为 27mm 时，黏滞阻尼器耗能比例存在突变，这是由于在该控制位移下各试件均已进入屈服阶段，产生较大的变形，试件自身耗能增大，导致黏滞阻尼器在总耗能中所占的比例有一个明显的下降阶段。工况 5 之后，黏滞阻尼器耗能比例逐步增大，趋于稳定。

综上所述，附设黏滞阻尼器的传统风格建筑混凝土新型梁柱组合件的耗能能力较强，优于未附设黏滞阻尼器组合件的耗能能力，表现了良好的抗震性能。

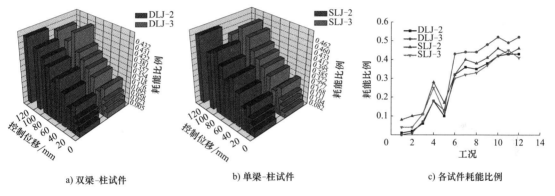

a) 双梁-柱试件   b) 单梁-柱试件   c) 各试件耗能比例

图 6-22 黏滞阻尼器耗能比例图

图 6-22 彩图

6.6.7 刚度退化及刚度分析

各试件每级位移下刚度退化曲线计算如图 6-23 所示。图 6-24 所示为各试件在位移循环阶段的刚度随控制位移的变化情况。由图 6-23、图 6-24 可知：

1）各试件在同级位移下的刚度随着循环次数的增大而不断降低，反映了试件在水平反复荷载作用下的刚度退化；导致试件刚度退化的根本原因是随着荷载的增大，试件累积损伤增大，混凝土开裂剥落，钢筋屈服等。

2）总体上，各试件的刚度退化呈现先快后慢的趋势。一方面，当控制位移不变时，刚度随着循环次数的增加而不断降低，降低幅度以首次循环时刚度与其次循环刚度退化最为明显，即图 6-23 中，在同级加载位移下，第一个数值点与第二个数值点之间的降幅为最显著。另一方面，在加载初期，试件刚度退化较快，随着加载的继续，试件的刚度退化减缓，这是由于试件在循环荷载的作用下损伤不断累积，加载后期，试件已经破坏较为严重，几乎不再有进一步的损伤，因此试件的刚度退化不再明显，较为缓慢。

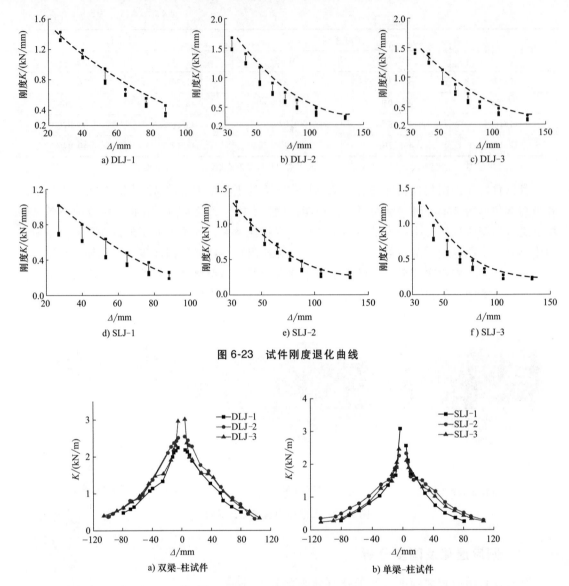

图 6-23　试件刚度退化曲线

图 6-24　试件刚度变化曲线

3）附设黏滞阻尼器的试件的刚度退化过程存在一定的差异，但后期刚度退化大致重合，且试件刚度开始退化大致相等，加载结束时刚度退化也大致相等，说明黏滞阻尼器荷载设计值对试件刚度退化并没有显著影响。

4）各试件的刚度退化曲线基本平行，说明刚度退化规律基本一致。试件屈服后刚度下降速率逐渐变大，在试件完全进入塑性阶段后，刚度退化趋于平稳。

5）附设黏滞阻尼器的各试件刚度退化趋势线，如图 6-23 和图 6-24 所示，较对比试件曲率更大，说明附设黏滞阻尼器的试件刚度退化速率由快到慢，而对比试件的刚度退化始终较快。对比试件刚度退化趋势线基本为一条直线，说明其刚度退化几乎呈线性退化，而附设黏滞阻尼器的传统风格建筑混凝土新型梁柱组合件的刚度退化趋势线在后期趋于平缓，说明其刚度几乎不再退化，而是保持在一个较为平稳的状态。如此，这也证明了附设黏滞阻尼器可在一定程度上提升试件的耗能能力，并能在一定程度上抑制试件的刚度退化速率，防止试件因刚度退化殆尽而失去耗能能力。

6.6.8　承载力衰减

在循环荷载作用下，试件在某一控制位移下的强度随加载循环次数的增加而降低的现象，即为承载力降低。在实际地震作用中，构件的承载力降低速度过快，导致结构继续抵抗地震作用的能力降低，在主震及余震中破坏严重，甚至发生倒塌。因此，承载力降低是衡量结构及构件抗震性能好坏的一个重要指标。采用同级加载位移的第 i 次循环中的承载力 F_i 与该级位移下第 1 次循环的承载力 F_1 的比值 $\lambda_i = F_i/F_1$ 定量表示承载力降低程度。图 6-25 所示为各试件的承载力降低曲线图。图 6-26 所示为各试件同级加载位移下最后一次循环中承载力 P_i 与第 1 次循环的承载力 P_1 的比值。

1）分析图 6-25 可知，从总体上看，随着控制位移（Δ）的增大和循环次数的增加，试件承载力降低加快。这是由于试件在屈服前的裂缝较少，且几乎无混凝土压碎剥落，试件基

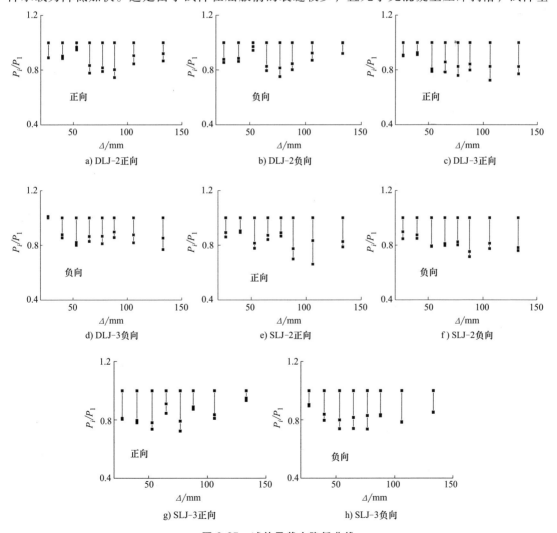

图 6-25　试件承载力降低曲线

本在弹性阶段，累积损伤不显著。

2）在各试件达到极限承载力之后，随着水平荷载和循环次数的增加，试件的承载力有明显的衰减现象，且总体上呈加快的趋势。这主要是因为各试件达到极限承载力之后，梁端区域的变形过大，该区域混凝土压碎剥落严重，钢筋屈服，试件累积损伤。而且在动力荷载的反复作用下，试件累积损伤效应越来越明显，从而导致各试件的承载力迅速下降，衰减速率加快。

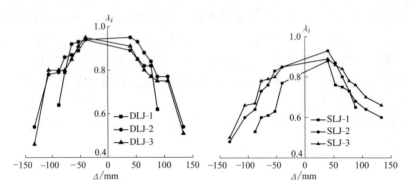

图 6-26　强度退化曲线

试验所得各试件刚度随加载阶段的降低系数 λ_i，即等位移循环下第 i 次循环的强度与第一次循环的强度之比，分别计算各试件在开裂、屈服、极限及破坏时的强度降低的衰减系数，计算结果见表 6-10。等位移循环下，各试件的强度退化较小，但随着各受力阶段位移的增加，强度的衰减程度越来越大，各试件强度衰减程度在正、负向比较接近。

表 6-10　各试件强度循环衰减系数

λ_i	DLJ-1		DLJ-2		DLJ-3		SLJ-1		SLJ-2		SLJ-3	
	正向	负向	正向	负向	正向	负向	正向	负向	正向	负向	正向	负向
λ_{cr1}	1.000	1.000	1.000	1.000	1.000	1.000	1.000	1.000	1.000	1.000	1.000	1.000
λ_{cr2}	0.976	0.971	0.987	0.981	0.991	0.989	0.962	0.957	0.984	0.981	0.988	0.985
λ_{cr3}	0.972	0.964	0.977	0.972	0.984	0.981	0.951	0.943	0.978	0.972	0.974	0.969
λ_{y1}	1.000	1.000	1.000	1.000	1.000	1.000	1.000	1.000	1.000	1.000	1.000	1.000
λ_{y2}	0.940	0.932	0.955	0.951	0.961	0.956	0.931	0.924	0.936	0.929	0.940	0.936
λ_{y3}	0.931	0.920	0.941	0.934	0.937	0.933	0.911	0.907	0.911	0.905	0.921	0.916
λ_{u1}	1.000	1.000	1.000	1.000	1.000	1.000	1.000	1.000	1.000	1.000	1.000	1.000
λ_{u2}	0.911	0.905	0.921	0.917	0.927	0.920	0.906	0.901	0.928	0.922	0.917	0.911
λ_{u3}	0.899	0.891	0.901	0.892	0.905	0.897	0.882	0.879	0.904	0.900	0.891	0.883
λ_{m1}	1.000	1.000	1.000	1.000	1.000	1.000	1.000	1.000	1.000	1.000	1.000	1.000
λ_{m2}	0.879	0.867	0.904	0.898	0.886	0.878	0.865	0.857	0.879	0.871	0.849	0.842
λ_{m3}	0.846	0.842	0.875	0.867	0.861	0.857	0.842	0.834	0.860	0.854	0.821	0.819

试件的强度衰减与其在加载过程中裂缝的产生和发展相关。在试件的整个加载过程中，均是梁上首先出现弯曲裂缝，对于双梁-柱试件，附设黏滞阻尼器的试件，开裂荷载平均值约为 18.4kN，为其极限荷载的 31.4%，未附设黏滞阻尼器的试件，开裂荷载平均值约为 17.3kN，为其极限荷载的 34.7%；对于单梁-柱试件，相应的开裂荷载分别为 16.3kN、14.6kN，分别为其极限荷载的 43.0%、37.0%。

随着控制位移的增大，试件裂缝不断发展，梁端形成贯通裂缝，且试件荷载-位移曲线出现明显拐点，钢筋进入屈服阶段。附设黏滞阻尼器的试件，对于双梁-柱试件，其屈服荷载约为 52.2kN，为未附设黏滞阻尼器水平极限荷载的试件 1.38 倍；对于单梁-柱试件，其屈服荷载约为 38.7kN，为未附设黏滞阻尼器水平极限荷载的 1.39 倍。

6.7　累积损伤分析

在强烈地震作用下，结构会因发生相当大的塑性变形而产生严重损伤甚至倒塌。在持时较长、往复振动次数较多的强震作用下，结构构件的承载力可能因累积损伤效应而降低，进而导致构件破坏，并可能由此引发整体结构倒塌破坏，建立合理的对结构在地震作用下的抗震性能的评价机制是基于性能进行建筑结构抗震设计的关键。由于地面运动的复杂性以及影响结构损伤因素的多样性，目前还没有统一的损伤评价模型。

为建立既便于工程实际应用又能真实反映结构损伤程度的模型，各国学者做了许多相关工作。累积损伤模型主要分为单参数和双参数累积损伤模型。单参数累积损伤模型认为结构损伤存在着一个阈值，当损伤指标超过该值就认为结构破坏。Banon 等、Stephal 等、Wang 等均提出了以变形为参数的单参数累积损伤模型；Gosain 等、Kratzig 等提出了基于能量吸收和耗散的以能量为参数的单参数累积损伤模型。双参数累积损伤模型实质上是单参数累积损伤模型的优化组合。Park 基于大量钢筋混凝土梁柱破坏试验首先建立了构件双参数累积损伤模型。

当前对传统风格建筑在地震作用下的损伤评估模型尚属空白。因此，正确掌握传统风格建筑混凝土梁柱组合件在地震作用下的损伤演化规律，建立合理的地震损伤评估模型，对深化传统风格建筑的弹塑性时程分析、灾变动力机制认识、动力可靠性分析和震后安全评估与应急处理均具有重大意义。

6.7.1　地震损伤计算

在结构地震损伤评估中，位移、承载力、耗能等可对结构损伤进行定量描述的宏观参量被较多地应用于混凝土结构的损伤评估之中。基于此，采用宏观参量对结构损伤进行描述，各宏观变量示意图如图 6-27 所示，其来源于荷载-位移滞回曲线上第 i 个滞回圈的半个循环（位于水平轴的上半个滞回环为正半循环，反之则为负半循环），以下简称半循环。

（1）延性系数　第 i 个半循环的延性系数 μ_{si} 定义为第 i 个半循环的最大位移 Δ_i 与试件屈服位移 Δ_y 的比值，即

$$\mu_{si} = \left| \frac{\Delta_i}{\Delta_y} \right| \tag{6-2}$$

通常 μ_{si} 多被用来描述结构承受静力荷载作用下性能的表征，因此该参数又称为静力延性系数。考虑到结构地震作用的动力特点，第 i 个半循环的最大位移 Δ_i 不能正确反映结构地震损伤状态，Mahin 等提出了基于循环效应的延性系数，即

$$\mu_{ci} = \frac{S_{i,c}}{\Delta_y} \tag{6-3}$$

式中，μ_{ci} 为第 i 个半循环的循环延性系数，$S_{i,c}$ 为图 6-27 中所示的相应位移。

（2）承载力降低系数 第 i 个半循环的承载力降低系数 λ_i 定义为该循环最大位移时的承载力 P_i^1 与试件屈服时承载力 P_y^i 的比值，即

$$\lambda_i = \frac{P_i^1}{P_y^i} \qquad (6\text{-}4)$$

（3）滞回耗能系数 在地震作用下，结构的整体破坏并非是由某一个因素所导致的，而是由某些因素的有机联合导致的，综合承载能力和变形性能这对双因素作用可对结构地震损伤的评判具有更为精确的指向性，其中滞回耗能系数是最具典型性的损伤反应参数，可表示为

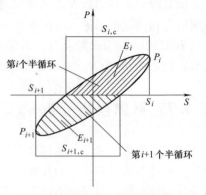

图 6-27 损伤函数参数

$$\alpha_i = \frac{E_i}{P_y \Delta_y} \qquad (6\text{-}5)$$

式中，α_i 为第 i 个半循环的滞回耗能系数；E_i 为该半循环所耗散的能量，如图 6-27 所示阴影部分面积。

（4）加载历程 加载历程虽然是影响结构损伤演变的重要因素，但地震作用作为一个随机过程，其真实的作用方式和机理至今没有统一的理论说明，因此很难用一个确切的数学模型来描述其行为特征。已有研究表明，以单调递增的循环加载方式对结构的损伤状态影响不大，可忽略加载历程对其影响。

6.7.2 地震损伤模型

结合上述损伤指标，通过各损伤计算模型对传统风格建筑混凝土新型梁柱组合件的地震损伤演变规律进行探讨。

1）位移型。Newmark 等采用最大塑性位移比线性函数描述结构的损伤发展历程，具体表达为

$$D_N = \max(\mu_{si}) - 1 \qquad (6\text{-}6)$$

考虑地震作用的动力特性，Mahin 提出了基于循环效应的最大塑性位移损伤模型。

$$D_M = \max(\mu_{ci}) - 1 \qquad (6\text{-}7)$$

Krawinkler 等运用指数函数的形式将塑性延性系数进行拟合，得到位移累积型损伤模型，即

$$D_K = \sum_{i=1}^{N} (\mu_{si} - 1)^b \qquad (6\text{-}8)$$

式中，参数 b 通过大量的钢筋混凝土结构试验确定，其取值范围在 $[1.6，1.8]$，本章取值为 1.7；N 为加载半循环次数。

Mehanny 等建议了历史最大塑性位移与累积塑性位移的比例，提出公式为

$$D_M = (S_{i,\max})^{\alpha} + \left(\sum_{i=1}^{N} S_i \right)^{\beta} \qquad (6\text{-}9)$$

式中，α 和 β 均为待定常数，建议混凝土构件取 $\alpha = 0.75$，$\beta = 3.0$。

2）能量型。Darwin 等认为结构（构件）具有一定的塑性变形能，只有当能量耗尽，结构才彻底发生破坏，其表达式为

$$D_{\mathrm{D}} = \sum_{i=1}^{N} \alpha_i \tag{6-10}$$

Gosain 等综合了塑性变形和承载能力，提出的损伤模型为

$$D_{\mathrm{G}} = \sum_{i=1}^{N} (\mu_{si} - 1)\lambda_i \tag{6-11}$$

3）变形与能量型。综合考虑塑性变形、承载力以及耗能，Hwang 等提出了基于变形和能量为主的双因子累积损伤模型，其表达为

$$D_{\mathrm{H}} = \sum_{i=1}^{N} (\mu_{si} - 1)^{\varphi} \lambda_i^{\gamma} \alpha_i^{\xi} \tag{6-12}$$

式中，φ、γ、ξ 分别为延性系数、承载力降低系数和滞回耗能系数的权重系数，建议取值为 $\varphi = \gamma = \xi = 1$。

Park 和 Ang 提出了基于最大变形和累积滞回耗能的线性双参数损伤模型，该模型是在大量钢筋混凝土构件试验数据基础上建立的，具有较强的试验支撑，其表达式为

$$D_{\mathrm{P-A}} = \left[\max(\mu_{si}) + \eta \sum_{i=1}^{N} \alpha_i \right] \tag{6-13}$$

式中，η 为能量系数，其拟合公式主要以钢筋混凝土结构为研究对象，建议 $\eta = 0.01$。

与 Park-Ang 损伤模型不同，Banon 等考虑了各部分所占比例的不同，提出的累积损伤模型为

$$D_{\mathrm{B}} = \sqrt{(\mu_{si,\max} - 1)^2 + \left(\sum_{i=1}^{N} h(2\alpha_i)^d \right)^2} \tag{6-14}$$

式中，建议 $h = 1.1$，$d = 0.38$。

各试件地震损伤演化规律计算结果如图 6-28 所示。由图 6-28 可知：

1）在加载初期，各试件的损伤指数均较小，说明试件在弹性工作阶段，其累积损伤较小；随着加载的继续，试件所受荷载逐步增大，其塑性变形增加，卸载后存在残余变形，累积损伤逐渐增大，且不可恢复。

2）附设黏滞阻尼器的试件在加载后期损伤速率要小于对比试件，说明布置黏滞阻尼器可显著改善试件的受力性能，提高其抗震性能，这一点从相关研究结果等均可看出，如延性、耗能、滞回曲线饱满程度。

3）各损伤模型对试件损伤演化规律的描述各不相同，因此应根据试件的类型和特点选用合理的损伤模型进行试件的损伤演化规律描述。

6.7.3　损伤模型的适用性分析

由图 6-28 可知，各试件损伤全过程随模型的变化规律如下：

1）Newmark 模型描述了试件历史最大塑性位移比线性函数对试件损伤演化规律；而 Mahin 损伤模型则是在考虑了地震作用的动力特性基础上，基于循环效应的最大塑性位移对

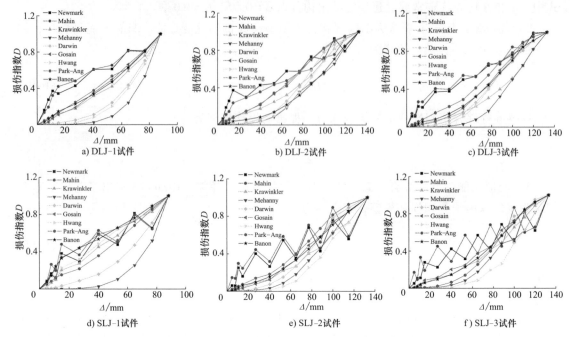

a) DLJ-1试件   b) DLJ-2试件   c) DLJ-3试件

d) SLJ-1试件   e) SLJ-2试件   f) SLJ-3试件

图 6-28　不同损伤模型在传统风格建筑混凝土梁柱组合件中的应用

试件损伤演化规律的表征，两者计算结果接近，且所表现出的试件损伤演化规律趋势一致，但曲线表现出明显的锯齿状，这与实际地震作用下结构的损伤不符，因此 Newmark 及 Mahin 不适用于动力荷载作用下的传统风格建筑混凝土新型梁柱组合件演化规律的表征。

图 6-28 彩图

2）Mehanny 损伤模型采用试件受荷过程中历史最大塑性位移与累积塑性位移按其不同比例对试件损伤演化规律进行表征，从图 6-28 可知，该损伤模型曲线位于各损伤模型曲线的下部，开始时，曲线较为平缓，当过了某一阈值时快速增大，说明较适合于节点延性较差试件损伤演化规律的表征；Krawinkler 损伤模型采用指函数的形式将塑性延性系数进行拟合从而对试件损伤演化规律进行表征；Hwang 损伤模型进一步将变形和能量作为双因素对试件损伤演化规律进行表征。从图 6-28 中可知，Krawinkler 和 Hwang 损伤模型曲线大致位于各损伤模型曲线的中部，说明该损伤模型适用于延性中等的试件损伤演化规律的表征。

3）Gosain 损伤模型及 Darwin 损伤模型仅是在公式表现形式上不同，但实质均为累积功模型，因此在图 6-28 中两者对试件损伤演化规律的描述趋势基本一致且较为接近，尤其是在加载后期，两者所体现出的试件损伤程度相差较小。

4）Park-Ang 损伤模型作为经典的对结构损伤演化规律进行描述的损伤模型，考虑了变形与能量双因素对结构损伤演化规律的影响，该模型是在大量混凝土试验的基础上得出的，具有较强的试验数据支持。Banon 损伤模型作为改进的 Park-Ang 损伤模型，考虑了变形与能量所占比例的不同。在全过程曲线中，两者也对试件损伤演化规律趋势的描述一致且曲线较为接近，结合传统风格建筑混凝土新型梁柱组合件试件的力学特征，Park-Ang 或 Banon 损伤模型可用于描述该类型构件的损伤演化规律。

■ 6.8　本章小结

1）附设黏滞阻尼器的传统风格建筑混凝土新型梁柱组合件的水平荷载-位移曲线饱满，说明试件耗能能力较强，具有良好的抗震性能；随着控制位移的增大，黏滞阻尼器阻尼力-位移曲线包围面积逐渐增大，说明黏滞阻尼器在中震及大震作用下可消耗地震作用在结构上的能量。

2）附设黏滞阻尼器可显著提高试件的抵抗外荷载的能力及耗能能力，在一定程度上可提高试件的延性性能，附设黏滞阻尼器的传统风格建筑混凝土新型梁柱组合件的抗震性能优于对比试件。

3）试件屈服前，刚度退化不明显；试件屈服后，随着水平荷载增大及循环次数的增多，刚度退化明显，刚度下降速率逐渐变大，最后刚度趋于稳定；但试件刚度退化与所布置黏滞阻尼器设计荷载并没有直接关系。

4）在各试件达到极限承载力之后，随着水平荷载和循环次数的增加，试件的承载力有明显的衰减现象，且总体上呈加快的趋势。

5）采用在雀替部位将黏滞阻尼器布置于梁柱组合件，可在很大程度上改善试件的抗震性能，当控制位移及加载速度较小时，黏滞阻尼器便已发挥功效，并随着控制位移及加载速度的不断增大，黏滞阻尼器的作用也越来越明显。

6）双梁-柱组合件作为传统风格建筑中独特的造型形式，它与单梁-柱组合件有很大的区别，双梁-柱组合件的节点区域范围明显增大，其受力特点、变形特征与单梁-柱组合件明显不同，双梁-柱组合件的节点域可分为上、中、下三个核心区，在不同的受力阶段，三个核心区受力特点也与单梁-柱组合件核心区明显不同，在实际设计中不能将双梁-柱组合件简单等效为两倍梁高单梁-柱组合件。

7）对各试件采用位移型、能量型及位移-能量混合型损伤模型对其进行全过程评价，研究结果表明：Park-Ang 损伤模型与 Banon 损伤模型可反映传统风格建筑混凝土新型梁柱组合件损伤演化规律的描述，可用于该类型构件的损伤规律的表征。

第7章

附设黏滞阻尼器的传统风格建筑新型梁柱组合件非线性分析

■ 7.1 引言

正如上章所述，将黏滞阻尼器应用于传统风格建筑，形成附设黏滞阻尼器的传统风格建筑新型梁柱组合件，并对其抗震性能进行研究。但限于试验条件，仅是进行了不同黏滞阻尼器型号参数对试件抗震性能的影响分析，为综合考察其他关键参数对试件力学性能的影响，有必要开展扩展参数分析。

进行耗能减震结构分析比较有代表性的软件有 SAP2000、ETABS、MIDAS、ANSYS、ABAQUS 等，根据耗能减震分析类型大致可以分为自动型和非自动型两类。自动型软件是指为了便于应用，已经加入耗能减震单元的软件，这样可以极大地提高建模速度，该类软件包括 SAP2000、ETABS、MIDAS 等；非自动软件是指软件里没有现成的耗能减震单元，但可以通过其丰富的单元库内各种单元组合等来模拟耗能减震单元，如 ANSYS、ABAQUS。ABAQUS 作为大型通用有限元软件，拥有丰富的单元库，具有其他有限元软件无可比拟的优势，因此选用 ABAQUS 进行结构的非线性数值模拟分析。

采用 ABAQUS 对第 6 章所述的附设黏滞阻尼器的传统风格建筑混凝土新型梁柱组合件在动力循环荷载作用下的试验进行有限元计算，并分析柱轴压比、混凝土强度、黏滞阻尼器阻尼系数、黏滞阻尼器放置角度等参数对试件抗震性能的影响。

■ 7.2 有限元模型建立

有限元建模包括材料本构关系的选取，定义边界条件、加载方式、相互作用以及单元类型的选取和网格划分。

附设黏滞阻尼器的传统风格建筑混凝土新型梁柱组合件模型与第 3 章中试件数值模型建立方式相同，下面重点介绍分析步设置及黏滞阻尼器在 ABAQUS 有限元软件中的实现。

7.2.1 分析步设置

模型荷载的施加共分为三个步骤：第一步为初始分析步，主要用于建立接触关系以及完成对模型边界条件的施加；第二步为静力分析步，用于施加竖向轴压力；第三步为水平荷载的施加，用以实现不同控制位移下的动力循环加载。为保证计算结果的收敛性，采用位移加载。

7.2.2　黏滞阻尼器模拟

黏滞阻尼器模拟采用 ABAQUS 连接单元中的 axial 单元，在有限元模型中相应位置布置刚性垫板，刚性垫板分别与梁、柱采用绑定（tie）连接，在刚性垫板表面设置参考点，首先将梁柱刚性垫板上相应参考点通过 interraction 模块中的 create wire feature 功能连线；然后在 connector section manager 功能中选择 axial，并通过 damping 功能定义黏滞阻尼器的相关参数，对于线性黏滞阻尼器，仅需要输入阻尼系数，对于非线性黏滞阻尼器，需要输入黏滞阻尼器的阻尼力-速度曲线；最后通过 connector section assignment manager 功能对连线赋予阻尼特性，从而实现黏滞阻尼器在 ABAQUS 软件中的模拟。文中输入的黏滞阻尼器阻尼力-速度曲线关系采用黏滞阻尼器生产厂家提供的数据。黏滞阻尼器阻尼力-速度拟合曲线如图 7-1 所示，试件有限元模型如图 7-2 所示。

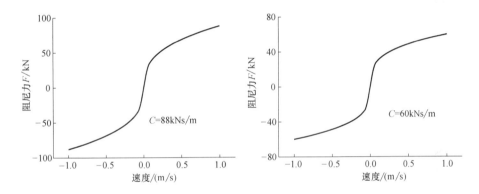

图 7-1　黏滞阻尼器阻尼力-速度拟合曲线

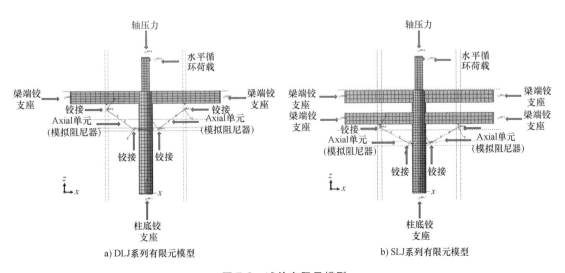

a) DLJ系列有限元模型　　　　b) SLJ系列有限元模型

图 7-2　试件有限元模型

■ 7.3 数值模拟分析结果与试验结果对比分析

7.3.1 破坏模式

图 7-3 和图 7-4 所示给出了试件 DLJ-2、SLJ-2 的有限元和试验变形对比。在动力循环荷载作用下，伴随着裂缝的出现，试件逐渐进入弹塑性工作阶段，梁端钢筋屈服，试件梁端裂缝贯通，加载的过程伴随着混凝土剥落、钢筋外露。在整个加载过程中，屈服区域从最初的小面积范围扩展到整个梁端区域，有限元模型的应力发展过程与试验变形过程吻合较好；试件进入塑性阶段时，梁端基本进入塑性状态，这与试验中试件变形破坏的区域基本吻合。

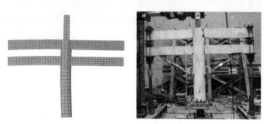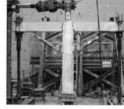

a) 双梁-柱试件变形对比图　　　　　　　　　　　　　　b) 单梁-柱试件变形对比图

图 7-3　试件变形对比图

a) 双梁-柱试件应力云图及破坏图　　　　　　　　b) 单梁-柱试件应力云图及破坏图

图 7-4　试件应力云图及破坏图

7.3.2 荷载-位移曲线

图 7-4 彩图

试验为正弦波动力循环加载，按照不同的控制位移和加载频率控制加载时的加速度及荷载。在加载的过程中，伴随着裂缝的开展、混凝土的剥落、刚度退化和承载力衰减。数值模拟分析不考虑裂缝的开展及损伤累积对试件的影响。因此，试验滞回曲线与数值模拟结果存在一定的差别。图 7-5 所示为试验试件荷载-位移曲线与数值模拟分析结果对比图。其中 FEM 为数值模拟结果，TEST 为试验结果。数值模拟过程中黏滞阻尼器阻尼参数与试验中试件附设的黏滞阻尼器参数相一致。

由图 7-5 可知，由于采用动力循环加载，试验过程中采集到的荷载-位移曲线存在一定的波动，而数值模拟分析中不存在这种波动，因此荷载-位移曲线比较平稳光滑。在加载前期，数值模拟分析结果与试验结果基本吻合；在达到峰值荷载之后，试验试件荷载-位移曲线更加饱满，加载过程中试件混凝土不断地剥落、钢筋外露、刚度及承载力不断退化，试件破坏严重，使得试件的耗能能力不断地降低，因此数值模拟分析结果与试验结果吻合度有一

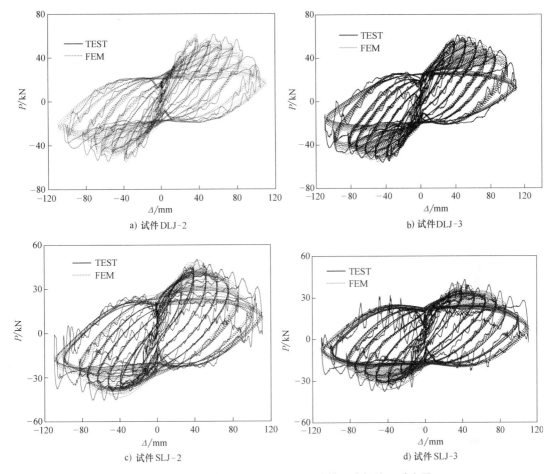

图 7-5　试验试件荷载-位移曲线与数值模拟分析结果对比图

定的偏差。

造成偏差的原因主要有两点：

1）试验采用动力往复加载方式，为保持收敛，数值模拟时采用各工况单独加载，不考虑试件损伤累积及混凝土开裂的影响。

2）计算时未考虑钢筋与混凝土、型钢与混凝土之间的黏结滑移，试验中虽然未出现黏结破坏，但型钢与混凝土、钢筋与混凝土之间仍存在一定程度的滑移，导致加载过程中结构刚度存在一定程度的差异。

综上所述，计算结果和试验结果总体上较吻合，虽然两者出现一定的偏差，但偏差较小，在一定程度上验证了数值模拟分析的合理性和准确性，为后续非线性有限元模型参数分析奠定了基础。

为了更好地观察数值模拟分析结果与试验结果的对比效果，将工况 5～工况 12 下的数值模拟分析结果与试验结果进行对比，如图 7-6 所示。数值模拟过程中黏滞阻尼器阻尼参数与试验中试件附设的黏滞阻尼器参数相一致。

由图 7-6 可知：

1）数值模拟结果与试验结果基本吻合，模拟分析结果曲线光滑，不存在波动。

2）工况 5~工况 9，模拟分析结果与试验结果吻合较好，曲线轮廓线基本重合。

3）工况 10~工况 12，试验过程中，试件梁端钢筋已进入屈服阶段，混凝土剥落严重，有限元分析结果与试验结果吻合度有一定的出入，但仍在可接受范围之内。

综上所述，同时考虑试验采用动力循环加载方式，试验过程中存在的动力冲击效应对混凝土具有一定的影响，使得曲线在光滑程度及饱满程度上，数值分析结果与试验结果存在差异，但该差异基本在可接受范围之内，表明基于 ABAQUS 建立的有限元模型能较好地反映附设黏滞阻尼器的传统风格建筑混凝土新型梁柱组合件的力学性能。

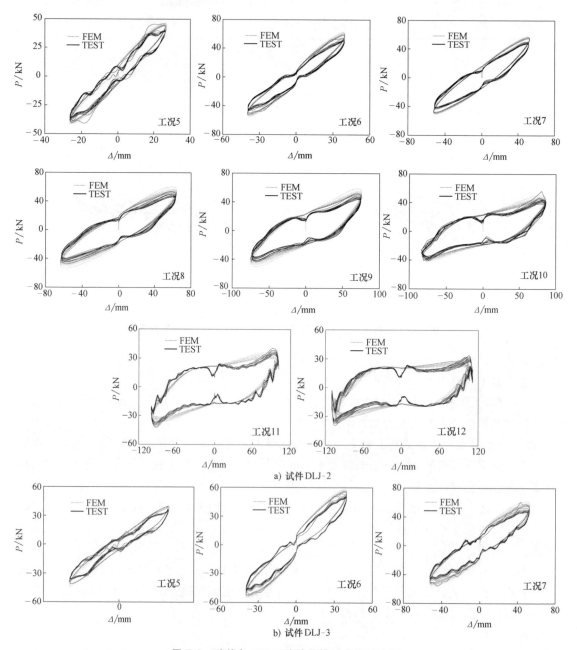

图 7-6　试件各工况下试验及模拟曲线对比图

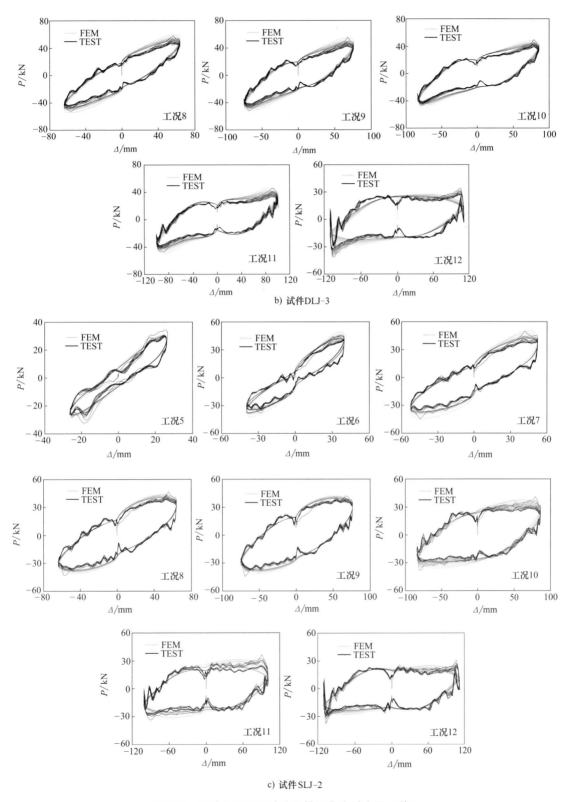

b) 试件DLJ-3

c) 试件SLJ-2

图 7-6　试件各工况下试验及模拟曲线对比图（续）

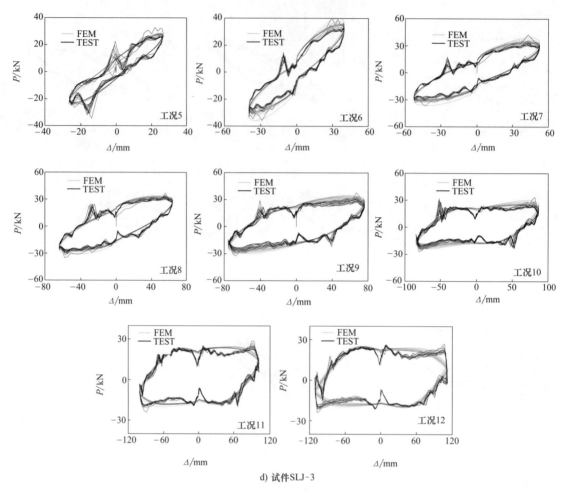

d) 试件SLJ-3

图 7-6　试件各工况下试验及模拟曲线对比图（续）

7.3.3　骨架曲线

表 7-1 列出了特征点处荷载及位移的数值模拟分析值（P^F、Δ^F）与试验值（P^T、Δ^T）的对比结果，图 7-7 所示为数值模拟分析结果与试验结果的骨架曲线对比图，由表 7-1、图 7-7 可知，骨架曲线的整体趋势吻合较好，结构刚度在加载初期模拟值略大于试验值，随着加载的进行，刚度模拟值下降较慢，而试验值下降较快，导致达到极限点时的计算位移大于试验值。

表 7-1　试件不同加载阶段数值分析与试验实测值对比

试件编号	加载阶段	P^F/kN	Δ^F/mm	P^T/kN	Δ^T/mm	P^F/P^T	Δ^F/Δ^T
DLJ-2	屈服点	47.2	30.2	44.6	29.8	1.06	1.01
		48.5	29.4	45.9	25.2	1.06	1.17
	极限点	66.3	87.3	61.5	82.4	1.08	1.06
		64.5	86.8	57.5	84.4	1.12	1.03

（续）

试件编号	加载阶段	P^F/kN	Δ^F/mm	P^T/kN	Δ^T/mm	P^F/P^T	Δ^F/Δ^T
DLJ-3	屈服点	58.5	30.2	56.8	26.3	1.03	1.15
		58.9	31.4	55.0	26.8	1.07	1.17
	极限点	72.5	80.5	66.5	75.7	1.09	1.06
		71.9	88.7	68.2	84.8	1.05	1.05
SLJ-2	屈服点	42.1	31.5	37.2	25.5	1.13	1.24
		43.5	31.0	36.8	23.4	1.18	1.32
	极限点	54.6	77.9	50.1	73.1	1.09	1.07
		49.4	86.8	45.5	81.7	1.09	1.06
SLJ-3	屈服点	40.7	32.5	35.8	28.2	1.14	1.15
		41.5	30.6	35.1	24.5	1.18	1.25
	极限点	46.5	87.9	42.9	81.2	1.08	1.08
		52.7	85.9	47.5	76.9	1.11	1.12

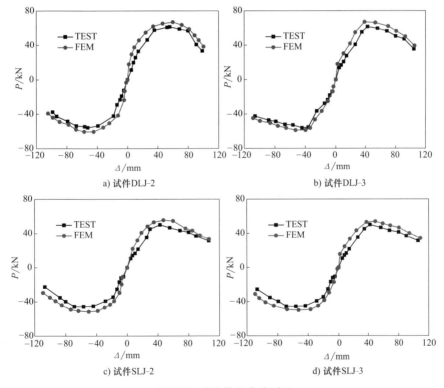

a) 试件DLJ-2　　　　　　　　　　b) 试件DLJ-3

c) 试件SLJ-2　　　　　　　　　　d) 试件SLJ-3

图 7-7　试件骨架曲线对比

　　总体而言，数值模拟分析结果与试验结果吻合较好，其偏差在可接受范围之内，从而为后续参数分析奠定了基础。

7.3.4　黏滞阻尼器阻尼力-位移曲线

　　将黏滞阻尼器的数值模拟分析结果与试验过程中采集到的黏滞阻尼器阻尼力-位移曲线

进行对比分析。以 DLJ-2 为例，表 7-2 列出了各试件在工况 8 下黏滞阻尼器阻尼力-位移的数值模拟分析结果（P^F、Δ^F）与试验结果（P^T、Δ^T）的对比。文中黏滞阻尼器阻尼力 P 是指黏滞阻尼器对外出力，位移 Δ 是指黏滞阻尼器两端受拉或受压时的相对位移。

表 7-2　黏滞阻尼器最大阻尼力及其对应位移数值分析与试验实测值对比

试件编号	黏滞阻尼器最大阻尼力/kN		P^F/P^T	黏滞阻尼器最大位移/mm		Δ^F/Δ^T
	P^T	P^F		Δ^T	Δ^F	
DLJ-2	17.8	19.5	1.10	18.7	21.5	1.15
DLJ-3	19.5	22.7	1.16	19.8	22.9	1.16
SLJ-2	14.6	17.8	1.22	15.9	18.5	1.16
SLJ-3	15.2	19.2	1.26	17.2	20.2	1.17

总体上，数值模拟分析结果的黏滞阻尼器阻尼力-位移结果和试验结果存在一定的偏差，但从最大阻尼力及其对应的位移上来讲，数值模拟分析结果与试验结果误差较小，数值模拟分析结果可较好地反映黏滞阻尼器的受力情况。

■ 7.4　参数分析

为深入研究附设黏滞阻尼器的传统风格建筑混凝土新型梁柱组合件的受力性能，了解主要参数对结构力学性能的影响，选取轴压比 n、混凝土强度 f_{cu}、阻尼系数 C、阻尼指数 α、黏滞阻尼器放置角度 β 等参数进行分析。

7.4.1　轴压比

1. 骨架曲线

在试验的基础上，保持其他参数不变，通过改变施加在柱顶端竖向荷载实现轴压比的变化，选取的轴压比 n 分别为 0.20、0.35、0.50、0.65。

数值模拟分析结果如图 7-8 所示，表 7-3 列出了各试件在峰值点处荷载和其对应位移的数值模拟分析结果，其中 P_u 及 Δ_u 分别为峰值荷载及其对应的位移。

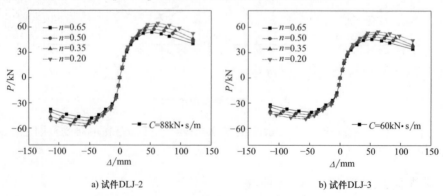

a) 试件DLJ-2　　　　　　　　　　b) 试件DLJ-3

图 7-8　轴压比 n 对结构 P-Δ 骨架曲线的影响

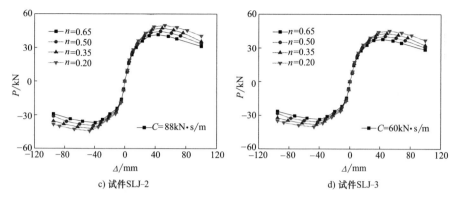

c) 试件SLJ-2   d) 试件SLJ-3

图 7-8　轴压比 n 对结构 P-Δ 骨架曲线的影响（续）

表 7-3　不同轴压比下结构峰值点数值模拟分析结果

试件编号	轴压比	正向		负向	
		P_u/kN	Δ_u/mm	P_u/kN	Δ_u/mm
DLJ-2	0.20	64.70	62.96	−57.67	−56.24
	0.35	61.55	58.84	−54.86	−52.56
	0.50	57.77	56.21	−51.49	−50.21
	0.65	53.99	52.54	−48.12	−46.92
DLJ-3	0.20	55.00	59.24	−49.02	−52.61
	0.35	52.32	56.31	−46.63	−49.87
	0.50	49.10	52.28	−43.76	−46.56
	0.65	45.89	49.41	−40.90	−42.15
SLJ-2	0.20	49.82	42.65	−44.4	−45.52
	0.35	47.39	39.88	−42.24	−41.98
	0.50	44.48	37.12	−39.65	−38.86
	0.65	41.57	34.79	−37.05	−36.24
SLJ-3	0.20	45.29	40.58	−40.37	−40.82
	0.35	43.08	38.42	−38.40	−37.71
	0.50	40.44	35.81	−36.04	−35.22
	0.65	37.79	32.46	−33.68	−33.95

由图 7-8 及表 7-3 可知，轴压比 n 的变化对试件弹性阶段的刚度影响较小，对试件峰值荷载及峰值位移影响较大。

1）DLJ 系列模型，对试件 DLJ-2，与轴压比 $n = 0.20$ 时相比，轴压比为 0.35、0.50、0.65 时，峰值荷载分别下降了 4.8%、10.7%、16.5%，峰值位移分别下降了 6.5%、10.7%、16.5%；对试件 DLJ-3，峰值荷载分别下降了 4.8%、10.7%、16.6%，峰值位移分别下降了 5.0%、11.6%、18.2%，降幅逐渐增大，说明轴压比变化对试件承载力具有较大影响。

2）SLJ 系列模型，对试件 SLJ-2，与轴压比 $n = 0.20$ 时相比，轴压比为 0.35、0.50、

0.65 时，峰值荷载分别下降了 4.9%、10.7%、16.6%，峰值位移分别下降 7.1%、13.8%、19.4%；对试件 SLJ-3，峰值荷载分别下降了 4.9%、10.7%、16.6%，峰值位移分别下降 6.5%、12.7%、18.4%，降幅逐渐增大，说明轴压比变化对试件承载力具有较大的影响。

2. 试件耗能能力分析

对不同轴压比下各试件在工况 5~12 的第一圈循环所对应的曲线进行对比分析，如图 7-9~图 7-12 所示，表 7-4 给出了对应的滞回耗能 E 和等效黏滞阻尼器系数 h_e，其中滞回耗能即为滞回环的面积。

由图 7-9~图 7-12 及表 7-4 可知，随着轴压比的增大，滞回环向位移轴倾斜，表明试件的刚度逐渐退化，但总体上试件的耗能能力变化不大，等效黏滞阻尼器系数总体上呈现小幅度增大，说明轴压比的增大对试件耗能能力影响较小。这是由于试件设计为"强柱弱梁、强节点弱构件"，增大轴压比对试件破坏模式影响较小，试件仍是在梁端塑性铰区域发生破坏，且黏滞阻尼器两端发生相对变形主要是依赖于梁的变形。

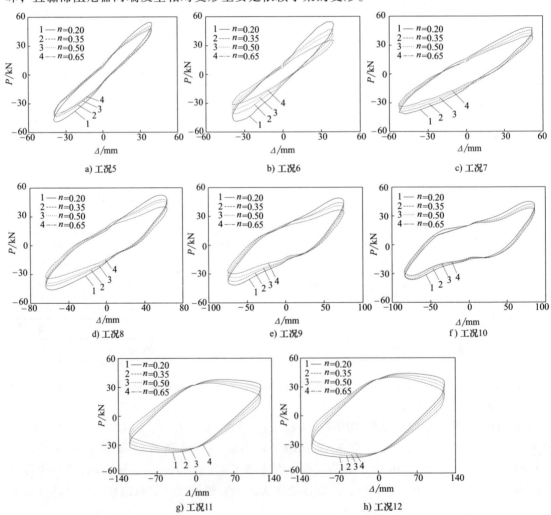

图 7-9　不同轴压比对 DLJ-2 模型结构滞回曲线的影响

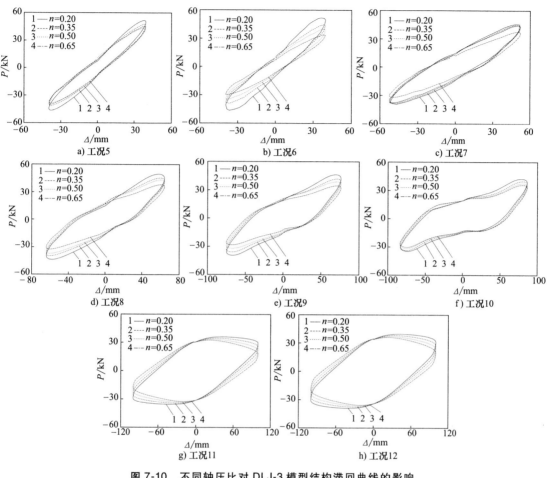

图 7-10　不同轴压比对 DLJ-3 模型结构滞回曲线的影响

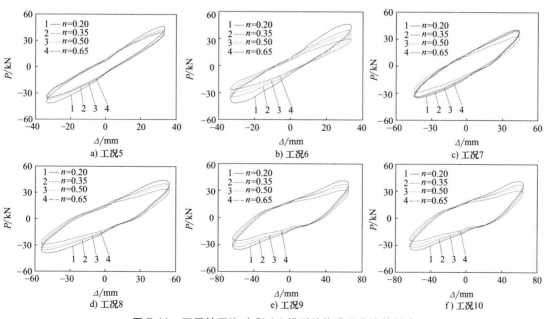

图 7-11　不同轴压比对 SLJ-2 模型结构滞回曲线的影响

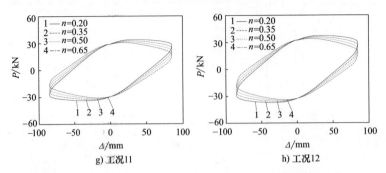

g) 工况11   h) 工况12

图 7-11   不同轴压比对 SLJ-2 模型结构滞回曲线的影响（续）

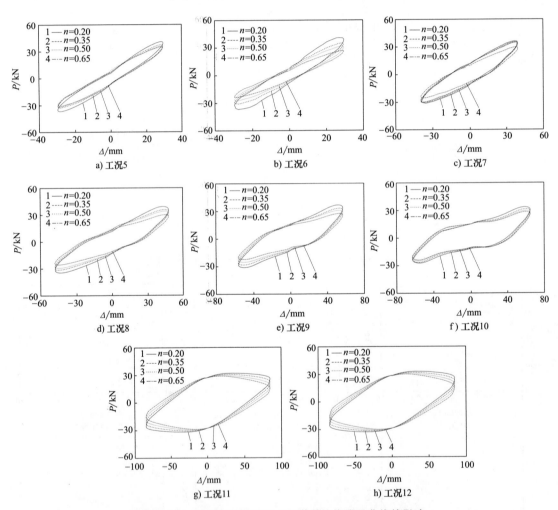

a) 工况5   b) 工况6   c) 工况7

d) 工况8   e) 工况9   f) 工况10

g) 工况11   h) 工况12

图 7-12   不同轴压比对 SLJ-3 模型结构滞回曲线的影响

3. 黏滞阻尼器耗能能力分析

将在不同轴压比下工况 5~12 的各试件黏滞阻尼器的最大阻尼力、最大位移和滞回耗能列于表 7-5。从表 7-5 可知，改变试件的轴压比，对其阻尼力、位移和滞回耗能影响较小，这是由于增大试件的轴压比对梁的变形影响较小，而黏滞阻尼器的阻尼力大小主要受其两端活塞运动的相对位移有关。

表 7-4　不同轴压比下模型结构耗能能力分析

工况	轴压比 n	DLJ-2		DLJ-3		SLJ-2		SLJ-3	
		$E/\text{kN·m}$	h_e	$E/\text{kN·m}$	h_e	$E/\text{kN·m}$	h_e	$E/\text{kN·m}$	h_e
5	0.20	1312.0	0.113	1339.6	0.108	1003.6	0.108	953.4	0.100
	0.35	1342.9	0.116	1375.6	0.116	1070.1	0.112	1016.6	0.104
	0.50	1357.9	0.118	1425.0	0.118	1108.8	0.115	1053.4	0.107
	0.65	1363.2	0.119	1470.5	0.122	1185.4	0.119	1126.1	0.111
6	0.20	1633.7	0.130	1705.3	0.130	1405.7	0.125	1335.4	0.116
	0.35	1658.4	0.132	1742.6	0.134	1469.4	0.129	1395.9	0.120
	0.50	1672.5	0.135	1783.4	0.139	1491.1	0.133	1416.5	0.124
	0.65	1695.5	0.137	1809.0	0.142	1531.2	0.137	1454.6	0.127
7	0.20	2544.6	0.170	2417.3	0.145	1838.5	0.146	1746.6	0.136
	0.35	2478.1	0.172	2491.3	0.150	1884.9	0.152	1790.7	0.141
	0.50	2498.4	0.174	2516.5	0.157	1931.7	0.157	1835.1	0.146
	0.65	2525.0	0.176	2668.2	0.160	1995.2	0.161	1895.4	0.150
8	0.20	3823.3	0.193	3632.1	0.193	2562.3	0.193	2434.2	0.179
	0.35	3849.8	0.197	3667.3	0.202	2637.0	0.202	2505.2	0.188
	0.50	3865.9	0.201	3687.6	0.209	2676.4	0.209	2542.6	0.194
	0.65	3886.7	0.207	3768.4	0.212	2698.0	0.212	2563.1	0.197
9	0.20	4744.7	0.222	4457.5	0.222	2872.6	0.222	2729.0	0.206
	0.35	4764.6	0.227	4526.7	0.235	3165.3	0.230	3007.0	0.214
	0.50	4781.2	0.231	4562.0	0.247	3290.6	0.237	3126.1	0.220
	0.65	4795.9	0.235	4577.1	0.253	3428.1	0.242	3256.7	0.225
10	0.20	5300.0	0.244	5235.0	0.244	3829.2	0.244	3637.7	0.227
	0.35	5320.5	0.249	5280.0	0.249	3734.2	0.249	3547.5	0.232
	0.50	5341.4	0.253	5374.8	0.263	3707.4	0.263	3522.0	0.245
	0.65	5367.1	0.258	5413.7	0.271	3661.0	0.271	3478.0	0.252
11	0.20	10314.2	0.365	8221.7	0.355	6600.2	0.365	6270.2	0.339
	0.35	10383.5	0.370	8297.5	0.366	6650.8	0.372	6318.3	0.346
	0.50	10423.6	0.375	8355.5	0.375	6687.2	0.381	6352.8	0.354
	0.65	10454.1	0.381	8393.8	0.384	6723.8	0.388	6387.6	0.361
12	0.20	12414.8	0.405	9386.1	0.379	7534.9	0.399	7158.2	0.371
	0.35	12474.9	0.413	9426.2	0.388	7611.0	0.407	7230.5	0.379
	0.50	12521.6	0.419	9466.4	0.397	7669.2	0.413	7285.7	0.384
	0.65	12551.9	0.422	9496.4	0.405	7727.2	0.422	7340.8	0.392

表 7-5　不同轴压比下工况 5~12 的各试件黏滞阻尼器阻尼力、位移及滞回耗能

工况	n	DLJ-2			DLJ-3			SLJ-2			SLJ-3		
		$E/kN \cdot m$	F/kN	Δ/mm	$E/kN \cdot m$	F/kN	Δ/mm	$E/kN \cdot m$	F/kN	Δ/mm	$E/kN \cdot m$	F/kN	Δ/mm
5	0.20	512.7	15.60	11.63	538.3	16.38	12.22	487.0	14.82	11.05	461.4	14.04	10.47
	0.35	512.1	15.48	11.71	537.7	16.26	12.29	486.5	14.71	11.12	460.9	13.94	10.53
	0.50	511.6	15.40	11.80	537.1	16.17	12.39	486.0	14.63	11.21	460.4	13.86	10.62
	0.65	511.1	15.31	11.92	536.7	16.07	12.50	485.6	14.54	11.31	460.0	13.77	10.71
6	0.20	1281.7	17.16	12.80	1345.8	18.02	13.44	1217.6	16.30	12.16	1153.5	15.44	11.52
	0.35	1280.3	17.03	12.87	1344.3	17.88	13.51	1216.3	16.18	12.23	1152.3	15.33	11.58
	0.50	1278.9	16.94	12.98	1342.8	17.79	13.63	1215.0	16.09	12.33	1151.0	15.25	11.68
	0.65	1277.9	16.83	13.09	1341.7	17.67	13.74	1214.0	15.99	12.44	1150.1	15.15	11.78
7	0.20	1538.0	18.88	14.08	1614.9	19.82	14.78	1461.1	17.93	13.37	1384.2	16.99	12.67
	0.35	1536.4	18.72	13.96	1613.2	19.66	14.66	1459.5	17.78	13.26	1382.7	16.85	12.56
	0.50	1534.7	18.58	14.04	1611.4	19.51	14.74	1457.9	17.65	13.34	1381.2	16.72	12.64
	0.65	1533.4	18.48	14.16	1610.1	19.40	14.87	1456.7	17.56	13.45	1380.1	16.63	12.74
8	0.20	1794.4	18.36	14.28	1884.1	19.28	14.99	1704.7	17.44	13.57	1614.9	16.52	12.85
	0.35	1792.4	20.28	15.12	1882.0	21.29	15.88	1702.8	19.27	14.37	1613.2	18.25	13.61
	0.50	1790.5	20.13	15.21	1880.0	21.14	15.97	1700.9	19.12	14.45	1611.4	18.12	13.69
	0.65	1789.0	20.02	15.34	1878.4	21.02	16.11	1699.5	19.02	14.57	1610.1	18.02	13.81
9	0.20	2050.7	19.89	15.47	2153.3	20.88	16.24	1948.2	18.90	14.70	1845.6	17.90	13.92
	0.35	2048.5	21.84	16.29	2150.9	22.93	17.10	1946.1	20.75	15.47	1843.6	19.66	14.66
	0.50	2046.2	21.68	16.38	2148.6	22.76	17.20	1943.9	20.59	15.56	1841.6	19.51	14.74
	0.65	2044.6	21.56	16.52	2146.8	22.64	17.35	1942.3	20.48	15.69	1840.1	19.40	14.87
10	0.20	2255.8	24.96	18.61	2368.6	26.21	19.55	2143.0	23.71	17.68	2030.4	22.46	16.75
	0.35	2253.3	24.77	18.72	2366.0	26.01	19.66	2140.7	23.54	17.78	2028.0	22.30	16.85
	0.50	2250.9	24.64	18.88	2363.4	25.87	19.82	2138.3	23.41	17.94	2025.8	22.18	16.99
	0.65	2249.0	24.48	19.04	2361.5	25.70	19.99	2136.6	23.26	18.09	2024.1	22.03	17.14
11	0.20	2512.1	32.76	24.43	2637.7	34.40	25.65	2386.5	31.12	23.21	2260.9	29.48	21.99
	0.35	2509.4	32.52	24.57	2634.9	34.14	25.80	2383.9	30.89	23.34	2258.4	29.26	22.11
	0.50	2506.6	32.34	24.78	2632.0	33.96	26.02	2381.3	30.72	23.54	2256.0	29.11	22.30
	0.65	2504.6	32.13	24.99	2629.8	33.74	26.24	2379.4	30.52	23.74	2254.1	28.92	22.49
12	0.20	2665.9	37.44	27.92	2799.2	39.31	29.32	2532.6	35.57	26.53	2399.3	33.70	25.13
	0.35	2663.0	37.16	28.08	2796.2	39.02	29.48	2529.9	35.30	26.68	2396.7	33.45	25.27
	0.50	2660.1	36.96	28.32	2793.1	38.81	29.74	2527.1	35.11	26.90	2394.1	33.26	25.49
	0.65	2657.9	36.72	28.56	2790.8	38.56	29.99	2525.0	34.88	27.13	2392.1	33.05	25.70

7.4.2　混凝土强度

1. 骨架曲线

在试验的基础上，保持其他参数不变，选取混凝土强度 f_{cu} 分别为 30MPa、35MPa、40MPa、45MPa，分析其对试件力学性能的影响。数值模拟分析结果如图 7-13 所示，表 7-6 给出了各试件在峰值点处荷载和其对应位移的数值模拟分析结果。

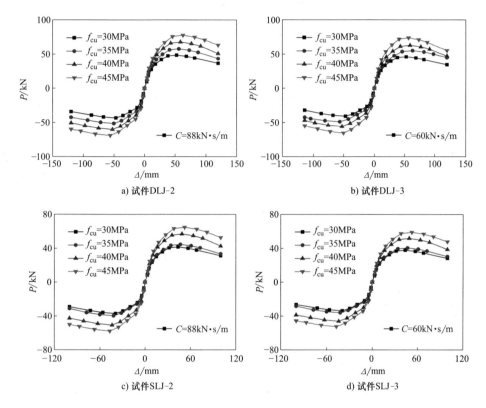

图 7-13　混凝土强度 f_{cu} 对结构 P-Δ 骨架曲线的影响

表 7-6　不同混凝土强度下结构峰值点数值模拟分析结果

试件编号	混凝土强度 f_{cu}/MPa	正向		负向	
		P_u/kN	Δ_u/mm	P_u/kN	Δ_u/mm
DLJ-2	30	48.59	52.54	−43.31	−46.92
	35	57.77	56.21	−51.49	−50.21
	40	67.70	58.84	−60.34	−52.56
	45	77.64	62.96	−69.20	−56.24
DLJ-3	30	45.89	54.27	−40.90	−47.15
	35	55.00	56.21	−49.02	−49.35
	40	62.78	59.29	−55.95	−53.17
	45	73.66	64.17	−65.65	−56.74

（续）

试件编号	混凝土强度 f_{cu}/MPa	正向		负向	
		P_u/kN	Δ_u/mm	P_u/kN	Δ_u/mm
SLJ-2	30	41.57	43.78	-37.05	-39.10
	35	44.48	46.85	-39.65	-41.84
	40	56.87	49.03	-50.69	-43.80
	45	64.77	52.47	-57.72	-46.86
SLJ-3	30	37.79	42.75	-33.68	-40.22
	35	40.44	45.64	-36.04	-42.18
	40	51.70	49.71	-46.08	-44.50
	45	58.88	53.27	-52.48	-47.21

由图 7-13 及表 7-6 可知，混凝土强度 f_{cu} 的变化对试件弹性阶段的刚度影响较小，对试件峰值荷载及峰值位移影响较大。

1）DLJ 系列模型：与混凝土强度 f_{cu} = 30MPa 时相比，混凝土强度 f_{cu} 分别为 35MPa、40MPa、45MPa 时，试件 DLJ-2 的峰值荷载分别增加 18.9%、39.3%、59.8%，峰值位移分别增大 7.0%、12.0%、19.8%；试件 DLJ-3 的极限荷载分别增加 19.9%、36.8%、60.5%，峰值位移分别增大 4.1%、11.0%、19.3%。增幅逐渐增大，说明混凝土强度的变化对试件承载能力具有较大的影响。

2）SLJ 系列模型：与混凝土强度 f_{cu} = 30MPa 时相比，混凝土强度 f_{cu} 分别为 35MPa、40MPa、45MPa 时，试件 SLJ-2 的峰值荷载分别增加 7.0%、36.8%、55.8%，峰值位移分别增大 7.0%、12.0%、19.8%；试件 SLJ-3 的峰值荷载分别增加 7.0%、36.8%、55.8%，峰值位移分别增大 5.8%、13.5%、21.0%，增幅逐渐增大。

2. 试件耗能能力分析

对不同混凝土强度下各试件在工况 5~12 的第一圈循环所对应的曲线进行对比分析，如图 7-14~图 7-17 所示，表 7-7 给出了对应的滞回耗能 E 和等效黏滞阻尼器系数 h_e，其中滞回耗能即为滞回环的面积。

由图 7-14~图 7-17 及表 7-7 可知，混凝土强度不变时，随控制位移增大，试件耗能能力逐渐提高；位移不变时，随混凝土强度提高，等效黏滞阻尼系数呈增大趋势，这是由于随着混凝土强度的提高，试件的承载能力随之提高，滞回曲线的斜率增大。总体上，随着混凝土强度提高，试件耗能能力总体上呈增大趋势。

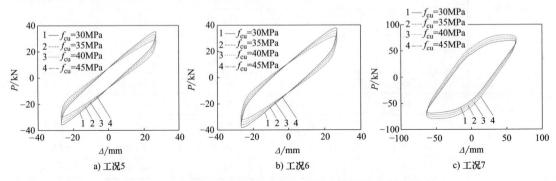

图 7-14　不同混凝土强度下 DLJ-2 模型结构滞回曲线的影响

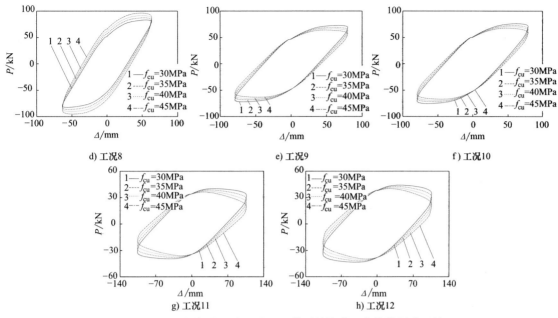

图 7-14　不同混凝土强度下 DLJ-2 模型结构滞回曲线的影响（续）

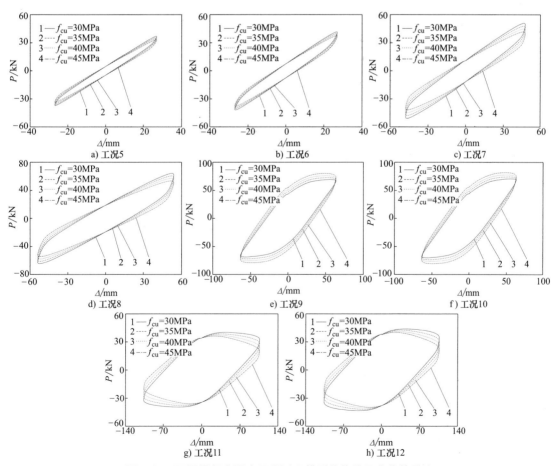

图 7-15　不同混凝土强度下 DLJ-3 模型结构滞回曲线的影响

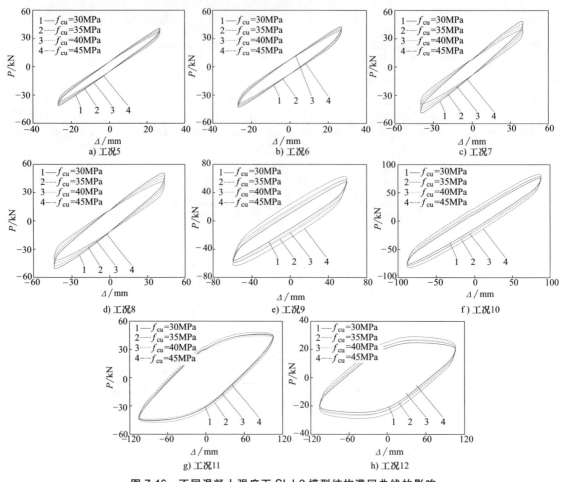

图 7-16　不同混凝土强度下 SLJ-2 模型结构滞回曲线的影响

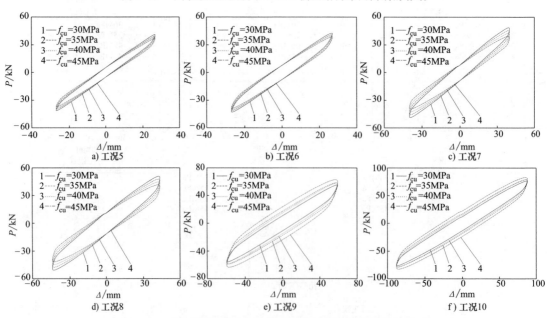

图 7-17　不同混凝土强度下 SLJ-3 模型结构滞回曲线的影响

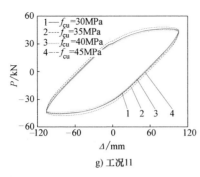

g) 工况11

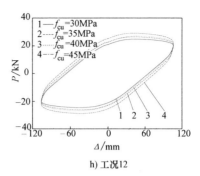

h) 工况12

图 7-17　不同混凝土强度下 SLJ-3 模型结构滞回曲线的影响（续）

表 7-7　不同混凝土强度下模型结构耗能能力分析

工况	混凝土强度 f_{cu}/MPa	DLJ-2		DLJ-3		SLJ-2		SLJ-3	
		E/kN·m	h_e	E/kN·m	h_e	E/kN·m	h_e	E/kN·m	h_e
5	30	743.1	0.069	1076.7	0.098	722.1	0.119	1053.3	0.165
	35	742.7	0.072	1076.4	0.106	723.1	0.124	1053.1	0.166
	40	742.3	0.074	1075.9	0.110	722.6	0.133	1052.5	0.170
	45	741.9	0.077	1075.5	0.114	720.4	0.142	1051.8	0.173
6	30	1367.3	0.063	1803.9	0.079	1185.2	0.1	1608.5	0.130
	35	1354.7	0.065	1790.3	0.083	1183.6	0.106	1604.3	0.139
	40	1345.4	0.066	1782.0	0.088	1180.5	0.109	1602.8	0.147
	45	1337.1	0.069	1774.6	0.091	1176.4	0.118	1599.8	0.158
7	30	1736.8	0.287	2352.2	0.210	1899.1	0.139	2520.9	0.170
	35	1707.3	0.308	2338.5	0.231	1895.3	0.150	2517.4	0.186
	40	1677.0	0.323	2327.1	0.247	1892.2	0.186	2511.3	0.202
	45	1702.6	0.344	2311.4	0.263	1890.9	0.200	2506.8	0.221
8	30	2229.3	0.207	3230.1	0.245	2888.4	0.238	3159.9	0.281
	35	2228.1	0.216	3229.2	0.265	2892.4	0.248	3159.3	0.282
	40	2226.9	0.222	3227.7	0.275	2890.4	0.266	3157.5	0.289
	45	2225.7	0.231	3226.5	0.285	2881.6	0.284	3155.4	0.294
9	30	3715.5	0.252	5383.5	0.316	3610.5	0.300	5266.5	0.299
	35	3713.5	0.260	5382.0	0.332	3615.5	0.318	5265.5	0.320
	40	3711.5	0.264	5379.5	0.352	3613.0	0.327	5262.5	0.338
	45	3709.5	0.276	5377.5	0.364	3602.0	0.354	5259.0	0.363
10	30	6836.5	0.314	9019.5	0.375	5926.0	0.361	8042.5	0.391
	35	6773.5	0.336	8951.3	0.398	5918.0	0.390	8021.5	0.428
	40	6727.0	0.346	8910.0	0.418	5902.5	0.484	8014.0	0.444
	45	6685.5	0.358	8873.0	0.458	5882.0	0.520	7999.0	0.468

（续）

工况	混凝土强度 f_{cu}/MPa	DLJ-2		DLJ-3		SLJ-2		SLJ-3	
		E/kN·m	h_e	E/kN·m	h_e	E/kN·m	h_e	E/kN·m	h_e
11	30	8684.0	0.414	11761.0	0.490	9495.5	0.524	12604.5	0.477
	35	8536.5	0.432	11692.5	0.500	9476.5	0.546	12587.0	0.480
	40	8385.0	0.444	11635.5	0.509	9461.0	0.585	12556.5	0.491
	45	8513.0	0.462	11557.0	0.542	9454.5	0.595	12534.0	0.500
12	30	11146.5	0.504	16150.5	0.569	14442.0	0.600	15799.5	0.508
	35	11140.5	0.520	16146.0	0.598	14462.0	0.636	15796.5	0.543
	40	11134.5	0.528	16138.5	0.634	14452.0	0.654	15787.5	0.575
	45	11128.5	0.552	16132.5	0.655	14408.0	0.708	15777.0	0.618

3. 黏滞阻尼器阻尼力及耗能能力分析

将各试件在不同混凝土强度下阻尼器最大阻尼力 P、最大位移 Δ 和滞回耗能 E 列于表7-8。

从表7-8可知，黏滞阻尼器最大阻尼力及耗能能力随着混凝土强度的增大而增加，控制位移不变时，随混凝土强度提高，试件耗能能力及黏滞阻尼器最大阻尼力呈降低趋势，随混凝土强度提高，黏滞阻尼器最大位移呈增大趋势，这是由于混凝土强度的提高，试件整体承载力提升，自身耗能能力得到增强，黏滞阻尼器的耗能能力反而得不到发挥，试件能够承受更大荷载和产生更大的变形，而黏滞阻尼器的位移主要是与梁的变形相关。

表 7-8　不同混凝土强度下各试件黏滞阻尼器阻尼力、位移及滞回耗能

工况	f_{cu}/MPa	DLJ-2			DLJ-3			SLJ-2			SLJ-3		
		E/kN·m	P/kN	Δ/mm	E/kN·m	P/kN	Δ/mm	E/kN·m	P/kN	Δ/mm	E/kN·m	P/kN	Δ/mm
5	30	615.2	17.16	12.79	646.0	18.02	13.44	584.4	16.30	12.16	553.7	15.44	11.52
	35	614.5	17.03	12.88	645.2	17.89	13.52	583.8	16.18	12.23	553.1	15.33	11.58
	40	613.9	16.94	12.98	644.5	17.79	13.63	583.2	16.09	12.33	552.5	15.25	11.68
	45	613.3	16.84	13.11	644.0	17.68	13.75	582.7	15.99	12.44	552.0	15.15	11.78
6	30	1538.0	18.88	14.08	1615.0	19.82	14.78	1461.1	17.93	13.38	1384.2	16.98	12.67
	35	1536.4	18.73	14.16	1613.2	19.67	14.86	1459.6	17.80	13.45	1382.8	16.86	12.74
	40	1534.7	18.63	14.28	1611.4	19.57	14.99	1458.0	17.70	13.56	1381.2	16.78	12.85
	45	1533.5	18.51	14.40	1610.0	19.41	15.11	1456.8	17.59	13.68	1380.1	16.67	12.96
7	30	1845.6	20.77	15.49	1937.9	21.80	16.26	1753.3	19.72	14.71	1661.0	18.69	13.94
	35	1843.7	20.59	15.36	1935.8	21.63	16.13	1751.4	19.56	14.59	1659.2	18.54	13.82
	40	1841.6	20.44	15.44	1933.7	21.46	16.21	1749.5	19.42	14.67	1657.4	18.39	13.90
	45	1840.1	20.33	15.58	1932.1	21.34	16.36	1748.0	19.32	14.80	1656.1	18.29	14.01
8	30	2153.3	20.20	15.71	2260.9	21.21	16.49	2045.6	19.18	14.93	1937.9	18.17	14.14
	35	2150.9	22.31	16.63	2258.4	23.42	17.47	2043.4	21.20	15.81	1935.8	20.08	14.97
	40	2148.6	22.14	16.73	2256.0	23.25	17.57	2041.1	21.03	15.90	1933.7	19.93	15.06
	45	2146.8	22.02	16.87	2254.1	23.12	17.72	2039.4	20.92	16.03	1932.1	19.82	15.19

(续)

工况	f_{cu}/MPa	DLJ-2			DLJ-3			SLJ-2			SLJ-3		
		E/kN·m	P/kN	Δ/mm	E/kN·m	P/kN	Δ/mm	E/kN·m	P/kN	Δ/mm	E/kN·m	P/kN	Δ/mm
9	30	2460.8	21.88	17.02	2584.0	22.97	17.86	2337.8	20.79	16.17	2214.7	19.69	15.31
	35	2458.2	24.02	17.92	2581.1	25.22	18.81	2335.3	22.83	17.02	2212.3	21.63	16.13
	40	2455.4	23.85	18.02	2578.3	25.04	18.92	2332.7	22.65	17.12	2209.9	21.46	16.21
	45	2453.5	23.72	18.17	2576.2	24.90	19.09	2330.8	22.53	17.26	2208.1	21.34	16.36
10	30	2707.0	27.46	20.47	2842.3	28.83	21.51	2571.6	26.08	19.45	2436.2	24.71	18.43
	35	2704.0	27.25	20.59	2839.2	28.61	21.63	2568.8	25.89	19.56	2433.6	24.53	18.54
	40	2701.1	27.10	20.77	2836.1	28.46	21.80	2566.0	25.75	19.73	2431.0	24.40	18.69
	45	2698.8	26.93	20.94	2833.8	28.27	21.99	2563.9	25.59	19.90	2428.9	24.23	18.85
11	30	3014.5	36.04	26.87	3165.2	37.84	28.22	2863.8	34.23	25.53	2713.1	32.43	24.19
	35	3011.3	35.77	27.03	3161.9	37.55	28.38	2860.7	33.98	25.67	2710.1	32.19	24.32
	40	3007.9	35.57	27.26	3158.4	37.36	28.62	2857.6	33.79	25.89	2707.2	32.02	24.53
	45	3005.5	35.34	27.49	3155.8	37.11	28.86	2855.3	33.57	26.11	2704.9	31.81	24.74
12	30	3199.1	39.31	29.32	3359.0	41.28	30.79	3039.1	37.35	27.86	2879.2	35.39	26.39
	35	3195.6	39.02	29.48	3355.4	40.97	30.95	3035.9	37.07	28.01	2876.0	35.12	26.53
	40	3192.1	38.81	29.74	3351.7	40.75	31.23	3032.5	36.87	28.25	2872.9	34.92	26.76
	45	3189.5	38.56	29.99	3349.0	40.49	31.49	3030.0	36.62	28.49	2870.5	34.70	26.99

7.4.3　阻尼系数

1. 骨架曲线

在保持其他参数不变的基础上，分别设定黏滞阻尼器阻尼系数 $C=30kN \cdot s/m$、$60kN \cdot s/m$、$90kN \cdot s/m$、$120kN \cdot s/m$，对建立的有限元模型进行分析。在得到的柱顶荷载-位移滞回曲线的基础上获得各试件的骨架曲线，如图 7-18 所示。表 7-9 给出了各试件在峰值点处荷载和其对应位移的数值模拟分析结果，其中 P_u 及 Δ_u 分别为峰值荷载及其对应的位移。

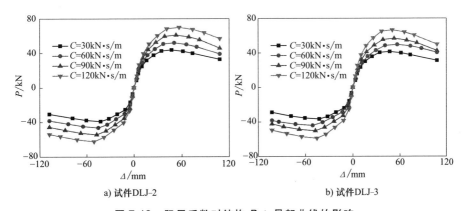

a) 试件DLJ-2　　　　　　　b) 试件DLJ-3

图 7-18　阻尼系数对结构 P-Δ 骨架曲线的影响

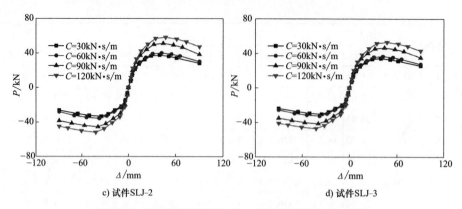

c) 试件SLJ-2　　　　　　　　　　　d) 试件SLJ-3

图 7-18　阻尼系数对结构 P-Δ 骨架曲线的影响（续）

表 7-9　不同阻尼系数下结构峰值点数值模拟分析结果

试件编号	阻尼系数 C/(kN·s/m)	正向		负向	
		P_u/kN	Δ_u/mm	P_u/kN	Δ_u/mm
DLJ-2	30	43.73	47.28	−38.98	−42.23
	60	51.99	50.59	−46.34	−45.19
	90	60.93	52.96	−54.31	−47.30
	120	69.88	56.66	−62.28	−50.61
DLJ-3	30	44.32	46.54	−36.81	−41.15
	60	50.59	49.15	−44.11	−44.93
	90	52.96	53.47	−50.36	−48.02
	120	56.66	57.09	−59.08	−51.39
SLJ-2	30	37.42	39.40	−33.35	−35.19
	60	40.03	42.16	−35.68	−37.66
	90	51.18	44.13	−45.62	−39.42
	120	58.29	47.22	−51.95	−42.18
SLJ-3	30	34.01	38.22	−30.32	−36.22
	60	36.40	41.74	−32.44	−39.27
	90	46.53	44.51	−41.47	−41.12
	120	52.99	48.04	−47.23	−44.32

由图 7-18 及表 7-9 可知：

1）DLJ 系列模型：与阻尼系数 C = 30kN·s/m 时相比，阻尼系数分别为 60kN·s/m、90kN·s/m、120kN·s/m 时，试件 DLJ-2 的峰值荷载分别增加 18.9%、39.3%、59.8%，峰值位移分别增大 7.0%、12.0%、19.8%；试件 DLJ-3 的峰值荷载分别增加 17.0%、28.2%、44.2%，峰值位移分别增大 7.4%、15.8%、23.8%。增幅逐渐增大，说明阻尼系数的变化对试件承载能力具有较大的影响。

2）SLJ 系列模型：与阻尼系数 C = 30kN·s/m 时相比，阻尼系数分别为 60kN·s/m、90kN·s/m、120kN·s/m 时，试件 SLJ-2 的峰值荷载分别增加 7.0%、36.8%、55.8%，峰

值位移分别增大 7.0%、12.0%、19.9%；试件 SLJ-3 的峰值荷载分别增加 7.0%、36.8%、55.8%，峰值位移分别增大 8.8%、15.0%、24.0%，增幅逐渐增大。

总体上，随着黏滞阻尼器阻尼系数的增加，试件的承载能力提高，但对骨架曲线弹性阶段影响较小，这是由于试件处于弹性阶段时，试件变形较小，黏滞阻尼器两端相对变形较小，从而阻尼力较小，承担外界荷载能力较低；随着位移的增大，黏滞阻尼器耗能能力提高，从而承担外界荷载的能力提高，因此试件的承载力提升。

2. 试件耗能能力分析

对不同阻尼系数下各试件在工况 5~12 的第一圈循环所对应的曲线进行对比分析，如图 7-19~图 7-22 所示，表 7-10 给出了对应的滞回耗能 E 和等效黏滞阻尼器系数 h_e，其中滞回耗能即为滞回环的面积。

由图 7-19~图 7-22 及表 7-10 可知，当控制位移较小时，随着黏滞阻尼器阻尼系数的增大，滞回环更加饱满，滞回环包围的面积逐渐增大；当控制位移较大时，随着黏滞阻尼器阻尼系数的增大，滞回环包围的面积减小。相同阻尼系数下，随着控制位移的增大，试件耗能能力逐渐提高；同一控制位移下，试件的等效黏滞阻尼系数呈增大趋势。总体上，随着阻尼系数的提高，试件的耗能能力总体上呈增大趋势。

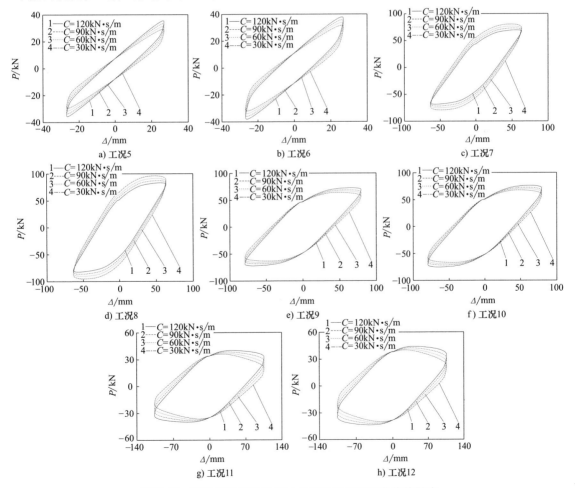

图 7-19　不同阻尼系数下 DLJ-2 模型结构滞回曲线的影响

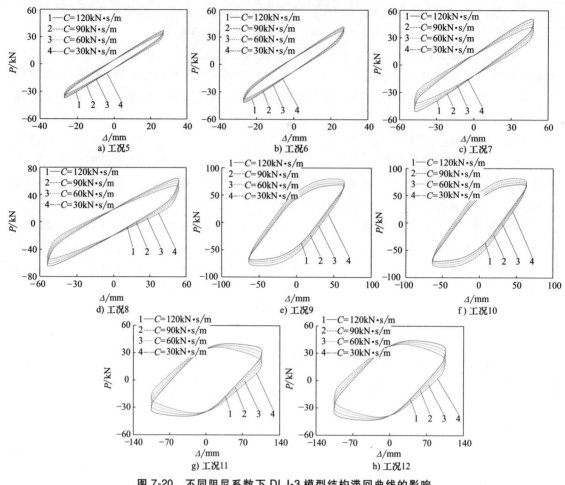

图 7-20　不同阻尼系数下 DLJ-3 模型结构滞回曲线的影响

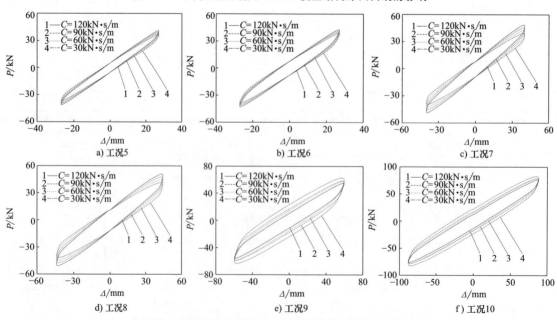

图 7-21　不同阻尼系数下 SLJ-2 模型结构滞回曲线的影响

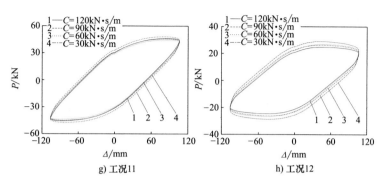

g) 工况11　　　　　　　　　　　　h) 工况12

图 7-21　不同阻尼系数下 SLJ-2 模型结构滞回曲线的影响（续）

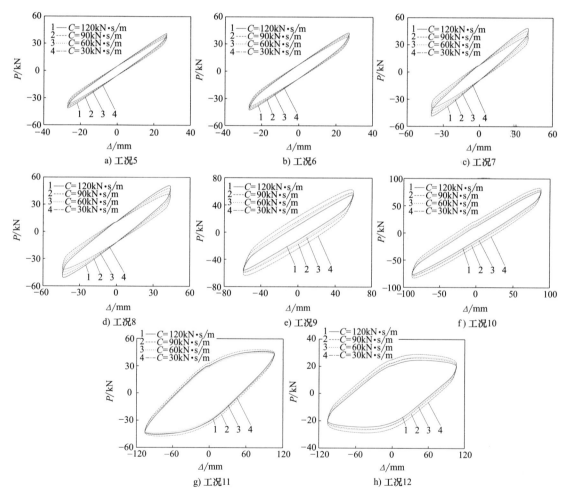

图 7-22　不同阻尼系数下 SLJ-3 模型结构滞回曲线的影响

3. 黏滞阻尼器阻尼力及耗能能力分析

从表 7-11 可知，黏滞阻尼器最大阻尼力及耗能能力随着阻尼系数的增大而增大，但黏滞阻尼器的最大位移增幅较小，这是由于控制位移相同时，黏滞阻尼器的两端相对变形基本

表 7-10　不同阻尼系数下模型结构耗能能力分析

工况	阻尼系数 C/kN·s/m	DLJ-2		DLJ-3		SLJ-2		SLJ-3	
		E/kN·m	h_e	E/kN·m	h_e	E/kN·m	h_e	E/kN·m	h_e
5	30	653.9	0.061	947.5	0.086	635.4	0.105	926.9	0.145
	60	652.9	0.063	946.4	0.093	634.0	0.109	925.6	0.146
	90	653.2	0.065	946.8	0.097	635.9	0.117	926.2	0.150
	120	653.6	0.068	947.2	0.100	636.3	0.125	926.7	0.152
6	30	1176.6	0.055	1561.6	0.070	1035.2	0.088	1407.8	0.114
	60	1184.0	0.057	1568.2	0.073	1038.8	0.093	1410.5	0.122
	90	1192.1	0.058	1575.5	0.077	1041.6	0.096	1411.8	0.129
	120	1203.2	0.061	1587.4	0.080	1043	0.104	1415.5	0.139
7	30	1475.8	0.253	2034.0	0.185	1664.0	0.122	2206.0	0.150
	60	1498.3	0.271	2047.8	0.203	1665.1	0.132	2209.9	0.164
	90	1502.4	0.284	2057.9	0.217	1667.9	0.164	2215.3	0.178
	120	1528.4	0.303	2069.9	0.231	1671.2	0.176	2218.4	0.194
8	30	1958.6	0.182	2839.3	0.216	2535.8	0.209	2776.8	0.247
	60	1959.7	0.190	2840.4	0.233	2541.8	0.218	2778.6	0.248
	90	1960.7	0.195	2841.7	0.242	2543.6	0.234	2780.2	0.254
	120	1961.8	0.203	2842.5	0.251	2545.3	0.250	2780.7	0.259
9	30	3264.4	0.222	4732.2	0.278	3169.8	0.264	4627.9	0.263
	60	3266.1	0.229	4734.0	0.292	3177.2	0.280	4631.0	0.282
	90	3267.9	0.232	4736.2	0.310	3179.4	0.288	4633.6	0.297
	120	3269.6	0.243	4737.5	0.320	3181.6	0.312	4634.5	0.319
10	30	5883.2	0.276	7808.2	0.330	5176.2	0.318	7039.1	0.344
	60	5919.8	0.296	7840.8	0.350	5194.2	0.343	7052.3	0.377
	90	5960.7	0.304	7877.3	0.368	5207.8	0.426	7058.9	0.391
	120	6016.1	0.315	7937.2	0.403	5214.9	0.458	7077.4	0.412
11	30	7378.8	0.364	10170.2	0.431	8320.0	0.461	11029.9	0.420
	60	7491.4	0.380	10239.2	0.440	8325.7	0.480	11049.7	0.422
	90	7512.1	0.391	10289.4	0.448	8339.3	0.515	11076.6	0.432
	120	7641.9	0.407	10349.7	0.477	8356.0	0.524	11092.0	0.440
12	30	9793.1	0.444	14196.6	0.501	12679	0.528	13883.8	0.447
	60	9798.4	0.458	14201.9	0.526	12709	0.560	13893.0	0.478
	90	9803.6	0.465	14208.5	0.558	12717.8	0.576	13900.9	0.506
	120	9808.9	0.486	14212.4	0.576	12726.6	0.623	13903.6	0.544

保持不变。同时，DLJ 系列与 SLJ 系列试件的黏滞阻尼器的最大阻尼力及其对应的最大位移、滞回耗能基本一致，表明在传统风格建筑混凝土单梁-柱试件及双梁-柱试件中附设黏滞阻尼器具有相同的耗能效果。

表 7-11 不同阻尼系数下各试件黏滞阻尼器阻尼力、位移及滞回耗能

工况	$C/(\text{kN} \cdot \text{s/m})$	DLJ-2			DLJ-3			SLJ-2			SLJ-3		
		$E/\text{kN} \cdot \text{m}$	P/kN	Δ/mm	$E/\text{kN} \cdot \text{m}$	P/kN	Δ/mm	$E/\text{kN} \cdot \text{m}$	P/kN	Δ/mm	$E/\text{kN} \cdot \text{m}$	P/kN	Δ/mm
5	30	541.4	18.88	13.81	568.5	19.82	14.52	514.3	17.93	13.13	487.3	16.98	12.44
	60	540.8	25.55	13.91	567.8	26.84	14.60	513.7	24.27	13.21	486.7	23.00	12.51
	90	540.2	31.35	14.02	567.2	34.48	14.72	513.2	30.23	13.32	486.2	28.13	12.61
	120	539.7	42.10	14.16	566.7	44.20	14.85	512.8	39.98	13.44	485.8	37.88	12.72
6	30	1353.4	20.77	15.21	1421.2	21.80	15.96	1285.8	19.72	14.45	1218.1	18.68	13.68
	60	1352.0	28.10	15.29	1419.6	29.51	16.05	1284.4	26.70	14.53	1216.9	25.29	13.76
	90	1350.5	36.58	15.42	1418.0	38.93	16.19	1283.0	34.25	14.64	1215.5	31.95	13.88
	120	1349.5	46.28	15.55	1416.8	48.60	16.32	1282.0	43.98	14.77	1214.5	41.68	14.00
7	30	1624.1	22.85	16.73	1705.4	23.98	17.56	1542.9	21.69	15.89	1461.7	20.56	15.06
	60	1622.5	26.77	16.59	1703.5	28.12	17.42	1541.2	25.43	15.76	1460.1	24.10	14.93
	90	1620.6	36.79	16.68	1701.7	38.63	17.51	1539.6	34.96	15.84	1458.5	33.10	15.01
	120	1619.3	42.69	16.83	1700.2	44.81	17.67	1538.2	40.57	15.98	1457.4	38.41	15.13
8	30	1894.9	22.22	16.97	1989.6	23.33	17.81	1800.1	21.10	16.12	1705.4	19.99	15.27
	60	1892.8	29.00	17.96	1987.4	30.45	18.87	1798.2	27.56	17.07	1703.5	26.10	16.17
	90	1890.8	39.85	18.07	1985.3	41.85	18.98	1796.2	37.85	17.17	1701.7	35.87	16.26
	120	1889.2	46.24	18.22	1983.6	48.55	19.14	1794.7	43.93	17.31	1700.2	41.62	16.41
9	30	2165.5	24.07	18.38	2273.9	25.27	19.29	2057.3	22.87	17.46	1948.9	21.66	16.53
	60	2163.2	31.23	19.35	2271.4	32.79	20.31	2055.1	29.68	18.38	1946.8	28.12	17.42
	90	2160.8	35.78	19.46	2268.9	37.56	20.43	2052.8	33.98	18.49	1944.7	32.19	17.51
	120	2159.1	40.32	19.62	2267.1	42.33	20.62	2051.1	38.30	18.65	1943.1	36.28	17.67
10	30	2382.2	30.21	22.11	2501.2	31.71	23.23	2263.0	28.69	21.01	2143.9	27.18	19.90
	60	2379.5	32.70	22.24	2498.5	34.33	23.36	2260.5	31.07	21.12	2141.6	29.44	20.02
	90	2377.0	37.94	22.43	2495.8	39.84	23.54	2258.1	36.05	21.31	2139.3	34.16	20.19
	120	2374.9	43.09	22.62	2493.7	45.23	23.75	2256.2	40.94	21.49	2137.4	38.77	20.36
11	30	2652.8	37.84	29.02	2785.4	39.73	30.48	2520.1	35.94	27.57	2387.5	34.05	26.13
	60	2649.9	41.14	29.19	2782.5	43.18	30.65	2517.4	39.08	27.72	2384.9	37.02	26.27
	90	2647.0	44.46	29.44	2779.4	46.70	30.91	2514.7	42.24	27.96	2382.3	40.03	26.49
	120	2644.8	49.48	29.69	2777.1	51.95	31.17	2512.7	47.00	28.20	2380.5	44.53	26.72
12	30	2815.2	41.28	31.67	2955.9	43.34	33.25	2674.4	39.22	30.09	2533.7	37.16	28.50
	60	2812.1	44.87	31.84	2952.8	47.12	33.43	2671.6	42.63	30.25	2530.9	40.39	28.65
	90	2809.0	48.51	32.12	2949.5	50.94	33.73	2668.6	46.09	30.51	2528.2	43.65	28.90
	120	2806.8	53.98	32.39	2947.1	56.69	34.01	2666.4	51.27	30.77	2526.0	48.58	29.15

7.4.4 阻尼指数

1. 骨架曲线

在保持其他参数不变的基础上，分别设定黏滞阻尼器阻尼指数 $\alpha = 0.3$、0.5、0.8、1.0，对建立的有限元模型进行分析。在得到的柱顶荷载-位移曲线的基础上获得各试件的骨架曲线，如图 7-23 所示。表 7-12 列出了各试件在峰值点处荷载和其对应位移的数值模拟分析结果，其中 P_u 及 Δ_u 分别为峰值荷载及其对应的位移。

由图 7-23 及表 7-12 可知，阻尼指数 α 的变化对试件弹性阶段的刚度影响较小，对试件峰值荷载及峰值位移影响较大。

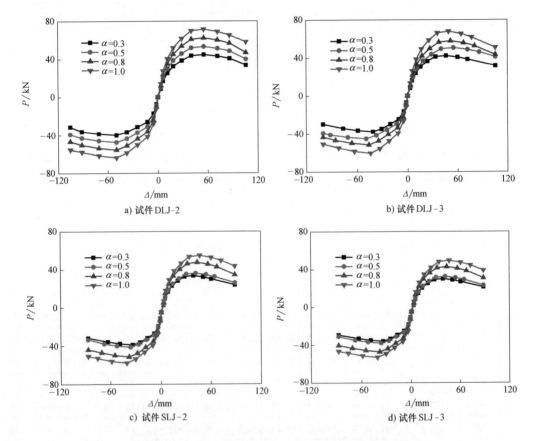

a) 试件 DLJ-2 　　　　　　　　b) 试件 DLJ-3

c) 试件 SLJ-2 　　　　　　　　d) 试件 SLJ-3

图 7-23　阻尼指数对结构 P-Δ 骨架曲线的影响

表 7-12　不同阻尼指数下结构峰值点数值模拟分析结果

试件编号	阻尼指数 α	正向		负向	
		P_u/kN	Δ_u/mm	P_u/kN	Δ_u/mm
DLJ-2	0.3	44.70	55.41	−39.84	−49.49
	0.5	53.15	57.88	−47.37	−52.15
	0.8	62.29	59.21	−55.51	−54.78
	1.0	71.43	63.41	−63.66	−57.59

（续）

试件编号	阻尼指数 α	正向		负向	
		P_u/kN	Δ_u/mm	P_u/kN	Δ_u/mm
DLJ-3	0.3	42.22	46.23	-37.63	-41.29
	0.5	50.60	49.47	-45.09	-44.18
	0.8	57.76	51.78	-51.48	-46.25
	1.0	67.76	55.41	-60.39	-49.49
SLJ-2	0.3	38.25	38.53	-36.47	-36.82
	0.5	40.92	41.22	-46.63	-38.54
	0.8	52.32	43.15	-53.11	-41.24
	1.0	59.59	46.17	-57.88	-45.71
SLJ-3	0.3	34.77	36.60	-30.99	-32.69
	0.5	37.20	39.16	-33.16	-34.98
	0.8	47.57	40.99	-42.39	-36.61
	1.0	54.17	43.86	-48.28	-39.18

1）DLJ 系列模型：与阻尼指数 $\alpha = 0.3$ 时相比，阻尼指数 α 分别为 0.5、0.8、1.0 时，试件 DLJ-2 的峰值荷载分别增加 18.9%、39.3%、59.8%，峰值位移分别增大 4.9%、8.8%、15.4%；试件 DLJ-3 的极限荷载分别增加 19.8%、36.8%、60.5%，峰值位移分别增大 7.0%、12.0%、19.9%。增幅逐渐增大，说明阻尼指数对试件承载能力具有较大影响。

2）SLJ 系列模型：与阻尼指数 $\alpha = 0.3$ 时相比，阻尼指数 α 分别为 0.5、0.8、1.0 时，试件 SLJ-2 的峰值荷载分别增加 17.4%、41.2%、57.2%，峰值位移分别增大 5.8%、12.0%、22.0%；试件 SLJ-3 的峰值荷载分别增加 7.0%、36.8%、55.8%，峰值位移分别增大 7.0%、12.0%、19.8%。增幅逐渐增大，说明阻尼指数对试件承载能力具有较大影响。

2. 试件耗能能力分析

对不同阻尼指数下各试件在工况 5~12 的第一圈循环所对应的曲线进行对比分析，如图 7-24~图 7-27 所示。表 7-13 列出了对应的滞回耗能 E 和等效黏滞阻尼器系数 h_e，其中滞回耗能即为滞回环的面积。

由图 7-24~图 7-27 及表 7-13 可知，当控制位移较小时，随着黏滞阻尼器阻尼指数的增大，滞回环包围的面积逐渐增大；当控制位移较大时，随着黏滞阻尼器阻尼指数的增大，试件滞回环包围的面积减小。结合 7.4.3 节黏滞阻尼器阻尼指数对结构力学性能的影响规律可知，实际工程中若设置黏滞阻尼器，应根据工程特点选择适合结构力学特点的阻尼器参数。相同阻尼指数下，随着控制位移的增大，试件耗能能力逐渐地提高；相同控制位移下，随着阻尼指数的增大，试件的等效黏滞阻尼系数呈增大趋势。总体上，随着阻尼指数的增大，试件的耗能能力总体上呈增大趋势。

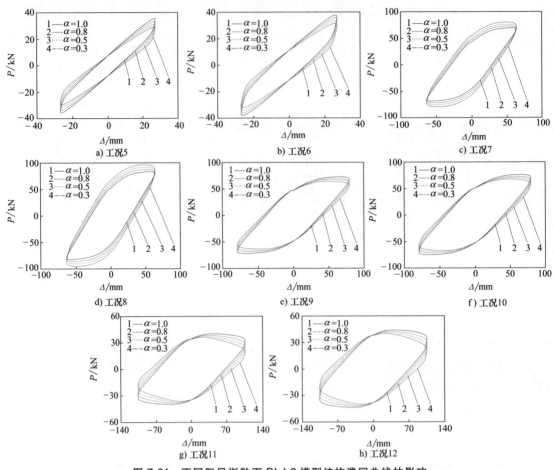

图 7-24　不同阻尼指数下 DLJ-2 模型结构滞回曲线的影响

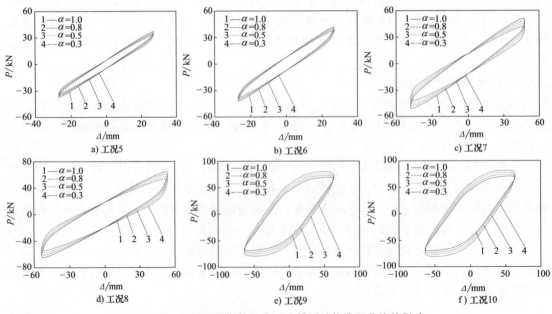

图 7-25　不同阻尼指数下 DLJ-3 模型结构滞回曲线的影响

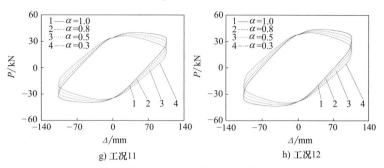

g) 工况11　　　　　　　　　　h) 工况12

图7-25 不同阻尼指数下 DLJ-3 模型结构滞回曲线的影响（续）

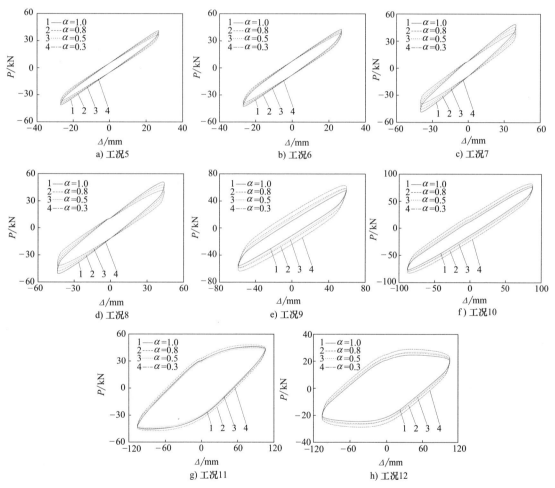

a) 工况5　　　　b) 工况6　　　　c) 工况7

d) 工况8　　　　e) 工况9　　　　f) 工况10

g) 工况11　　　　　　　　h) 工况12

图7-26 不同阻尼指数下 SLJ-2 模型结构滞回曲线的影响

3. 黏滞阻尼器阻尼力及耗能能力分析

从表7-14可知，黏滞阻尼器最大阻尼力及耗能能力随着阻尼指数的增大而增大，但黏滞阻尼器的最大位移增幅较小，这是由于在相同的加载工况下，加载控制位移相同，从而使得黏滞阻尼器的两端相对变形基本保持不变。同时可知，DLJ系列与SLJ系列试件的黏滞阻尼器的最大阻尼力及其对应的最大位移、滞回耗能基本一致，表明在传统风格建筑混凝土单梁-柱及双梁-柱试件中附设黏滞阻尼器具有相同的耗能效果。

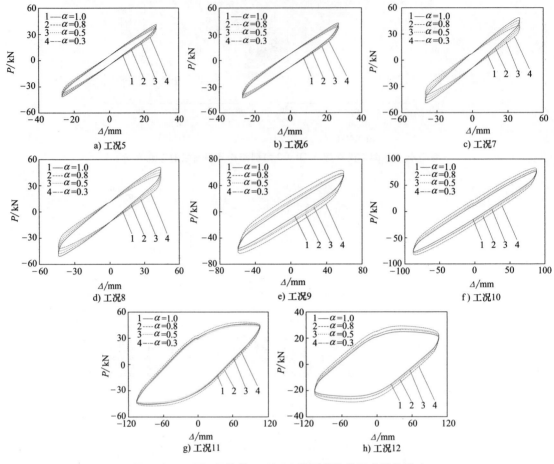

图 7-27　不同阻尼指数下 SLJ-3 模型结构滞回曲线的影响

表 7-13　不同阻尼指数下模型结构耗能能力分析

工况	阻尼系数 α	DLJ				SLJ			
		$C = 60\text{kN} \cdot \text{s/m}$		$C = 88\text{kN} \cdot \text{s/m}$		$C = 60\text{kN} \cdot \text{s/m}$		$C = 88\text{kN} \cdot \text{s/m}$	
		$E/\text{kN} \cdot \text{m}$	h_e	$E/\text{kN} \cdot \text{m}$	h_e	$E/\text{kN} \cdot \text{m}$	h_e	$E/\text{kN} \cdot \text{m}$	h_e
5	0.3	653.9	0.061	947.5	0.086	635.4	0.105	926.9	0.145
	0.5	652.9	0.063	946.4	0.093	634.0	0.109	925.6	0.146
	0.8	653.2	0.065	946.8	0.097	635.9	0.117	926.2	0.150
	1.0	653.6	0.068	947.2	0.100	636.3	0.125	926.7	0.152
6	0.3	1176.6	0.055	1561.6	0.070	1035.2	0.088	1407.8	0.114
	0.5	1184.0	0.057	1568.2	0.073	1038.8	0.093	1410.5	0.122
	0.8	1192.1	0.058	1575.5	0.077	1041.6	0.096	1411.8	0.129
	1.0	1203.2	0.061	1587.4	0.080	1043	0.104	1415.5	0.139
7	0.3	1475.8	0.253	2034.0	0.185	1664.0	0.122	2206.0	0.150
	0.5	1498.3	0.271	2047.8	0.203	1665.1	0.132	2209.9	0.164
	0.8	1502.4	0.284	2057.9	0.217	1667.9	0.164	2215.3	0.178
	1.0	1528.4	0.303	2069.9	0.231	1671.2	0.176	2218.4	0.194

（续）

工况	阻尼系数 α	DLJ				SLJ			
		$C=60\text{kN}\cdot\text{s/m}$		$C=88\text{kN}\cdot\text{s/m}$		$C=60\text{kN}\cdot\text{s/m}$		$C=88\text{kN}\cdot\text{s/m}$	
		$E/\text{kN}\cdot\text{m}$	h_e	$E/\text{kN}\cdot\text{m}$	h_e	$E/\text{kN}\cdot\text{m}$	h_e	$E/\text{kN}\cdot\text{m}$	h_e
8	0.3	1958.6	0.182	2839.3	0.216	2535.8	0.209	2776.8	0.247
	0.5	1959.7	0.190	2840.4	0.233	2541.8	0.218	2778.6	0.248
	0.8	1960.7	0.195	2841.7	0.242	2543.6	0.234	2780.2	0.254
	1.0	1961.8	0.203	2842.5	0.251	2545.3	0.250	2780.7	0.259
9	0.3	3264.4	0.222	4732.2	0.278	3169.8	0.264	4627.9	0.263
	0.5	3266.1	0.229	4734.0	0.292	3177.2	0.280	4631.0	0.282
	0.8	3267.9	0.232	4736.2	0.310	3179.4	0.288	4633.6	0.297
	1.0	3269.6	0.243	4737.5	0.320	3181.6	0.312	4634.5	0.319
10	0.3	5883.2	0.276	7808.2	0.330	5176.2	0.318	7039.1	0.344
	0.5	5919.8	0.296	7840.8	0.350	5194.2	0.343	7052.3	0.377
	0.8	5960.7	0.304	7877.3	0.368	5207.8	0.426	7058.9	0.391
	1.0	6016.1	0.315	7937.0	0.403	5214.9	0.458	7077.4	0.412
11	0.3	7378.8	0.364	10170.2	0.431	8320.0	0.461	11029.9	0.420
	0.5	7491.4	0.380	10239.2	0.440	8325.7	0.480	11049.7	0.422
	0.8	7512.1	0.391	10289.4	0.448	8339.3	0.515	11076.6	0.432
	1.0	7641.9	0.407	10349.7	0.477	8356.0	0.524	11092.0	0.440
12	0.3	9793.1	0.444	14196.6	0.501	12679	0.528	13883.8	0.447
	0.5	9798.4	0.458	14201.9	0.526	12709	0.560	13893.0	0.478
	0.8	9803.6	0.465	14208.5	0.558	12717.8	0.576	13900.9	0.506
	1.0	9808.9	0.486	14212.4	0.576	12726.6	0.623	13903.6	0.544

表7-14　不同阻尼指数下各试件黏滞阻尼器阻尼力、位移及滞回耗能

工况	α	DLJ-2			DLJ-3			SLJ-2			SLJ-3		
		$E/\text{kN}\cdot\text{m}$	P/kN	Δ/mm	$E/\text{kN}\cdot\text{m}$	P/kN	Δ/mm	$E/\text{kN}\cdot\text{m}$	P/kN	Δ/mm	$E/\text{kN}\cdot\text{m}$	P/kN	Δ/mm
5	0.3	622.6	21.71	15.88	653.8	22.79	16.70	591.4	20.62	15.10	560.4	19.53	14.31
	0.5	621.9	29.38	16.00	653.0	30.87	16.79	590.8	27.91	15.19	559.7	26.45	14.39
	0.8	621.2	36.05	16.12	652.3	39.65	16.93	590.2	34.76	15.32	559.1	32.35	14.50
	1.0	620.7	48.42	16.28	651.7	50.83	17.08	589.7	45.98	15.46	558.7	43.56	14.63
6	0.3	1556.4	23.89	17.49	1634.4	25.07	18.35	1478.7	22.68	16.62	1400.8	21.48	15.73
	0.5	1554.8	32.32	17.58	1632.5	33.94	18.46	1477.1	30.71	16.71	1399.4	29.08	15.82
	0.8	1553.1	42.07	17.73	1630.7	44.77	18.62	1475.5	39.39	16.84	1397.8	36.74	15.96
	1.0	1551.9	53.22	17.88	1629.3	55.89	18.77	1474.3	50.58	16.99	1396.7	47.93	16.10
7	0.3	1867.7	26.28	19.24	1961.2	27.58	20.19	1774.3	24.94	18.27	1681.0	23.64	17.32
	0.5	1865.9	30.79	19.08	1959.0	32.34	20.03	1772.4	29.24	18.12	1679.1	27.72	17.17
	0.8	1863.7	42.31	19.18	1957.0	44.42	20.14	1770.5	40.20	18.22	1677.3	38.07	17.26
	1.0	1862.2	49.09	19.35	1955.2	51.53	20.32	1768.9	46.66	18.38	1676.0	44.17	17.40

（续）

工况	α	DLJ-2			DLJ-3			SLJ-2			SLJ-3		
		$E/kN \cdot m$	P/kN	Δ/mm	$E/kN \cdot m$	P/kN	Δ/mm	$E/kN \cdot m$	P/kN	Δ/mm	$E/kN \cdot m$	P/kN	Δ/mm
8	0.3	2179.1	25.55	19.52	2288.0	26.83	20.48	2070.1	24.27	18.54	1961.2	22.99	17.56
	0.5	2176.7	33.35	20.65	2285.5	35.02	21.70	2067.9	31.69	19.63	1959.0	30.02	18.60
	0.8	2174.4	45.83	20.78	2283.1	48.13	21.83	2065.6	43.53	19.75	1957.0	41.25	18.70
	1.0	2172.6	53.18	20.95	2281.1	55.83	22.01	2063.9	50.52	19.91	1955.2	47.86	18.87
9	0.3	2490.3	27.68	21.14	2615.0	29.06	22.18	2365.9	26.30	20.08	2241.2	24.91	19.01
	0.5	2487.7	35.91	22.25	2612.1	37.71	23.36	2363.4	34.13	21.14	2238.8	32.34	20.03
	0.8	2484.9	41.15	22.38	2609.2	43.19	23.49	2360.7	39.08	21.26	2236.4	37.02	20.14
	1.0	2483.0	46.37	22.56	2607.2	48.68	23.71	2358.8	44.05	21.44	2234.6	41.72	20.32
10	0.3	2739.5	34.74	25.43	2876.4	36.47	26.71	2602.5	32.99	24.16	2465.5	31.26	22.89
	0.5	2736.4	37.61	25.58	2873.3	39.48	26.86	2599.6	35.73	24.29	2462.8	33.86	23.02
	0.8	2733.6	43.63	25.79	2870.2	45.82	27.07	2596.8	41.46	24.51	2460.2	39.28	23.22
	1.0	2731.1	49.55	26.01	2867.8	52.01	27.31	2594.6	47.08	24.71	2458.0	44.59	23.41
11	0.3	3050.7	43.52	33.37	3203.2	45.69	35.05	2898.1	41.33	31.71	2745.6	39.16	30.05
	0.5	3047.4	47.31	33.57	3199.9	49.66	35.25	2895.0	44.94	31.88	2742.6	42.57	30.21
	0.8	3044.1	51.13	33.86	3196.3	53.71	35.55	2891.9	48.58	32.15	2739.6	46.03	30.46
	1.0	3041.5	56.90	34.14	3193.7	59.74	35.85	2889.6	54.05	32.43	2737.3	51.21	30.73
12	0.3	3237.5	47.47	36.42	3399.3	49.84	38.24	3075.6	45.10	34.60	2913.8	42.73	32.78
	0.5	3233.9	51.60	36.62	3395.7	54.19	38.44	3072.3	49.02	34.79	2910.5	46.45	32.95
	0.8	3230.4	55.79	36.94	3391.9	58.58	38.79	3068.9	53.00	35.09	2907.4	50.20	33.24
	1.0	3227.8	62.08	37.25	3389.2	65.19	39.11	3066.4	58.96	35.39	2904.9	55.87	33.52

7.4.5 黏滞阻尼器放置角度

1. 骨架曲线

为研究阻尼器放置角度对传统风格建筑混凝土新型梁柱组合件模型力学性能的影响，在保持其他参数不变的基础上，将阻尼器与柱分别呈 $\beta = 60°$、$45°$、$90°$ 安装。阻尼器安装方法如图 7-28 所示。在其他参数不变的情况下，对建立的有限元模型进行分析，各试件的 P-Δ 骨架曲线如图 7-29 所示，表 7-15 列出了各试件在峰值点处荷载和其对应位移的数值模拟分析结果，其中 P_u 及 Δ_u 分别为峰值荷载及其对应的位移。

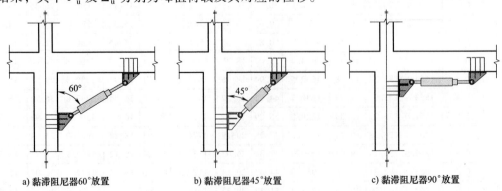

a) 黏滞阻尼器60°放置　　　　b) 黏滞阻尼器45°放置　　　　c) 黏滞阻尼器90°放置

图 7-28　不同放置角度的黏滞阻尼器安装示意图

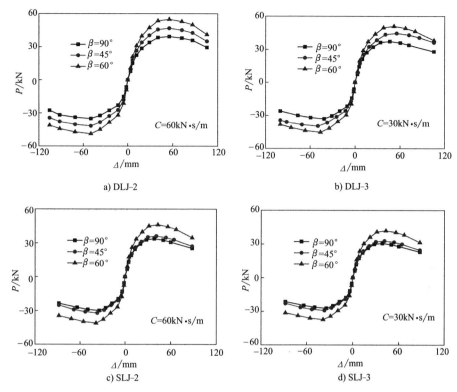

图 7-29　黏滞阻尼器放置角度对结构 P-Δ 骨架曲线的影响

表 7-15　不同阻尼器放置角度下结构峰值点数值模拟分析结果

试件编号	β	正向		负向	
		P_u/kN	Δ_u/mm	P_u/kN	Δ_u/mm
DLJ-2	90°	42.02	52.09	−37.45	−46.52
	45°	48.08	54.41	−44.53	−49.02
	60°	54.79	55.66	−52.18	−51.49
DLJ-3	90°	39.69	43.46	−35.37	−38.81
	45°	47.56	46.50	−42.38	−41.53
	60°	54.29	48.67	−52.07	−46.52
SLJ-2	90°	35.96	36.22	−34.28	−34.61
	45°	38.46	38.75	−43.83	−36.23
	60°	49.18	40.56	−47.37	−46.52
SLJ-3	90°	32.68	34.40	−29.13	−30.73
	45°	34.97	36.81	−31.17	−32.88
	60°	41.52	41.23	−45.38	−36.83

　　从图 7-29 及表 7-15 可以看出，虽然阻尼器放置角度不同，但其 P-Δ 骨架曲线发展趋势仍基本一致。从峰值荷载来看，阻尼器以 60°放置时试件的峰值荷载最高，45°放置时次之，90°放置时最低。

1）对 DLJ-2 试件，当黏滞阻尼器 45°、90°放置时，相比于 60°时，峰值荷载分别下降 13.5%、25.8%，峰值位移分别下降 3.5%、8.0%；对 DLJ-3 试件，峰值荷载分别下降 15.5%、29.5%，峰值位移分别下降 7.6%、13.6%。

2）对 SLJ-2 试件，当黏滞阻尼器 45°、90°放置时，相比于 60°时，峰值荷载分别下降 14.6%、27.3%，峰值位移分别下降 13.3%、18.29%；对 SLJ-3 试件，峰值荷载分别下降 23.5%、28.5%，峰值位移分别下降 10.7%、16.69%。

究其原因，主要是黏滞阻尼器与柱大约呈 60°放置时梁端上端支座比黏滞阻尼器 45°放置时更接近梁跨中，黏滞阻尼器两端能发生的相对变形更大，因为黏滞阻尼器对梁的支撑作用相对更显著，而对于黏滞阻尼器与柱呈 90°放置时，其对梁的支撑作用较弱，黏滞阻尼器两端的相对变形较小。

2. 试件耗能能力分析

对不同阻尼器放置角度下各试件在工况 5～12 的第一圈循环所对应的曲线进行对比分析，如图 7-30～图 7-33 所示。表 7-16 列出了对应的滞回耗能 E 和等效黏滞阻尼器系数 h_e，其中滞回耗能即为滞回环的面积。

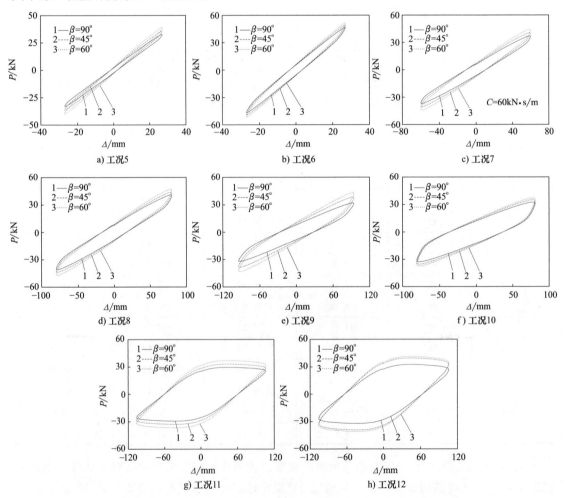

图 7-30　不同黏滞阻尼器放置角度下 DLJ-2 试件滞回曲线的影响

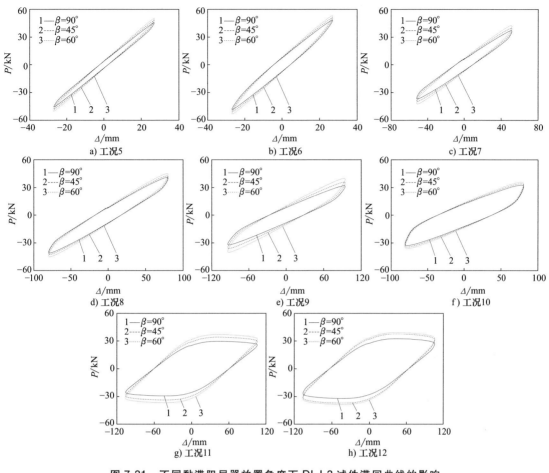

图 7-31　不同黏滞阻尼器放置角度下 DLJ-3 试件滞回曲线的影响

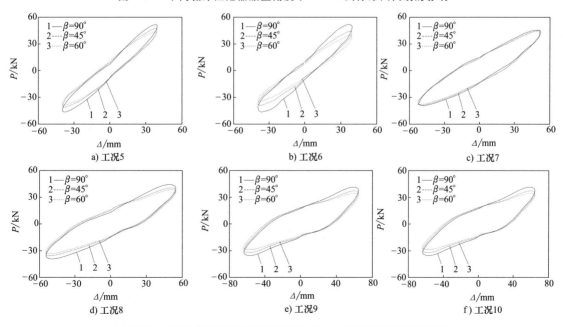

图 7-32　不同黏滞阻尼器放置角度下 SLJ-2 试件滞回曲线的影响

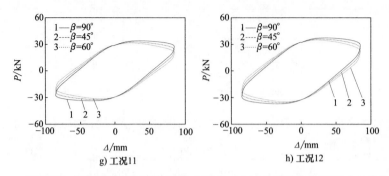

g) 工况11   h) 工况12

图 7-32 不同黏滞阻尼器放置角度下 SLJ-2 试件滞回曲线的影响（续）

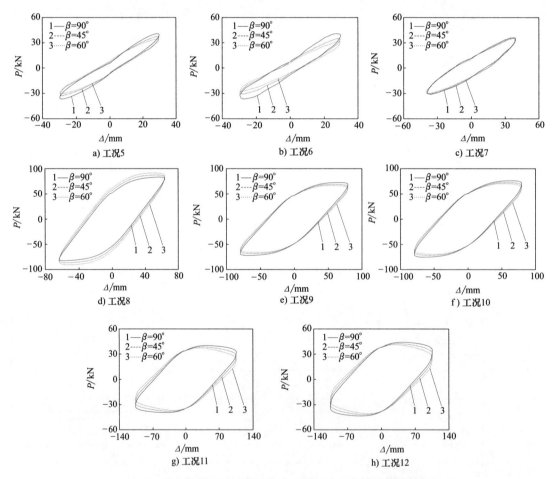

a) 工况5   b) 工况6   c) 工况7

d) 工况8   e) 工况9   f) 工况10

g) 工况11   h) 工况12

图 7-33 不同黏滞阻尼器放置角度下 SLJ-3 试件滞回曲线的影响

由表 7-16 可知，在控制位移较大时，黏滞阻尼器与柱大致呈 60°放置时，试件的滞回耗能和等效黏滞阻尼系数最大，试件的耗能能力最强；90°放置时，试件的滞回耗能和等效黏滞阻尼系数最小。

3. 黏滞阻尼器阻尼力及耗能能力分析

将各试件在不同阻尼器放置角度下的最大阻尼力、最大位移和滞回耗能列于表 7-17。

表 7-16　不同黏滞阻尼器放置角度下模型结构耗能能力分析

工况	β	DLJ-2		DLJ-3		SLJ-2		SLJ-3	
		$E/\text{kN}\cdot\text{m}$	h_e	$E/\text{kN}\cdot\text{m}$	h_e	$E/\text{kN}\cdot\text{m}$	h_e	$E/\text{kN}\cdot\text{m}$	h_e
5	90°	705.1	0.066	1023.3	0.093	684.7	0.113	999.6	0.157
	45°	705.5	0.068	1022.5	0.100	686.2	0.118	1000.3	0.158
	60°	706.2	0.070	1022.1	0.105	686.8	0.126	1001.1	0.162
6	90°	1270.7	0.059	1686.5	0.076	1118.0	0.095	1520.4	0.123
	45°	1278.7	0.062	1693.7	0.079	1121.9	0.100	1523.3	0.132
	60°	1287.5	0.063	1701.5	0.083	1124.9	0.104	1524.7	0.139
7	90°	1593.9	0.273	2196.7	0.200	1797.1	0.132	2382.5	0.162
	45°	1618.2	0.293	2211.6	0.219	1798.3	0.143	2386.7	0.177
	60°	1622.6	0.307	2222.5	0.234	1801.3	0.177	2392.5	0.192
8	90°	2115.3	0.197	3066.4	0.233	2738.7	0.226	2998.9	0.267
	45°	2116.5	0.205	3067.6	0.252	2745.1	0.235	3000.9	0.268
	60°	2117.6	0.211	3069.0	0.261	2747.1	0.253	3002.6	0.274
9	90°	3525.6	0.240	5110.8	0.300	3423.4	0.285	4998.1	0.284
	45°	3527.4	0.247	5112.7	0.315	3431.4	0.302	5001.5	0.305
	60°	3529.3	0.251	5115.1	0.335	3433.8	0.311	5004.3	0.321
10	90°	6353.9	0.298	8432.9	0.356	5590.3	0.343	7602.2	0.372
	45°	6393.4	0.320	8468.1	0.378	5609.7	0.370	7616.5	0.407
	60°	6437.6	0.328	8507.5	0.397	5624.4	0.460	7623.6	0.422
11	90°	7969.1	0.393	10983.8	0.465	8985.6	0.498	11912.3	0.454
	45°	8090.7	0.410	11058.3	0.475	8991.8	0.518	11933.7	0.456
	60°	8253.3	0.440	11177.7	0.515	9024.5	0.566	11979.4	0.475
12	90°	10576.5	0.480	15332.3	0.541	13693.3	0.570	14994.5	0.483
	45°	10582.3	0.495	15338.1	0.568	13725.5	0.605	15004.4	0.516
	60°	10593.6	0.525	15349.4	0.622	13744.7	0.673	15015.9	0.588

表 7-17　不同黏滞阻尼器放置角度下各试件黏滞阻尼器阻尼力、位移及滞回耗能

工况	β	DLJ-2			DLJ-3			SLJ-2			SLJ-3		
		$E/\text{kN}\cdot\text{m}$	P/kN	Δ/mm	$E/\text{kN}\cdot\text{m}$	P/kN	Δ/mm	$E/\text{kN}\cdot\text{m}$	P/kN	Δ/mm	$E/\text{kN}\cdot\text{m}$	P/kN	Δ/mm
5	90°	666.2	22.58	16.52	699.6	23.70	17.37	622.1	21.44	15.70	578.2	20.31	14.88
	45°	670.8	30.56	16.64	700.9	32.10	17.46	634.3	29.03	15.80	598.9	27.51	14.97
	60°	679.7	37.49	16.76	714.0	41.24	17.61	650.8	36.15	15.93	715.9	33.64	15.08
6	90°	1661.8	24.85	18.19	1744.8	26.07	19.08	1578.8	23.59	17.28	1495.6	22.34	16.36
	45°	1663.6	33.61	18.28	1746.8	35.30	19.20	1580.5	31.94	17.38	1497.4	30.24	16.45
	60°	1665.3	43.75	18.44	1748.8	46.56	19.36	1582.2	40.97	17.51	1498.9	38.21	16.60
7	90°	1994.2	27.33	20.01	2094.0	28.68	21.00	1894.4	25.94	19.00	1794.7	24.59	18.01
	45°	1996.5	32.02	19.84	2096.1	33.63	20.83	1896.5	30.41	18.84	1796.6	28.83	17.86
	60°	1998.4	44.00	19.95	2098.5	46.20	20.95	1898.5	41.81	18.95	1798.7	39.59	17.95

（续）

工况	β	DLJ-2			DLJ-3			SLJ-2			SLJ-3		
		$E/kN \cdot m$	P/kN	Δ/mm	$E/kN \cdot m$	P/kN	Δ/mm	$E/kN \cdot m$	P/kN	Δ/mm	$E/kN \cdot m$	P/kN	Δ/mm
8	90°	2326.6	26.57	20.30	2442.9	27.90	21.30	2210.2	25.24	19.28	2094.0	23.91	18.26
	45°	2329.1	34.68	21.48	2445.5	36.42	22.57	2212.7	32.96	20.42	2096.1	31.22	19.34
	60°	2331.6	47.66	21.61	2448.2	50.06	22.70	2215.0	45.27	20.54	2098.5	42.90	19.45
9	90°	2658.8	28.79	21.99	2791.8	30.22	23.07	2525.9	27.35	20.88	2392.9	25.91	19.77
	45°	2661.8	37.35	23.14	2794.9	39.42	24.29	2528.8	35.50	21.99	2395.5	33.63	20.83
	60°	2664.6	42.80	23.28	2798.1	44.92	24.43	2531.5	40.64	22.11	2398.1	38.50	20.95
10	90°	2925.0	36.13	26.45	3071.1	37.93	27.78	2778.6	34.31	25.13	2632.4	32.51	23.81
	45°	2927.9	39.11	26.60	3074.4	41.06	27.93	2781.6	37.16	25.26	2635.2	35.21	23.94
	60°	2931.3	45.38	26.82	3077.7	47.65	28.15	2784.7	43.12	25.49	2638.1	40.85	24.15
11	90°	3257.2	45.26	34.70	3420.0	47.52	36.45	3094.3	42.98	32.98	2931.4	40.73	31.25
	45°	3260.7	49.20	34.91	3423.9	51.65	36.66	3097.7	46.74	33.16	2934.6	44.27	31.42
	60°	3264.2	53.18	35.21	3427.4	55.86	36.97	3101.0	50.52	33.44	2937.8	47.87	31.68
12	90°	3456.5	49.37	37.88	3629.3	51.83	39.77	3283.7	46.90	35.98	3110.9	44.44	34.09
	45°	3460.3	53.66	38.08	3633.4	56.36	39.98	3287.4	50.98	36.18	3114.2	48.31	34.27
	60°	3464.1	58.02	38.42	3637.3	60.92	40.34	3290.9	55.12	36.49	3117.8	52.21	34.57

从表 7-17 可知，改变黏滞阻尼器与柱之间的夹角，对其最大阻尼力及其对应位移、耗能能力均具有较大的影响，其中以黏滞阻尼器与柱大致呈 60°放置时，试件及黏滞阻尼器的耗能能力最佳，45°放置时次之，90°放置时最低。总体来讲，黏滞阻尼器与柱约呈 60°放置时耗能能力为最佳。

■ 7.5 设计建议

附设黏滞阻尼器的传统风格建筑混凝土新型梁柱组合件，是将黏滞阻尼器与传统风格建筑相结合的一种新型结构形式，将黏滞阻尼器与传统风格建筑混凝土新型梁柱组合件相结合，从而提高了传统风格建筑混凝土新型梁柱组合件的耗能能力。其设计方法既需要参考现行的黏滞阻尼器减震设计方法又要兼顾传统风格建筑的形制要求。

黏滞阻尼器减震设计主要包括黏滞阻尼器关键参数和布置数量、黏滞阻尼器的放置位置及放置形式等内容，我国现行的《建筑抗震设计规范》新增了消能减震设计的内容，但是并未给出具体的附设黏滞阻尼器的建筑结构设计方法。国内外很多学者也提出了消能减震建筑结构的相关设计方法，因此传统风格建筑混凝土新型梁柱组合件的设计可以参考这些已有的较为成熟的设计方法。

在附设黏滞阻尼器的传统风格建筑混凝土新型梁柱组合件的初步设计阶段，依据传统风格建筑的形制要求，从而对黏滞阻尼器的放置位置有一个大体的范围。除了阻尼系数、阻尼指数等阻尼参数外，黏滞阻尼器尺寸、放置角度、最大行程、最大阻尼力等相关参数也是需要考虑的。根据前文的试验结果及数值模拟分析结果，并结合传统风格建筑形制要求，可对相关参数的取值给出相应的设计建议。

图 7-34 所示为附设黏滞阻尼器的传统风格建筑混凝土新型梁柱组合件的部分尺寸参数，其中：a、b 分别为黏滞阻尼器的水平投影长度、垂直高度，h 为梁截面高度、β 为黏滞阻尼器与柱之间的夹角，L 为黏滞阻尼器的长度，L_b 为黏滞阻尼器的支座高度。

1）黏滞阻尼器位置确定：增设耗能部件主要是用来消耗地震能量、控制结构的变形，附设到结构中的耗能元件应遵循一定的原则，并非是耗能部件增设的越多越好。对于传统风格建筑，由于其具有形制的特殊要求，耗能部件既可以沿着面阔方向（纵向）及进深方向（横向）分别布置，也可以仅沿着面阔方向（纵向）或进深方向（横向）布置。由图 7-34 可知，本章设计的附设黏滞阻尼器的传统风格建筑混凝土新型梁柱组合件是将黏滞阻尼器布置在雀替位置，从而可对称布置黏滞阻尼器，符合黏滞阻尼器平面布置均匀、不产生扭转效应的原则。

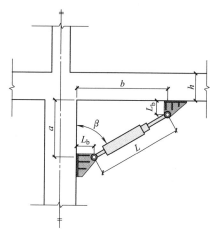

图 7-34　黏滞阻尼器尺寸参数图

2）黏滞阻尼器尺寸设计：黏滞阻尼器尺寸设计应遵循一定的原则，黏滞阻尼器不能占用太多的建筑使用空间、不能造成建筑空间的不和谐感和影响传统风格建筑的古典美，因此附设在雀替位置的黏滞阻尼器应充分利用雀替的尺寸，并留有一定的装饰空间；黏滞阻尼器的尺寸不能过小，黏滞阻尼器的尺寸是影响其阻尼力及其行程的主要因素。现有研究理论认为黏滞阻尼器阻尼力及行程随着其长度的增大而增大，此外，黏滞阻尼器尺寸过小，容易造成黏滞阻尼器的支座位置和梁端塑性铰区域重叠，从而影响梁端的塑性变形。《清式营造则例》对雀替的演变历史做了详细的概况，雀替水平长度约占开间净面宽的 1/4～1/3，高度取其长折半，其厚按柱径的 1/3。同时，考虑梁端塑性铰区域的范围，并根据试验结果和数值模拟分析结果，建议黏滞阻尼器的水平投影长度 a 取（2.5～4.5）h。

3）黏滞阻尼器的宽度：当前常见的传统风格建筑多为二等材殿堂式建筑，按宋《营造法式》"材份等级"制要求，其檐柱柱径约为 700mm，雀替厚按柱径的 1/3 计算，则雀替厚度最大可为 230mm，基本可以满足传统风格建筑中所用的黏滞阻尼器的宽度所需空间。

4）黏滞阻尼器放置角度：根据附设黏滞阻尼器的传统风格建筑混凝土新型梁柱组合件的试验和数值模拟分析结果，结合传统风格建筑雀替的布置形式，建议黏滞阻尼器与柱可大致呈 60°放置。

7.6　本章小结

本章运用有限元分析软件 ABAQUS 建立了附设黏滞阻尼器的传统风格建筑混凝土新型梁柱组合件，并进行了参数分析，考虑了试件轴压比、黏滞阻尼器的阻尼系数、阻尼指数、混凝土强度及阻尼器放置角度等参数对试件受力性能的影响，得到了以下结论：

1）使用有限元软件 ABAQUS 建立了附设黏滞阻尼器的传统风格建筑混凝土新型梁柱组

合件三维有限元模型，将模型结构的变形云图以及屈服、极限时的应力云图与试验结果进行对比分析，两者吻合较好，并通过一系列数值模拟分析与试验结果对比验证了模型结构的有效性。

2）轴压比改变对试件的承载能力有较大影响，增大轴压比会显著降低试件的承载能力，但其对试件的耗能能力影响不大；提高阻尼器的阻尼系数、阻尼指数及混凝土强度，试件的峰值荷载和滞回耗能均有显著提升；改变黏滞阻尼器的放置角度，对其最大阻尼力及耗能能力有较大影响，其中以黏滞阻尼器与柱约呈 60°放置时耗能能力最佳。

3）结合试验及数值模拟分析结果，并根据传统风格建筑形制要求，给出了黏滞阻尼器在传统风格建筑中应用的相关设计建议。

第8章

传统风格建筑RC-CFST平面组合框架低周反复加载试验研究及有限元分析

8.1 引言

由于传统风格建筑结构构件尺寸和构造方法与现代结构有很大的区别，导致其力学性能与现代钢筋混凝土结构或钢结构有较大差异，设计方法也不相同，而目前国内外对现代传统风格建筑结构的研究处于初始阶段，现有结构设计规范中也没有相关规定。因此，对传统风格建筑结构抗震性能进行研究，具有重要的理论意义和工程应用价值。

传统风格建筑 RC-CFST 组合柱主要应用于有变截面需求的传统风格建筑柱构件。由于柱构件需要放置斗栱等传统风格构件以作装饰，因此上部柱截面需进行缩小，为弥补截面不同导致的刚度变化，上部采用 CFST 方柱。目前关于传统风格建筑 RC-CFST 平面组合框架的抗震性能研究甚少。因此，本章以已竣工的结构形式为 RC-CFST 平面组合框架的传统风格建筑大殿中的一榀横向框架为研究对象，对其进行低周反复加载试验。分析其受力过程、破坏特征、滞回曲线、刚度退化、承载力退化、应变等力学性能。基于试验研究结果，采用 ABAQUS 软件对模型进行了有限元分析，将计算结果与试验实测结果进行对比。在此基础上对模型进行参数分析，获得了不同组合柱轴压比、RC 柱纵筋配筋率以及 CFST 柱与 RC 柱线刚度比对模型抗震性能的影响规律，以期为传统风格建筑 RC-CFST 平面组合框架的抗震设计提供参考。

8.2 试验概况

8.2.1 模型设计与制作

1. 试件设计

原型结构根据《建筑抗震设计规范（2016 年版）》（GB 50011—2010）、《组合结构设计规范》（JGJ 138—2016）及工程实际经验，按抗震设防烈度为 7 度，场地类别为 Ⅱ 类的某三开间带檐柱歇山式传统风格建筑进行设计，原型结构建筑立面图如图 8-1 所示。本章的试验模型取其中一榀横向框架，模型缩尺比为 1∶2，由柱架及屋盖层构成，结构形式为 RC-CFST 平面组合框架。其中，柱架由金柱、檐柱、坐斗及乳栿组成，屋盖层由三架梁、瓜柱、屋面梁及屋面板组成。檐柱和金柱为下部采用 RC 圆柱、上部采用 CFST 方柱的组合柱，模型框架的其他构件均为钢筋混凝土构件。其中柱架层与屋盖层通过屋面梁内预留钢板与CFST柱通过焊接方式连接。

为达到与中国古建筑相似的艺术效果，且便于放置坐斗，组合柱上部结构采用缩柱。为保证结构的刚度、竖向荷载传递的连续性及模型框架的整体抗震性能，上部缩柱采用CFST方柱。由于组合柱不等高不满足千斤顶竖向荷载加载条件，同时为更真实地反映框架受力情况，将原型结构屋面板设计为悬挑板，采用悬挑板上施加配重的方式模拟竖向荷载。模型框架总跨度为4m，边跨为0.75m，中跨为2.5m。模型框架尺寸及构件详图如图8-2所示，RC-CFST组合柱尺寸及配筋如图8-3所示。

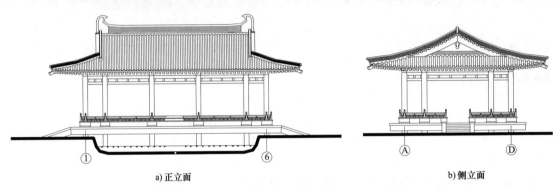

a) 正立面　　　　　　　　　　b) 侧立面

图 8-1　原型结构建筑立面图

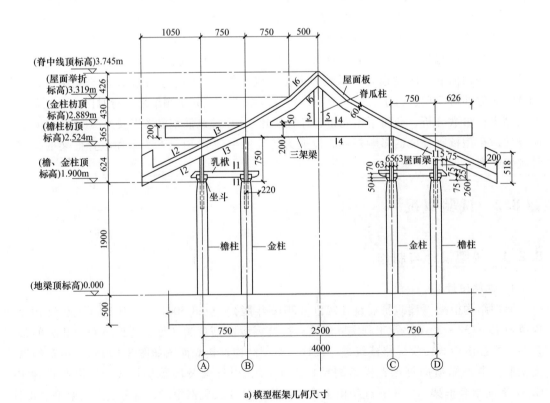

a) 模型框架几何尺寸

图 8-2　模型框架尺寸及构件详图

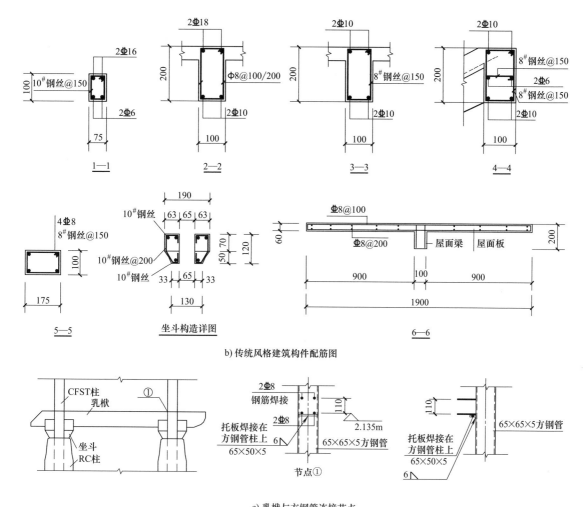

图 8-2 模型框架尺寸及构件详图（续）

模型框架下部 RC 圆柱高 1.90m，CFST 方柱伸入 RC 圆柱 450mm，檐柱 CFST 方柱高 265mm，金柱 CFST 方柱高 750mm。伸入 RC 圆柱 4 个方钢管表面焊接栓钉，以加强 CFST 方柱与 RC 圆柱的黏结力。模型框架钢筋采用 HPB300 和 HRB400，其中 RC 圆柱纵筋为 8 Φ 10，纵筋配筋率为 2.21%，悬挑梁上部纵筋为 2 Φ 18，配筋率为 2.54%，三架梁纵筋为 4 Φ 10，纵筋配筋率为 1.56%。RC 柱中箍筋采用 8# 镀锌钢丝，RC 柱上、下 600mm 范围内为箍筋加密区，非加密区箍筋间距为 200mm，加密区箍筋间距为 100mm。三架梁箍筋间距为 100mm，均匀分布。悬挑梁箍筋采用 Φ8 钢筋，箍筋间距为 100mm。悬挑板板厚为 60mm，受力筋为 Φ8 钢筋，间距为 100mm。模型框架所有构件混凝土强度等级均为 C30。

2. 试件制作

整个模型大致制作流程：基础梁钢筋绑扎→基础梁模板制作→RC 柱钢筋骨架、方钢管吊装及固定→RC 柱模板制作→基础梁、柱架混凝土浇筑→三架梁、屋盖模板制作→三架梁、屋盖钢筋绑扎→主体混凝土浇筑→养护 28d 拆除模板。模型框架制作和整体效果如图 8-4 所示。

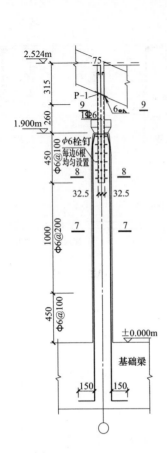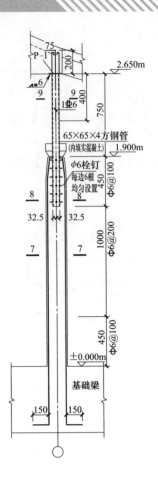

a) 组合柱几何尺寸

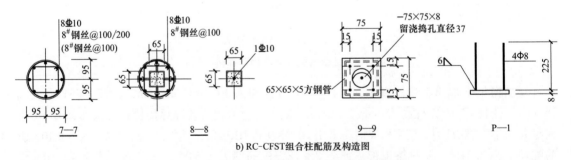

b) RC-CFST组合柱配筋及构造图

图 8-3 RC-CFST 组合柱几何尺寸及配筋详图

混凝土强度等级为 C30，由于采用缩尺模型，传统风格建筑构件截面尺寸较小且钢筋较为密集，为了保证浇筑质量，采用商品混凝土且用豆石作为粗骨料，模型框架混凝土分两次浇筑，第一次浇筑柱架部分，第二次浇筑屋盖部分。每次浇筑混凝土时，均依照《混凝土结构试验方法标准》(GB/T 50152—2012) 预留三组 150mm×150mm×150mm 的立方体试块，与试件在相同的环境内养护。在试件加载前，按照《混凝土物理力学性能试验方法标准》(GB/T 50081—2019) 对所预留试块进行混凝土立方体抗压试验，其测得试验结果见表 8-1。表中混凝土的轴心抗压强度 f_c、轴心抗拉强度 f_t、弹性模量 E_c 均由立方体轴心抗压强度 f_{cu} 换算而来。其换算公式分别为：$f_c = 0.76f_{cu}$、$f_t = 0.395f_{cu}^{0.55}$、$E_c = 10^5 / (2.2 + 34.7/f_{cu})$。

a) RC-CFST组合柱制作　　　　　　b) 梁架支模　　　　　　c) 屋盖支模

d) 屋盖钢筋绑扎　　　　　　e) 试件整体效果

图 8-4　模型制作及整体效果

表 8-1　混凝土的材料性能

批次	混凝土强度等级	立方体抗压强度 f_{cu}/MPa	轴心抗压强度 f_c/MPa	轴心抗拉强度 f_t/MPa	弹性模量 E_c/MPa
第一批	C30	41.35	31.43	3.06	$3.29×10^4$
第二批	C30	35.04	26.63	2.79	$3.13×10^4$

距 RC 柱底 1450mm 的柱钢筋骨架焊接 1 根钢筋，以确保方钢管插入混凝土柱中 450mm，并利用经纬仪进行垂直定位。方钢管插入钢筋混凝土柱中的 4 个表面等间距焊接栓钉，以加强方钢管与混凝土的黏结力。试验中使用的方钢管和钢筋同样留有样品，并依据《金属材料　拉伸试验　第 1 部分：室温试验方法》（GB/T 228.1—2021）对其进行力学性能试验，如图 8-5 所示，钢材力学性能指标结果见表 8-2。

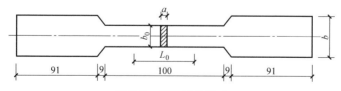

图 8-5　材性试件尺寸

表 8-2　钢材力学性能指标

钢材种类	直径（板厚）/mm	屈服强度 f_y/MPa	屈服应变 ε_y/10^{-6}	极限强度 f_u/MPa	弹性模量 E_s/MPa	伸长率 A(%)
钢筋	6	361	1844	544	$1.94×10^5$	35.6
	8	372	1923	496	$1.92×10^5$	32.9
	8	423	2114	513	$2.02×10^5$	33.1

（续）

钢材种类	直径(板厚)/mm	屈服强度 f_y/MPa	屈服应变 $\varepsilon_y/10^{-6}$	极限强度 f_u/MPa	弹性模量 E_s/MPa	伸长率 A(%)
钢筋	10	432	2225	541	1.96×10^5	30.8
	12	437	2323	544	1.97×10^5	33.4
	18	422	2188	583	1.96×10^5	32.6
方钢管	5	274	1320	413	2.06×10^5	38.4

8.2.2 试验测试内容与测点布置

1. 测试内容

1）荷载值：通过 MTS 位移计记录不同加载工况中试件的恢复力值。

2）位移值：通过 MTS 位移计和电子位移计记录不同加载工况中模型框架整体水平位移值和柱顶、柱中水平位移值。

3）应变值：记录不同加载工况下屋面梁、RC 柱纵向钢筋和箍筋的应变值以及方钢管应变值。

4）破坏过程：记录不同加载工况中，当加载至正负加速度峰值时，模型框架裂缝出现的位置和发展趋势以及裂缝宽度。

2. 测点布置

试件测点布置包括外部测点布置和内部测点布置两个部分。根据试验研究内容，内部测点主要用来测量方钢管和屋面梁、三架梁、RC 柱纵向钢筋和箍筋的应变变化规律，主要采用应变片等。外部测点主要用来测量试件的水平侧移值、竖向侧移值，沿高度方向布置 MTS 位移传感器和电子位移计。

（1）外部测点布置　外部测点布置如图 8-6 所示，外部测点一共布置了 3 个位移计和 2 个百分表。其中 MTS 位移计用以检测模型框架最高点处的水平位移及测量反复水平荷载的大小。位移计 1 和位移计 2 为量程±150mm 的电子位移计，分别放置在 1.950m 高度混凝土柱柱顶、0.950m 高度混凝土柱柱中，以了解其水平侧移规律。在基础梁右端设置百分表 1 和百分表 2 用以测量试件基座水平滑移和柱底转动。整个试验过程由 MTS 电液伺服加载系统控制。

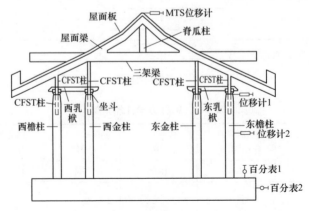

图 8-6　试件外部测点布置

（2）内部测点布置　根据试验研究内容，在 RC 柱纵筋、箍筋以及方钢管表面的不同部位分别粘贴应变片，用以检测在不同地震波作用下纵筋、箍筋和方钢管的应变变化规律。整个模型一共设置了 140 个应变片，其应变片具体位置如图 8-7 所示。所有应变片均与 TDS-602 数据采集仪相连，用来记录监测点处应变在加载过程中的变化。

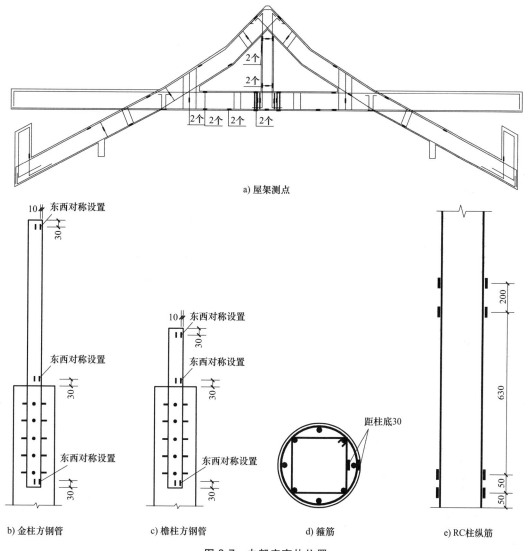

图 8-7　内部应变片位置

8.2.3　试验加载装置和加载制度

1. 加载装置

试验加载装置示意图如图 8-8 所示，现场加载装置如图 8-9 所示。采用顶部布置配重块的形式来施加竖向荷载，水平荷载由支撑在反力墙上的 500kN 电液伺服作动器施加，作动器最大行程为±250mm。整个试验加载过程由 MTS 电液伺服程控结构试验系统全程控制，试验中的各项数据由 TDS-602 数据采集仪进行采集。

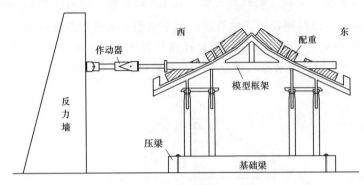

图 8-8　试验加载装置示意图

2. 加载制度

　　拟静力试验方法、拟动力试验方法和地震模拟振动台试验方法是最常采用的三种结构抗震试验方法。该试验采用拟静力试验方法，该方法可以采用荷载或位移控制通过电液伺服加载装置对构件施加水平往复荷载，使试件从最初的弹性阶段加载进入弹塑性阶段直至构件破坏失效，并且能够最大限度地获得试件承载力、变形、刚度和滞回耗能等信息。荷载分级加载制度、位移分级加载制度和荷载-位移混合加载制度是国内外最普遍采用的三种拟静力试验加载制度。加载按照《建筑抗震试验规程》(JGJ/T 101—2015) 的规定，采用力和位移联合控制加载。采用屋盖上施加配重的方式模拟竖向荷载，配重质量为 7900kg。加载时，先把配重块吊装至模型框架屋面板上，然后在三架梁西侧施加低周反复荷载。框架屈服前，采用力控制，每级荷载增量为 5kN，每级循环一次，当模型框架力-位移曲线开始出现明显拐点且柱底纵筋屈服时，认为框架屈服。屈服后采用位移控制，以 10mm 的倍数逐级递增，每级循环 3 次，直至荷载下降至峰值荷载的 85% 左右，加载结束。加载制度如图 8-10 所示。

图 8-9　现场加载装置

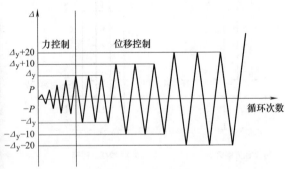

图 8-10　试验加载制度

■ 8.3　试验现象与破坏特征

8.3.1　试验过程及现象描述

　　为便于对试验现象进行描述，分别对模型框架各构件进行命名，如图 8-11 所示，并规定作用力以由西向东推为正，由东向西拉为负。

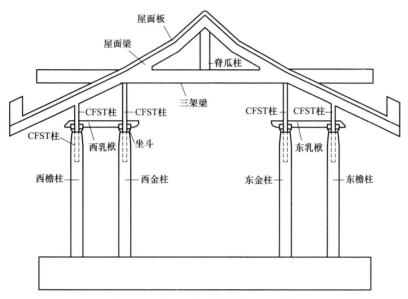

图 8-11　模型框架各构件命名示意图

当水平荷载达到15kN时，试件在弹性范围内工作，模型框架基本完好无损，无损伤和裂缝出现，水平荷载-位移关系基本呈线性变化，表明整体框架处于弹性工作阶段。当水平荷载达到负向20kN时，东金柱距柱底33cm处出现长约15cm的水平环形裂缝。当水平荷载达到正向25kN时，西金柱距柱底30cm处产生长约10cm的裂缝。西檐柱距柱底12cm以及42cm处分别产生长约12cm和5cm的水平裂缝。西檐柱坐斗顶面出现水平裂缝。当水平荷载达到负向25kN时，东檐柱距柱底42cm和60cm以及61cm处出现长约21cm、18cm和14cm的水平环形裂缝。东金柱西侧距柱底32cm和42cm处产生长约7cm和11cm的水平裂缝。东金柱、檐柱坐斗出现水平裂缝。

模型框架屈服后，改用位移控制加载。当加载至负向68mm时，原有裂缝继续发展，沿柱高向上有新裂缝产生。东檐柱距柱底35cm、43cm和61cm处产生长约7cm的环形裂缝；东金柱距柱底18cm、77cm和93cm处分别出现长约11cm、22cm和12cm环形裂缝；东、西金柱方钢管与乳栿交界处出现延伸至坐斗顶的贯穿裂缝。当加载至正向78mm时，金柱顶出现环向裂缝。东、西金柱方钢管与乳栿交界处延伸至坐斗顶的贯穿裂缝加深加宽，坐斗与乳栿连接处的混凝土开始剥落；乳栿纵筋与方钢管焊接的焊缝开裂；三架梁与金柱柱CFST柱柱顶连接区域混凝土出现裂缝；金柱CFST柱与屋面梁交接处出现裂缝。当水平位移达到负向88mm时，檐柱柱顶产生横向裂缝，原有裂缝持续发展，三架梁与金柱CFST柱柱顶连接区域混凝土裂缝增多；金柱CFST柱与屋面梁交接处出现裂缝继续发展。当水平位移达到负向98mm时，三架梁与金柱CFST柱柱顶连接区域混凝土开始脱落；东金柱坐斗压溃破坏；西乳栿与CFST柱完全脱离退出工作。当水平位移达到正向108mm时，西坐斗压溃破坏，东乳栿与CFST柱完全脱离退出工作。当水平位移达到正向118mm时，东金柱柱脚混凝土出现脱落现象。当加载加至128mm时，三架梁与金柱CFST柱柱顶连接区域混凝土脱落现象更加严重；东金柱柱脚被压碎。此时，模型框架已出现较大位移，荷载已经下降至峰值荷载的85%，试验结束，终止加载。加载结束后，试件的主要破坏形态如图8-12所示。

a) 20 kN-西檐柱柱底裂缝

b) 25kN-西坐斗裂缝

c) 25kN-东金柱柱底裂缝

d) 68mm-乳栿与坐斗贯通裂缝

e) 78mm-东金柱柱底裂缝

f) 88mm-东金坐斗压溃破坏

g) 88mm-CFST柱柱顶混凝土裂缝

h) 118mm-乳栿破坏

i) 128mm-CFST柱柱顶混凝土大量脱落

j) 128mm-东金柱柱底压溃

图 8-12　试件破坏形态

8.3.2 结构破坏模式分析

通过对传统风格建筑 RC-CFST 平面组合框架拟静力试验加载过程的破坏现象的观察，可将模型框架从加载开始至加载结束分为下述 3 个阶段：

1）模型框架屈服前阶段。框架屋顶配置足额配重块后，通过液压伺服作动器在三架梁西侧施加水平荷载。在此阶段采用荷载控制加载，模型框架各构件基本不出现裂缝，滞回环包围的面积较小，整体呈狭长状，卸载后整体刚度变化不大，框架几乎无残余变形，整个框架处于弹性阶段。

2）模型框架屈服荷载至极限荷载阶段。随着荷载的逐渐增大，框架整体开始屈服，加载制度变为位移控制，金柱、檐柱混凝土柱柱底中开始出现了较多的环向细微裂缝，坐斗四周产生竖向裂缝，乳栿与方钢管连接处出现竖向裂缝，模型框架各构件裂缝随着加载不断延伸，乳栿与方钢管连接处出现断裂面，金柱 CFST 柱与屋面梁交接处出现裂缝。在该阶段，模型框架滞回环形状基本呈反 S 形，且逐渐向位移轴倾斜，滞回环包络面积逐渐增大，这表明模型框架的刚度随着加载的进行而逐渐退化。同时，水平荷载卸载至零时，试件产生残余变形。

3）模型框架极限荷载至试件破坏阶段。模型在达到极限荷载之后，随着加载水平位移不断增大，东、西乳栿与方钢管连接处完全断裂，东金柱坐斗压溃破坏，三架梁与金柱 CFST 柱柱顶连接区域混凝土脱落，此时模型框架整体位移角达到 1/27，荷载已经下降至峰值荷载的 85%，试验结束，终止加载。

总体来看，模型构件出现裂缝的顺序为①混凝土柱底；②坐斗；③乳栿；④三架梁与金柱 CFST 柱柱顶连接区域。模型各构件破坏顺序为①坐斗；②乳栿；③三架梁与金柱 CFST 柱柱顶连接区域；④混凝土柱底。分析其原因，乳栿作为柱架的水平联系构件，其刚度相对较小，在地震作用下易先形成梁铰机制；由于乳栿浇筑于坐斗之上，坐斗在乳栿的拉压作用下先发生破坏；加载后期，柱架联系构件乳栿退出工作。与檐柱相比，较高的东、西金柱承担了更大的水平地震作用，导致三架梁与金柱 CFST 柱柱顶连接区域混凝土脱落。与常规现代建筑结构相比，由瓜柱、三架梁、屋面梁及屋面板组成的屋盖体系质量和刚度均较大，具有"大屋顶"特色，而由金柱、檐柱及乳栿组成的柱架水平抗侧刚度相对较低，导致模型结构在水平往复荷载作用下柱架破坏严重。

8.4 试验结果与分析

8.4.1 滞回曲线

结构在地震作用下内力随地震荷载的往复而正负交替，在不同地震作用下模型恢复力与位移之间的关系用恢复力特征曲线来表示，它的关系依赖于模型的受力状态和材料性能等因素，恢复力特征曲线通常具有滞回性质并呈环状，因此又称为滞回曲线，依据滞回曲线的数据分析，可计算得出试件的能量耗散情况，能直接反映试件抗震性能的好坏。模型框架在低周反复加载作用下的滞回曲线如图 8-13 所示。

图 8-13 中 P、Δ 分别为模型框架的总水平荷载及屋脊处的位移。由图 8-13 可知，加载

初期模型结构位移较小，滞回曲线所包含的面积很小，滞回环细长狭窄，恢复力和位移大体呈线性分布，说明模型框架发生的变形可以得到完全恢复，整体刚度基本没有改变。正、负两个方向滞回曲线基本对称，受到相反方向作用力时，前期出现的裂缝基本能够闭合。此时模型结构基本处于弹性工作阶段。

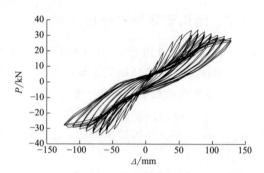

图 8-13　水平恢复力-屋脊位移滞回曲线

随荷载的增加，混凝土柱底、乳栿及坐斗出现裂缝并迅速开展延伸，滞回曲线略有弯曲，开始呈现出非线性特征，并出现了一定的"捏缩"效应，大体呈"弓"形。此时滞回环包络面积略有增大，耗能有所增加，表明模型结构已处于弹塑性阶段。随着加载位移及循环次数不断增加，模型框架塑性变形增大，受累积损伤的影响，模型框架的承载力和刚度不断退化，卸载至零再反向加载时，加载曲线指向前一次循环的最大变形点，滞回曲线呈反 S 形，随加载位移继续增大，荷载增加并不显著，"捏缩"现象加剧。这是由于乳栿纵筋与方钢管的焊缝逐渐开裂，以及金柱 CFST 柱柱顶与三架梁相连区域混凝土脱落导致 CFST 柱柱顶出现松动，使得模型结构产生了一定的滑移效应。

传统风格建筑 RC-CFST 平面组合框架滞回特性既不同于古建筑木柱架，又与常规现代框架结构有所差异。古建筑木柱架由于斗栱及榫卯各构件间受力时产生相对滑动，榫卯及斗栱结合处在荷载作用下挤紧与张开，滞回曲线呈 Z 形，剪切变形和滑移效应较传统风格建筑 RC-CFST 平面组合框架更加明显。而传统风格建筑 RC-CFST 平面组合框架由于金柱 CFST 柱柱顶出现松动以及乳栿纵筋与方钢管的焊缝开裂，剪切滑移效应较常规现代框架结构显著，滞回曲线"捏缩"现象明显。

8.4.2　骨架曲线

模型框架的骨架曲线为荷载-位移曲线上各级加载中第一循环的峰值点所连接而成的曲线。骨架曲线综合反映加载过程的各个阶段模型荷载与位移的关系，是结构进行抗震分析的重要依据。根据骨架曲线可以计算试件的延性系数，从而得到试件的抗震性能指标。将荷载-位移曲线峰值点连接而成的试件的骨架曲线如图 8-14 所示。

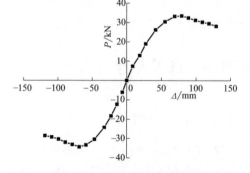

图 8-14　试件 P-Δ 骨架曲线

由图 8-14 可知，传统风格建筑 RC-CFST 平面组合框架模型基本经历了弹性阶段、弹塑性阶段和破坏阶段。在弹性阶段，结构刚度基本保持不变。加载至屈服荷载后，原有裂缝不断加深加宽，方钢管与乳栿交界处出现延伸至坐斗顶的贯穿裂缝，乳栿纵筋与方钢管焊缝逐渐开裂，模型框架整体刚度逐渐降低。达到峰值荷载后，坐斗与乳栿连接处的混凝土开始剥落，金柱 CFST 柱柱顶与三架梁相连区域混凝土出现裂缝，乳栿与 CFST 柱完全脱离退出工作，导致模型框架的荷载逐渐降低，但骨架曲线下降相对平缓，表现出较好的延性。这表明加载后期随坐斗、乳栿逐渐退出工作，RC-CFST 组合柱使得模型框架仍具有一定的水平承载力。总体来看，由乳栿和 RC-CFST 组合柱等传统风格建筑构件组成的柱架使得模型框架具有较好的变形能力和较高的水平承载力。

　　模型框架的特征荷载与特征位移见表 8-3。其中 P_{cr} 为开裂荷载，P_y 为屈服荷载，P_m 为峰值荷载，P_u 为破坏荷载，Δ_{cr}、Δ_y、Δ_m、Δ_u 分别为对应 P_{cr}、P_y、P_m、P_u 的位移值。P_y 通过通用屈服弯矩法（图 8-15）：过骨架曲线的峰值荷载点作 P 轴的垂直线，再过原点 O 作骨架曲线的切线，两直线相交于点 A，再过点 A 作 Δ 轴的垂线与骨架曲线相交于点 B，连接点 O 与点 B，并延长直线 OB 与过峰值荷载点的 P 轴垂线相交于点 C，过点 C 作 Δ 轴的垂直线和骨架曲线

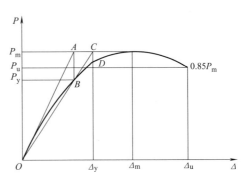

图 8-15　通用屈服弯矩法确定屈服点

相交于点 D，点 D 即为试验的屈服点，屈服点所对应的位移和荷载为试件的屈服荷载和屈服位移。试件的破坏荷载和极限位移则取峰值荷载下降 85% 时对应点的荷载值和位移值。

表 8-3　模型框架的特征荷载与特征位移

加载方向	P_{cr}/kN	Δ_{cr}/mm	P_y/kN	Δ_y/mm	P_m/kN	Δ_m/mm	P_u/kN	Δ_u/mm
正向	15.04	23.46	26.10	41.66	33.76	77.98	28.36	128.47
负向	−15.93	−20.14	−27.32	−34.84	−34.27	−70.04	−28.83	−119.94

8.4.3　层间位移角与延性

　　层间位移角和延性是衡量结构抗震性能的一个重要指标，本书层间位移角为模型柱架侧移 Δ_i 与柱架高度（层高）H 的比值，其中，柱架高度是指基础顶面到混凝土柱柱顶的距离，$H=1.90\mathrm{m}$。延性是指结构在反复荷载作用下，且极限承载能力没有出现显著降低的情况下发生非弹性变形的能力，它是衡量结构抗震性能好坏的重要指标。在地震作用下结构变形能力越好，结构延性和抗震性能越好。在现实应用中，结构的延性越好，地震中结构的破坏现象越明显，结构安全性能越高。模型柱架层间位移角及位移延性系数见表 8-4，其中 θ_y、θ_m、θ_u 分别为 P_y、P_m、P_u 对应的层间位移角；μ 为位移延性系数，按 $\mu=\Delta_u/\Delta_y$ 计算。根据《建筑抗震设计规范（2016 年版）》（GB 50011—2010）规定，结构弹塑性层间位移角在罕遇地震作用下不得超过某一限值，以防止结构发生倒塌。由表 8-4 可知，模型结构破坏时，其正向、负向极限位移角分别为 1/27、1/29，远超过《建筑抗震设计规范（2016 年版）》中弹塑性位移角规定的限值 1/50，这说明传统风格建筑 RC-CFST 平面组合框架的抗倒塌能力较强。模型框架的正向、负向位移延性系数分别为 3.08、3.44，满足常规延性框架大于 3.0 的要求，这表明模型框架具有良好的塑性变形能力。

表 8-4　柱架层间位移角及位移延性系数

加载方向	θ_y	θ_m	θ_u	μ
正向	1/83	1/44	1/27	3.08
负向	1/99	1/48	1/29	3.44

8.4.4　耗能能力

结构在反复水平荷载作用下，会吸收相应的能量并通过自身部件的损伤来耗散能量。耗能能力反映了一个构件在反复荷载作用下吸收和耗散能量的能力，通常用滞回环包围的饱满程度和面积大小来表示，滞回环包围的面积越大，越饱满，结构的耗能能力越优越。等效黏滞阻尼系数 h_e 经常作为判别结构在抗震中的耗能能力的指标，被应用于现代工程抗震中，其计算公式为

$$h_e = \frac{S_{(ABC+CDA)}}{2\pi S_{(\triangle BOE+\triangle DOF)}} \tag{8-1}$$

式中，$S_{(ABC+CDA)}$ 为滞回环 $ABCD$ 所围的面积；$S_{(\triangle BOE+\triangle DOF)}$ 为滞回环正负向顶点与横坐标所围三角形面积，具体如图 8-16 所示。

模型框架的等效黏滞阻尼系数见表 8-5，其中 h_{ey}、h_{em}、h_{eu} 分别表示屈服荷载、峰值荷载和破坏荷载对应的等效黏滞阻尼系数。由表 8-5 可知，随着加载进行，模型框架的荷载与位移均逐渐增大，滞回环包络面积随之增大，说明试件的耗能不断增大，模型框架破坏时，其等效黏滞阻尼系数为 0.146，略小于常规现代混凝土框架的等效黏滞阻尼系数。这是因为作为水平

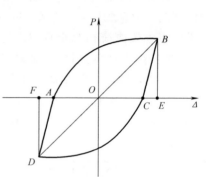

图 8-16　荷载-位移滞回环示意图

联系构件的乳栿与常规现代建筑框架梁相比刚度较低，乳栿纵筋与 CFST 柱采用焊接方式连接，在水平地震作用下耗能能力较差；加载后期金柱 CFST 柱柱顶与三架梁相连区域混凝土脱落，也导致了具有"大屋顶"特色的传统风格建筑 RC-CFST 平面组合框架的耗能性能低于常规现代框架结构。

表 8-5　等效黏滞阻尼系数

试　件	h_{ey}	h_{em}	h_{eu}
传统风格建筑 RC-CFST 平面组合框架	0.047	0.107	0.146
普通混凝土框架	0.064	0.131	0.180

8.4.5　刚度退化

刚度退化是指在低周反复荷载作用下试件刚度随着变形增加和损伤累加而不断减小。采用结构总体等效刚度 $K = P/\Delta$ 来衡量模型框架的刚度退化程度，其中 P、Δ 分别为框架的水平荷载和屋脊处的水平位移。模型框架的刚度退化曲线如图 8-17 所示。由图 8-17 可知，随模型框架位移的增大，其刚度逐渐减小，这是因为模型框架屈服后，进入弹塑性阶段，累积损伤不断加剧。加载初期，混凝土柱底、坐斗

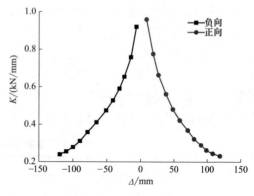

图 8-17　刚度退化曲线

及乳栿开始出现裂缝,随荷载的增大,柱底裂缝不断发展,坐斗和乳栿逐渐退出工作,刚度退化显著。加载后期,金柱CFST柱柱顶与三架梁相连区域混凝土出现裂缝并逐渐脱落,框架位移增速较快而荷载增速减缓,导致模型框架刚度退化速度减慢,刚度退化曲线斜率逐渐减小并趋于平稳。

8.4.6 承载力衰减

在某一级位移控制下,结构或者构件的承载力随着加载循环次数的增加而不断降低,这种现象称为承载力退化。采用同一级位移控制下第 n 次循环最大荷载与第 1 次循环的最大荷载之比 P_n/P_1 表示。图 8-18 所示为模型框架在各级加载位移下的承载力退化曲线。由图 8-18 可知,随加载位移的增大,承载力退化现象越明显,主要原因是,加载过程中模型框架的损伤不断积累,导致承载力下降速率加快。当模型框架达到峰值位移时,承载力退化至第一次循环最大荷载的 92.8%,这主要是由于柱底、坐斗及乳栿出现裂缝并不断发展引起的。当模

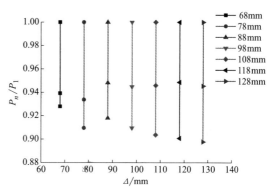

图 8-18 承载力退化曲线

型框架达到极限位移时,承载力退化至第一次循环最大荷载的 89.7%,略小于峰值位移时承载力退化程度。这说明在加载后期,由于柱架中 RC-CFST 组合柱的存在,使得模型框架仍具有一定的承载能力。

8.5 传统风格建筑 RC-CFST 平面组合框架非线性有限元分析

8.5.1 模型建立

为了进一步研究传统风格建筑 RC-CFST 平面组合框架的抗震性能及主要参数对结构受力性能的影响,按照试验模型框架的尺寸和配筋,采用有限元软件 ABAQUS 建立了三维模型,并对其进行非线性有限元分析。其中 CFST 柱中的混凝土本构关系采用刘威提出的混凝土应力-应变关系,其他构件混凝土本构关系采用《混凝土结构设计规范(2015 年版)》(GB 50010—2010)建议的应力-应变曲线。纵筋和方钢管采用双线性强化模型。混凝土与方钢管采用 C3D8R 单元,钢筋采用 T3D2 单元。由于锚固区段钢管表面的 4 排抗剪栓钉有效保证了 CFST 柱与 RC 柱混凝土共同工作,因此采用绑定(tie)约束来定义锚固区段钢管与 RC 柱混凝土的接触作用。设置两个分析步,第一步为施加竖向荷载,第二步为施加控制水平位移,采用位移控制,其大小按照试验值确定。按以上方法建立的有限元模型图如图 8-19 所示。

8.5.2 计算结果与试验结果对比

传统风格建筑 RC-CFST 平面组合框架骨架曲线的实测结果与 ABAQUS 计算结果对比如

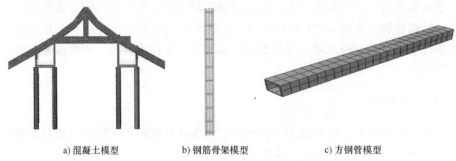

a) 混凝土模型　　　　b) 钢筋骨架模型　　　　c) 方钢管模型

图 8-19　结构有限元模型

图 8-20 所示。表 8-6 所列为框架特征荷载及特征位移试验实测结果与 ABAQUS 计算结果的对比。需要说明的是，为保证有限元计算的收敛性，有限元计算采用的是单调加载方式。由图 8-20 及表 8-6 可知，框架的计算刚度在加载初期略大于试验实测刚度，随加载的进行，由于单调加载导致计算过程中框架的累积损伤程度相对较轻，计算刚度下降缓慢，而实测刚度下降较快，使得达到峰值荷载时，框架的计算峰值

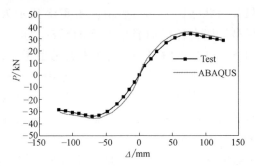

图 8-20　P-Δ 骨架曲线对比

位移略小于试验实测峰值位移。加载后期，骨架曲线下降段下降趋势与试验基本一致。说明 ABAQUS 计算结果与试验结果吻合较好，所建有限元模型是合理有效的。

表 8-6　骨架曲线的特征荷载及特征位移对比

试件	屈服点		峰值点		破坏点	
	P_y/kN	Δ_y/mm	P_m/kN	Δ_m/kN	P_u/mm	Δ_u/kN
Test	26.10	41.66	33.76	77.98	28.36	128.47
ABAQUS	27.43	37.29	35.24	68.30	29.42	125.35
差异(%)	5.10%	10.49%	4.38%	12.41%	3.74%	2.43%

8.5.3　参数分析

为深入研究传统风格建筑 RC-CFST 平面组合框架的抗震性能，了解主要参数对结构的影响，选取组合柱轴压比 n、RC 柱纵筋配筋率 ρ_s、CFST 柱与 RC 柱线刚度比 β 等 3 个参数进行分析。

1. 轴压比

传统风格建筑屋盖造型多样且多层传统风格建筑应用越来越广泛。为研究组合柱轴压比对整体结构受力性能的影响，保持其他参数不变，通过改变施加在有限元模型中组合柱柱顶的轴压力来实现组合柱轴压比的变化。选取的组合柱轴压比 n 分别为 0.1、0.2 和 0.3。有限元计算骨架曲线如图 8-21 所示。由图 8-21 可知，随轴压比的增大，组合框架的屈服荷载与峰值荷载明显增大。与组合柱轴压比为 0.1 的框架相比，轴压比为 0.2 和 0.3 的框架屈服

荷载分别增加了11.83%和18.82%；框架的峰值荷载分别增加了5.24%和9.60%。这是由于在一定轴压比限值内，轴压力的增大在一定程度上阻止了混凝土裂缝的出现和发展，增加了混凝土之间的咬合力，使得框架的水平承载力有所提高。由图8-21还可以看出，随轴压比的增大，框架骨架曲线下降段越发陡峭，位移延性逐渐降低。

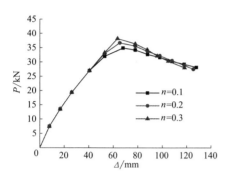

图 8-21　轴压比对 P-Δ 曲线的影响

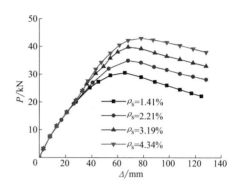

图 8-22　纵筋配筋率对 P-Δ 曲线的影响

2. RC 柱纵筋配筋率

不同 RC 柱纵筋配筋率体现了 RC 柱与 CFST 柱强度比的不同。保持其他参数不变，通过改变有限元模型中 RC 柱的纵筋直径来实现参数的变化。选取的 RC 柱纵筋配筋率 ρ_s 分别为 1.41%、2.21%、3.19% 和 4.34%。ABAQUS 计算的 RC 柱纵筋配筋率对骨架曲线的影响如图 8-22 所示。由图 8-22 可知，不同 RC 柱纵筋配筋率的框架水平承载力相差较大。随着 RC 柱纵筋配筋率的增加，组合框架的水平承载力有显著的提升。与 RC 柱纵筋配筋率为 1.41% 的框架相比，纵筋配筋率为 4.34% 的框架的屈服荷载、峰值荷载和极限荷载分别提高了 50.20%、40.67% 和 71.18%。由图 8-22 还可知，随 RC 柱纵筋配筋率的增大，骨架曲线下降趋势逐渐变缓，框架整体位移延性不断增加。这说明在一定范围内，RC 柱纵筋配筋率越高，框架延性越好。

3. CFST 柱与 RC 柱线刚度比

保持其他参数不变，通过改变有限元模型中 CFST 柱刚度来实现 CFST 柱与 RC 柱线刚度比的变化。选取 CFST 柱与 RC 柱的线刚度比 β 分别为 0.29、0.37、0.45 和 0.55。图 8-23 所示为 β 对框架骨架曲线的影响。由图 8-23 可以看出，随着 β 的增大，框架的初始弹性刚度明显增大，水平承载力显著提高；与 β 为 0.29 的框架相比，β 为 0.37、0.45、0.55 框架的峰值荷载分别增加了 9.47%、14.99%、20.57%。同时还可以看出，骨架曲线的下降段随着 β 的增大而越发陡峭，说明随着 β 的增大，框架延性变差。这是因为

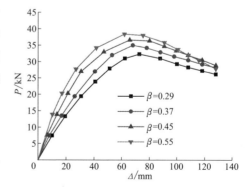

图 8-23　CFST 柱与 RC 柱线刚度
比对 P-Δ 曲线的影响

CFST 柱与 RC 柱线刚度比大的试件在加载后期 RC 柱根部破坏更为严重，导致 CFST 柱延性好、后期承载力较高的特点并未完全发挥。

8.5.4 抗震能力评估及设计建议

传统风格建筑 RC-CFST 平面组合框架具有质量较大的"大屋盖"特色以及乳栿和变刚度 RC-CFST 组合柱等特殊构件的存在，在水平地震作用下，其受力机理及抗震性能与常规现代混凝土框架结构存在明显差异。当模型框架达到极限荷载时，位移角为 1/27，满足《建筑抗震设计规范（2016 年版）》(GB 50011—2010) 中弹塑性位移角 1/50 的限值要求，其平均位移延性系数为 3.26，表明传统风格建筑 RC-CFST 平面组合框架具有较好的塑性变形能力和抗倒塌能力。但总体来看，与常规现代框架结构相比，由于模型结构柱架由截面较小的乳栿连接，水平抗侧刚度较低，位移角偏大，整体结构偏柔。乳栿为传统风格建筑 RC-CFST 平面组合框架的抗震薄弱构件。

为提高结构的抗侧刚度，可另增设乳栿等水平构件，在符合传统风格建筑形制的前提下，形成的"双梁"构件可增强结构的整体性；也可增大乳栿等构件的截面尺寸，以提高组合框架的整体抗侧刚度。同时，屋盖可采用轻质建材，以有效减小传统风格建筑 RC-CFST 平面组合框架的地震剪力。为提高结构的水平承载力，可适当增大组合柱轴压比、RC 柱纵筋配筋率及 CFST 柱与 RC 柱线刚度比。

■ 8.6 本章小结

传统风格建筑 RC-CFST 平面组合框架具有"大屋盖"特色以及坐斗、乳栿和变刚度 RC-CFST 组合柱等传统风格建筑构件，在水平地震作用下其受力机理及抗震性能与常规现代混凝土框架结构存在明显差异。本章通过对传统风格建筑 RC-CFST 平面组合框架模型进行低周反复加载试验研究，得到下述主要结论：

1）传统风格建筑 RC-CFST 平面组合框架的刚度和质量沿高度分布不均匀，且模型结构的柱架仅由浇筑于坐斗之上刚度较小的乳栿连接，导致乳栿成为传统风格建筑 RC-CFST 平面组合框架在水平地震作用下的薄弱构件。

2）随水平荷载的增大，模型框架的滞回曲线由"弓"形逐渐过渡到反 S 形。由于乳栿钢筋与方钢管焊缝断裂以及金柱 CFST 柱顶出现松动，滞回曲线出现明显"捏缩"效应。

3）模型框架破坏时最大极限位移角为 1/27，位移延性系数超过 3.0，表现出良好的变形能力和抗倒塌能力。试验结束时承载力退化至第一次循环最大荷载的 89.7%，说明在加载后期 RC-CFST 组合框架结构仍具有一定的水平承载力。

4）采用 ABAQUS 软件对模型框架进行有限元分析，并与试验结果进行对比，计算值与实测值总体吻合较好。参数分析结果表明：提高 RC 柱纵筋配筋率 ρ_s，可同时提高组合框架的水平承载力和延性。随组合柱轴压比 n 及 CFST 柱与 RC 柱线刚度比 β 的增大，传统风格建筑 RC-CFST 平面组合框架水平承载力增大，但延性降低。

第9章

传统风格建筑RC-CFST平面组合框架拟动力试验研究及弹塑性时程分析

■ 9.1　试验概况

9.1.1　模型设计与制作

　　模型框架原型是位于 7 度抗震设防烈度区，场地类别为 Ⅱ 类，结构形式为 RC-CFST 组合框架的某佛学院大殿。选取其中一榀横向框架为研究对象，按 1/2 的缩尺比例设计并制作试验框架模型。为达到与古建筑形似的效果，柱构件采用下部为 RC 圆柱，上部为 CFST 方柱的 RC-CFST 组合柱，其既可以方便布置坐斗等装饰构件，又可以防止柱构件刚度出现较大突变并保证结构的抗震性能。模型结构柱架由金柱、檐柱、坐斗及乳栿组成；屋盖层由三架梁、瓜柱、屋面梁及屋面板组成。模型结构几何尺寸、构件配筋如图 9-1 所示。其中乳栿采用其纵筋与方钢管焊接的方式与组合柱连接，组合柱采用屋面梁内预留钢板与方钢管焊接的方式与屋盖连接，节点构造如图 9-2 所示。

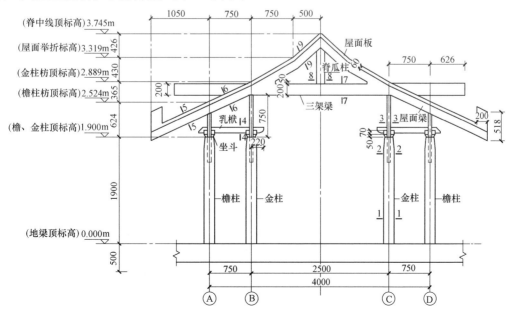

图 9-1　模型结构几何尺寸及构件配筋

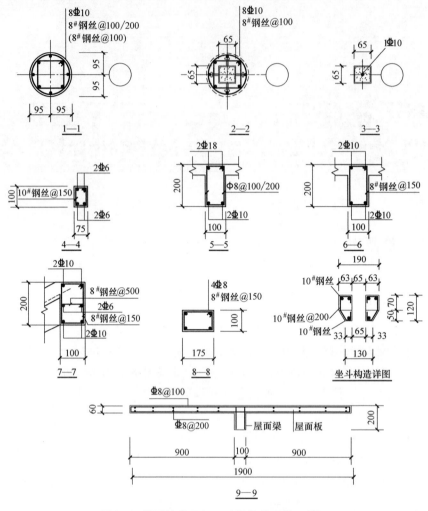

图 9-1 模型结构几何尺寸及构件配筋（续）

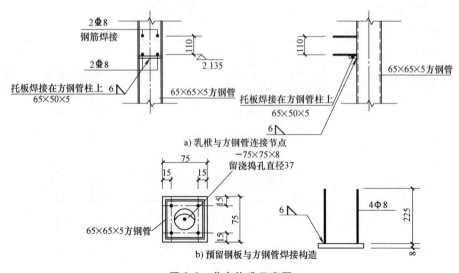

图 9-2 节点构造示意图

模型框架混凝土分两次浇筑，第一次浇筑柱架部分，第二次浇筑屋盖层部分，两次实测混凝土的立方体抗压强度 f_{cu} 分别为 41.3MPa 和 35.1MPa。钢材的力学性能指标见表 9-1。

表 9-1 钢材的力学性能指标

钢材	规格	f_y/MPa	ε_y/10^{-6}	f_u/MPa	E_s/MPa	$A(\%)$
钢筋	Φ 6	360	1846	545	1.95×10^5	35.6
	Φ 8	371	1922	497	1.93×10^5	32.9
	Φ 8	427	2124	523	2.01×10^5	33.1
	Φ 10	442	2235	551	1.98×10^5	30.8
	Φ 12	457	2343	554	1.95×10^5	33.4
	Φ 18	432	2198	589	1.97×10^5	32.6
钢管	5mm	277	1330	414	2.08×10^5	38.4

注：E_s 为弹性模量；f_y 为屈服强度；ε_y 为屈服应变；f_u 为抗拉强度；A 为伸长率。

9.1.2 相似关系

考虑试验条件以及结构实际情况，确定模型的线长度相似系数为 1/2，其他相似系数通过量纲分析法确定，可得模型与原型的主要相似关系见表 9-2。

表 9-2 模型与原型的主要相似系数关系

类型	参数	关系式	与原型相似比
几何特性	线长度(L)	$S_L = L_m/L_P$	1/2
	面积(A)	$S_A = S_L^2$	1/4
	位移(x)	$S_x = S_L$	1/2
材料特性	竖向应力(σ)	S_σ	1
	竖向应变(ε)	$S_\varepsilon = S_\sigma/S_E$	1
	弹性模量(E)	S_E	1
	剪应力(τ)	$S_\tau = S_E$	1
荷载	地震作用(F)	$S_F = S_L^2 S_E$	1/4
	剪力(V)	$S_V = S_E S_L^2$	1/4
	线荷载(ω)	$S_\omega = S_\sigma S_L$	1/2
	集中荷载(P)	$S_P = S_\sigma S_L^2$	1/4
动力特性	质量(m)	$S_m = S_L^2 S_\sigma$	1/4
	时间(t)	$S_t = (S_\sigma S_L/S_E)^{1/2}$	$\sqrt{1/2}$
	频率(f)	$S_f = [S_E/(S_L S_\sigma)]^{1/2}$	$\sqrt{2}$
	输入加速度($\ddot{x}_g$)	$S_{\ddot{x}_g} = S_E/S_\sigma$	1
	反应加速度(a)	$S_a = S_E/S_\sigma$	1

9.1.3 试验方法原理

拟动力试验的原理是由计算机进行数值模拟分析并进行控制加载，即由给定地震加速度记录通过计算机进行非线性结构动力分析，将计算得到的位移反应作为输入数据，以控制加载器对结构进行试验。

弹性单自由度体系在地震作用下的运动微分方程为

$$m\ddot{x}+c\dot{x}+kx=-m\ddot{x}_g \tag{9-1}$$

而对于非弹性体系，恢复力和位移不呈线性关系，公式改写为

$$m\ddot{x}+c\dot{x}+F_r=-m\ddot{x}_g \tag{9-2}$$

拟动力试验就是通过实测恢复力，并根据中心差分法通过式（9-2）计算出每一步的目标位移来进行试验加载的，如图9-3所示，具体推导过程如下：

根据中心差分法，i 点的速度和加速度可以表示为

$$\dot{x}_i=(x_{i+1}-x_{i-1})/(2\Delta t) \tag{9-3}$$

$$\ddot{x}_i=(x_{i+1}-2x_i+x_{i-1})/\Delta t^2 \tag{9-4}$$

将差分关系式（9-3）和式（9-4）带入离散的运动微分方程式（9-5），可求得 $i+1$ 点的位移，即

$$m\ddot{x}_i+c\dot{x}_i+F_{ri}=-m\ddot{x}_{gi} \tag{9-5}$$

$$x_{i+1}=\frac{2mx_i+(c\Delta t/2-m)x_{i-1}-(F_{ri}+m\ddot{x}_{gi})\Delta t^2}{m+c\Delta t/2} \tag{9-6}$$

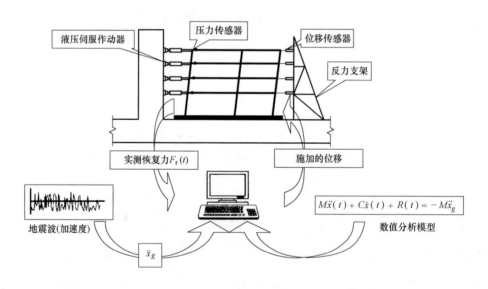

图9-3 拟动力试验流程

因此，拟动力试验的步骤如下：

1）输入地面运动加速度：将待加载的地震波加速度时程数据输入拟动力试验加载控制系统。

2）计算下一步位移值：根据中心差分法通过式（9-6）计算目标位移值 X_{n+1}。

3）拟动力试验加载控制系统根据目标位移 X_{n+1} 通过加载系统控制作动器对结构施加目标位移。

4）量测恢复力 F_{ri+1}：当结构加载到目标位移 X_{n+1} 时通过作动器的荷载传感器量测此时

的恢复力 F_{rn+1}。

5）计算出反应全过程：将 X_n、X_{n+1} 和 F_{rn+1} 带入式（9-6）计算出 X_{n+2}，对结构加载并通过传感器量测出 F_{rn+2}，如此循环计算出全过程。

9.1.4　试验加载与测点布置

采用拟动力试验方法，即通过实测恢复力，并根据中心差分法计算出每一步的目标位移来进行加载。水平荷载由支撑在反力墙上的 500kN 电液伺服作动器施加。采用在屋盖上施加配重的方式模拟竖向荷载，配重质量为 7900kg。根据结构自身的动力特性及原型结构所在的场地条件选取 El Centro 波、Taft 波、兰州波及汶川波作为输入激励。

试验中分别输入加速度峰值为 0.035g（7 度多遇）、0.10g（7 度设防）、0.22g（7 度罕遇）的地震波以考察模型结构是否满足抗震设防要求。之后逐级增大输入地震波的加速度峰值（0.30g、0.40g），以获得结构在不同加速度峰值地震作用下的动力反应。试验加载制度见表 9-3。模型框架阻尼比取 0.04。试验选 4 种地震波的前 16s 地震记录，时间步数为 800 步，时间间隔为 0.02s。根据相似关系，本章试验时间间隔为 0.014s，时长 11.30s。模型框架是通过 4 个连系钢管与三架梁东侧垫板、西侧炮头通过螺栓与作动器进行连接。加载现场与加载示意图如图 9-4 所示。

表 9-3　加载制度

工况	地震波	峰值加速度	工况	地震波	峰值加速度
1	El Centro 波	0.035g	9	El Centro 波	0.22g
2	Taft 波	0.035g	10	Taft 波	0.22g
3	兰州波	0.035g	11	兰州波	0.22g
4	汶川波	0.035g	12	汶川波	0.22g
5	El Centro 波	0.10g	13	El Centro 波	0.30g
6	Taft 波	0.10g	14	Taft 波	0.30g
7	兰州波	0.10g	15	El Centro 波	0.40g
8	汶川波	0.10g			

a) 加载现场　　　　　　　　　　　　　　b) 加载示意图

图 9-4　加载试验

试件测点布置包括内部测点和外部测点两个部分。根据试验研究内容，内部测点采用电阻应变片，主要用来测量方钢管、三架梁、混凝土柱纵向钢筋和箍筋应变的变化规律。外部测点主要用来测量试件的水平位移变化规律，沿柱高度方向布置 MTS 位移传感器和电子位移计。各测点应变片及位移计布置如图 8-6、图 8-7 所示。

■ 9.2 试验结果及分析

9.2.1 破坏过程及特征

为了方便对试验现象进行描述，将各构件进行命名，如图 8-6 所示。按加载制度依次输入各级地震波激励。作用力以由西向东推为正，由东向西拉为负。

当输入地震激励为 0.035g（7 度多遇，g 为重力加速度）时，除了由于混凝土干缩引起的初始裂缝外，没有新裂缝产生，卸载后框架变形基本可以恢复，结构处于弹性状态。

当 0.10g（7 度设防）El Centro 波负向峰值时，东檐柱、东金柱以及西金柱中下部开始出现水平环形裂缝。0.10g Taft 波正向峰值时，东乳栿西侧与东金柱交界处出现竖向裂缝。此外，东金柱和东檐柱坐斗顶面出现水平裂缝。这些裂缝卸载后基本都可以完全闭合。

当 0.22g（7 度罕遇）El Centro 波负向峰值时，混凝土柱底原有裂缝继续发展加深，沿柱高向上有新裂缝产生。东乳栿西侧原竖向裂缝进一步加大。当 0.22g Taft 波负向峰值时，西乳栿东侧与西金柱交界处也开始出现竖向裂缝。卸载后框架变形已不能完全恢复，说明框架已进入塑性状态。

当 0.30g El Centro 波正向峰值时，西乳栿顶面和侧面产生若干水平和竖向裂缝，西檐柱和东金柱的混凝土柱顶与坐斗转换处出水平环形裂缝。当 0.30g El Centro 波负向峰值时，西檐柱、西金柱的坐斗也开始出现裂缝，东乳栿西侧竖向裂缝与东金柱斗拱处的水平裂缝贯通。坐斗与乳栿下部交接处开始出现裂缝。东、西金柱 CFST 柱柱顶与三架梁相连区域的混凝土出现裂缝。

当峰值加速度为 0.40g El Centro 波时，东、西金柱 CFST 柱柱顶与三架梁底部相连区域混凝土开始脱落。各坐斗与乳栿连接处的混凝土出现不同程度的剥落，东、西乳栿两侧的竖向裂缝加大加宽。整个加载过程中 El Centro 波和 Taft 波对结构影响较大，而兰州波和汶川波影响较小。拟动力加载过程中主要构件裂缝形态如图 9-5 所示。

 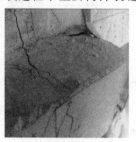  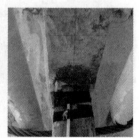

a) 0.10g 东金柱柱底裂缝 b) 0.30g 西金柱坐斗顶面裂缝 c) 0.40g 东乳栿竖向裂缝 d) 0.40g CFST 柱柱顶混凝土脱落

图 9-5 模型构件裂缝形态

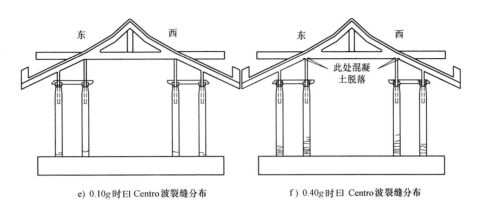

e) 0.10g时El Centro波裂缝分布　　　　　f) 0.40g时El Centro波裂缝分布

图 9-5　模型构件裂缝形态（续）

总体来看，模型构件出现裂缝的顺序为①混凝土柱底；②坐斗；③乳栿；④金柱 CFST 柱柱顶与三架梁底部相连区域。分析其原因，乳栿作为柱架的水平联系构件，其刚度相对较小，在地震作用下易首先形成梁铰机制；由于乳栿浇筑于坐斗之上，坐斗在乳栿的拉压作用下首先出现裂缝。与常规现代建筑结构相比，由瓜柱、三架梁和屋面组成的屋盖体系质量和刚度均较大，具有"大屋顶"特色，导致屋盖层的惯性力远大于柱架，这是金柱 CFST 柱柱顶与三架梁底部相连区域混凝土脱落的主要原因。

9.2.2　自振频率及周期

通过试验实测的模型割线刚度和配置质量可求得模型结构在不同工况下的自振频率，见表 9-4。由表 9-4 可知，在输入 0.035g（7 度多遇）地震激励后，模型结构自振频率为 2.130Hz，随地震作用的不断增强，模型结构自振频率不断降低。结合试验现象分析，随输入峰值加速度增大，模型结构裂缝增多，损伤不断积累，抗侧刚度下降明显。

表 9-4　模型各试验阶段频率与周期值

加速度	0.035g	0.10g	0.22g	0.30g	0.40g
周期/s	0.469	0.551	0.678	0.767	0.791
频率/Hz	2.130	1.816	1.474	1.304	1.265

9.2.3　位移响应

图 9-6a 所示为 El Centro 波作用下模型框架屋脊处的位移时程曲线。由图 9-6a 可知，随输入峰值加速的增加，模型结构位移响应峰值逐渐增大，但增幅逐渐放缓。当输入峰值加速度为 0.035g、0.10g、0.22g、0.30g 和 0.40g 的 El Centro 波时，模型结构正向位移达到峰值的时刻分别为 1.344s、1.372s、1.386s、1.414s 和 1.428s。可以看出，位移峰值出现时刻随输入峰值加速度的增加略有延迟，这说明模型结构的损伤累积及刚度变化对其位移响应有明显影响。

图 9-6b 所示为在峰值加速度为 0.22g 时不同屋脊处的位移时程曲线。由图 9-6b 可知，与兰州波和汶川波相比，El Centro 波和 Taft 波的位移响应明显较大，而 Taft 波位移峰值出现的时刻明显滞后于 El Centro 波。这与模型结构的加速度响应规律一致。

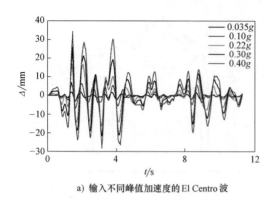

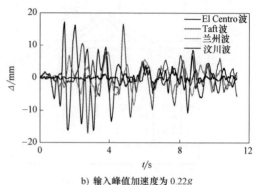

a) 输入不同峰值加速度的 El Centro 波　　　　　　b) 输入峰值加速度为 0.22g

图 9-6　模型位移时程曲线

9.2.4　加速度响应

图 9-7a 所示为在 El Centro 波作用下模型结构屋脊处的加速度响应。由图 9-7a 可知，模型结构加速度响应随输入地震加速度峰值的增大而增大。当输入峰值加速度 0.035g、0.10g、0.22g、0.30g 和 0.40g 的 El Centro 波时，模型结构的最大负向加速度响应分别出现在 1.385s、1.399s、1.427s、1.427s 和 1.441s。而正向最大加速度响应分别出现在 1.539s、1.539s、1.539s 和 1.707s、1.707s。可以看出，加载前期加速度响应峰值出现时刻大致相同，但加载后期模型框架加速度响应峰值时刻略有延迟，这是因为经过不同工况下的地震作用，模型结构出现累积损伤，刚度降低导致自振频率减小，从而影响了模型结构加速度响应峰值出现的时刻。

图 9-7b 所示为在峰值加速度为 0.22g 时不同地震波作用下模型结构屋脊处的加速度响应。可以看出，与兰州波和汶川波相比，El Centro 波和 Taft 波作用下加速度响应较大，说明 El Centro 波和 Taft 波的频谱特性对结构的加速度响应影响较为明显。

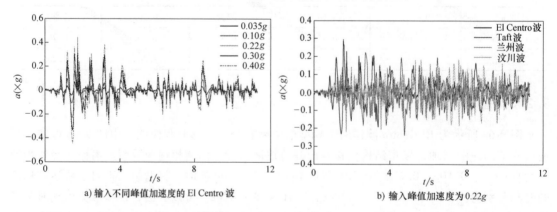

a) 输入不同峰值加速度的 El Centro 波　　　　　　b) 输入峰值加速度为 0.22g

图 9-7　加速度反应时程曲线

图 9-8 所示为不同工况下模型结构的加速度放大系数分布图。由图 9-8 可知，随着输入加速度峰值的不断增大，加速度放大系数随之减小。模型结构在 Taft 波和 El Centro 波激励下的加速度放大系数大于兰州波和汶川波，究其原因，主要是由于四种地震波的频谱特性不

同，这反映了地震波频谱特性对模型结构动力响应的影响。

由图 9-8 还可知，模型结构最大加速度放大系数为 1.98，低于常规现代建筑结构（其均值为 2.25）。这说明传统风格建筑 RC-CFST 组合框架结构的动力放大系数较常规现代建筑结构会偏小，其原因是：模型结构本身偏柔，其自振周期远离设计特征周期；拟动力试验加载速度较慢，导致结构的动力效应有所削弱。

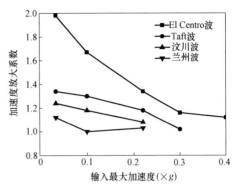

图 9-8 模型在不同地震波作用下的
加速度放大系数分布图

9.2.5 恢复力特征曲线

部分工况下模型框架的恢复力特征曲线如图 9-9 所示。由图 9-9 可知，不同地震波作用下，结构的恢复力特征曲线形状大致相同。当峰值加速度小于 0.10g（7 度设防）地震作用

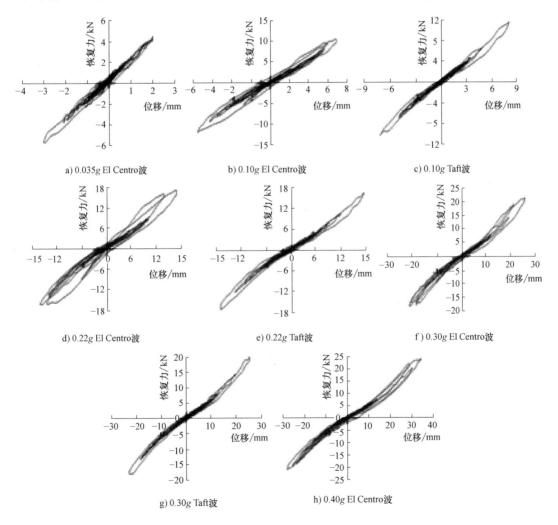

a) 0.035g El Centro波

b) 0.10g El Centro波

c) 0.10g Taft波

d) 0.22g El Centro波

e) 0.22g Taft波

f) 0.30g El Centro波

g) 0.30g Taft波

h) 0.40g El Centro波

图 9-9 不同工况下模型框架的恢复力特征曲线

时，模型结构位移较小，此时柱底已有细小裂缝产生，恢复力和位移大体呈线性分布。在峰值加速度为 $0.22g$（7 度罕遇）地震作用后，恢复力特征曲线包络面积略有增大，模型结构耗能增加。此时乳栿、坐斗和混凝土柱底的裂缝开展迅速，恢复力特征曲线略有弯曲，开始呈现出非线性特征，出现了一定的"捏缩"现象，大体呈"弓"形，这说明此时模型结构已进入塑性阶段。随输入峰值加速度的增加，模型结构的位移角逐渐增大。当输入峰值加速度大于 $0.40g$ 的地震作用后，恢复力特征曲线的"捏缩"现象更加明显，最终发展成反 S 形。这是因为乳栿纵筋与方钢管的连接焊缝逐渐开裂，以及金柱 CFST 柱柱顶与三架梁相连区域混凝土脱落导致 CFST 柱柱顶出现松动，使得模型结构产生了一定的滑移效应。

传统风格建筑 RC-CFST 组合框架恢复力曲线特性既不同于古建筑木柱架，又与常规现代框架结构有所差异。古建筑木柱架由于斗栱及榫卯各构件间受力时产生相对滑动，榫卯及斗栱结合处在荷载作用下挤紧与张开，恢复力特征曲线呈 Z 形，剪切变形和滑移效应较传统风格建筑 RC-CFST 组合框架更加明显。传统风格建筑 RC-CFST 组合框架由于金柱 CFST 柱柱顶出现松动以及乳栿纵筋与方钢管的焊缝逐渐开裂，剪切滑移效应较常规现代框架结构显著，恢复力特征曲线"捏缩"现象明显。

9.2.6　骨架曲线与位移角

图 9-10 所示为模型结构的骨架曲线。由图 9-10 可知，随着模型位移的增加，荷载也不断增加。当位移较小时，荷载与位移呈线性关系。受累积损伤的影响，模型结构随位移增大，荷载增大趋势逐渐变缓，由弹性阶段逐渐过渡到弹塑性阶段。当峰值加速度达到 $0.40g$ 时，骨架曲线仍未进入下降段，表明模型结构具有较高的承载能力。表 9-5 所列为模型柱架的层间位移角。由表 9-5 可知，随输入峰值加速度的提高，模型柱架的层间位移角逐渐变大。在峰值加速度为 $0.22g$（7 度罕遇）El Centro 波和 Taft 波的地震作用下，模

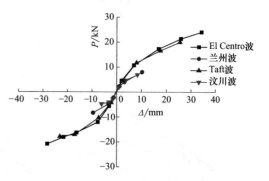

图 9-10　试件的骨架曲线

型柱架最大层间位移角分别为 1/161 和 1/155，小于《建筑抗震设计规范（2016 年版）》（GB 50011—2010）弹塑性层间位移角 1/50 的限值要求。当地震波加速度峰值达到 $0.40g$ 时，模型柱架层间位移角为 1/89，仍具有较好的变形能力。

表 9-5　柱架层间位移角

工况	$0.035g$	$0.10g$	$0.22g$	$0.30g$	$0.40g$
汶川波	1/2428	1/798	1/374	—	—
兰州波	1/2615	1/837	1/273	—	—
Taft 波	1/1240	1/346	1/155	1/114	—
El Centro 波	1/1069	1/374	1/161	1/113	1/89

注：柱架层间位移角 $\theta = \Delta/H$，其中 Δ 为柱架顶相对台面位移，H 为柱架高度。

9.2.7　应变响应

图 9-11a、b 所示为东檐柱和东金柱的方钢管与混凝土柱连接处在加速度峰值为 0.10g 和 0.40g 地震作用下的应变响应。由图 9-11a、b 可知，东檐柱和东金柱的应变响应规律大致相同，随输入峰值加速度的增加，方钢管的应变响应逐渐增大。在 0.10g 地震作用下东金柱方钢管的应变响应大于东檐柱，这可能是由于金柱的方钢管长度大于檐柱，在地震作用下金柱方钢管承受更大的弯矩作用。在 0.40g 地震作用下东金柱和东檐柱的最大应变值分别是 752×10^{-6}、612×10^{-6} 远小于表 9-1 中方钢管屈服应变值 1330×10^{-6}。相同时刻金柱和檐柱方钢管东、西两侧的应变响应相差不大。结合试验现象说明方钢管始终处于弹性阶段，在此阶段地震作用中 CFST 柱主要承受和传递竖向轴力。

图 9-11c、d 所示为东檐柱和东金柱底部纵筋在 0.10g 和 0.40g 地震作用下的应变响应，可以看出在同一加载工况下东金柱柱底纵筋响应大于东檐柱。在 0.10g 加载工况下东金柱的应变值为 972×10^{-6}，而在 0.40g 加载工况下为 2577×10^{-6}，大于表 9-1 中的柱纵筋屈服应变值 2235×10^{-6}。结合试验现象可知，在 0.10g 加载工况下，金柱虽然出现水平裂缝，但纵筋应变远小于屈服应变，说明混凝土柱纵筋尚未屈服，仍处于弹性阶段。在 0.40g 加载工况下，原有裂缝加深加宽，并有沿柱高向上的新裂缝产生，金柱混凝土柱纵筋已经屈服。总体来看，金柱纵筋和方钢管的应变较檐柱大。

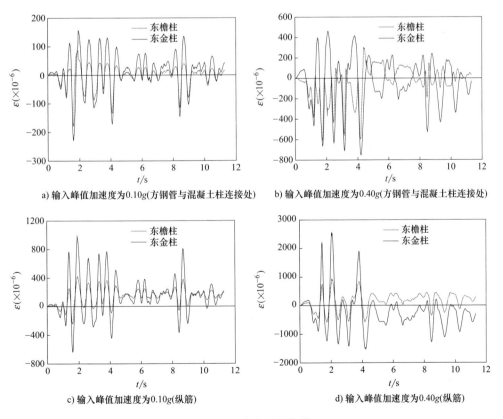

a) 输入峰值加速度为0.10g(方钢管与混凝土柱连接处)　　b) 输入峰值加速度为0.40g(方钢管与混凝土柱连接处)

c) 输入峰值加速度为0.10g(纵筋)　　d) 输入峰值加速度为0.40g(纵筋)

图 9-11　应变时程曲线

■ 9.3　传统风格建筑 RC-CFST 平面组合框架动力非线性分析

9.3.1　模型建立

为进一步分析传统风格建筑 RC-CFST 组合框架的抗震性能，采用 SAP2000 有限元计算软件对试验模型框架进行了弹塑性地震反应分析。有限元模型尺寸及配筋与拟动力试验模型框架一致。屋面板采用壳单元，其他构件均采用框架单元。混凝土的滞回类型选择 takeda 三线性塑性模型；钢筋的滞回类型选择 SAP2000 自带的 kinematic 随动硬化弹塑性模型，该滞回类型模型适用于具有包辛格效应的金属材料，其特征点取值由钢筋材性试验获得，有限元模型如图 9-12 所示。

塑性铰的本构关系如图 9-13 所示，其中 AB 段为弹性阶段、BC 为强化段、CD 段为卸载阶段、DE 为塑性阶段。BC 段的 IO、LS 和 CP 分别表示直接使用、生命安全和防止倒塌。B、C、D、E 点分别代表结构塑性铰屈服、极限和残余强度及完全失效。

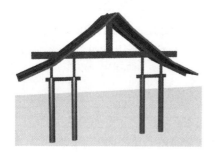

图 9-12　SAP2000 模型

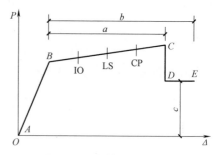

图 9-13　塑性铰本构关系

9.3.2　计算结果与试验结果对比

部分工况下模拟计算屋脊处的位移时程曲线与拟动力试验所得屋脊处位移时程曲线的对比如图 9-14 所示。由图 9-14 可知，拟动力试验所得的位移最大值较有限元模拟所得的位移最大值略大，这是由于有限元模拟中未考虑钢材与混凝土的黏结滑移及模型结构累积损伤的影响。但总体来看，试验曲线与有限元模拟曲线变化趋势基本一致，说明所建有限元模型是合理的。

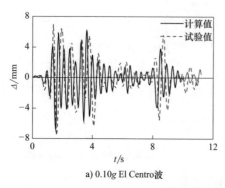

a) 0.10g El Centro 波

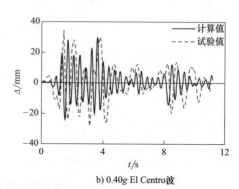

b) 0.40g El Centro 波

图 9-14　位移时程曲线对比

9.3.3 弹塑性动力反应

为进一步了解传统风格建筑 RC-CFST 组合框架的抗震性能，对模型进行 El Centro 波在加速度峰值为 $0.50g$、$0.60g$ 和 $0.70g$ 作用下的弹塑性地震反应分析。

图 9-15 所示为不同工况下屋脊处的位移时程曲线。由图 9-15 可知，随着输入峰值加速度的不断增加，结构的位移响应也逐渐加大。弹塑性地震反应分析中，在峰值加速度为 $0.40g$ 地震作用下，屋脊处的最大位移值为 29.57mm，在峰值加速度为 $0.50g$、$0.60g$ 和 $0.70g$ 地震作用下，屋脊处对应的最大位移分别为 35.66mm、41.41mm 和 47.02mm，增幅分别为 20.6%、16.1%、13.5%。可以看出，位移增幅随输入地震波峰值加速度的增加逐渐变缓，表明结构刚度进一步退化，呈现出明显塑性性能。表 9-6 所列为在峰值加速度为 $0.50g$、$0.60g$ 和 $0.70g$ 地震作用下模型柱架的最大层间位移角。由表 9-6 可知，在 $0.70g$ 地震作用下，模型柱架的最大层间位移角为 1/48，与《建筑抗震设计规范（2016 年版）》（GB 50011—2010）规定的弹塑性层间位移角 1/50 的限值要求较为接近。

表 9-6 柱架最大层间位移角

加速度	$0.50g$	$0.60g$	$0.70g$
位移角/rad	1/74	1/60	1/48

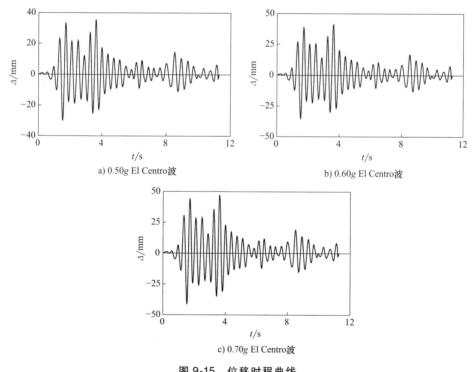

a) 0.50g El Centro波

b) 0.60g El Centro波

c) 0.70g El Centro波

图 9-15 位移时程曲线

9.3.4 出铰顺序分析

图 9-16 所示为弹塑性地震反应分析模型出铰顺序。当输入地震波的峰值加速度为

0.035g 和 0.10g 时，传统风格建筑 RC-CFST 组合框架均未出现塑性铰。当输入地震波峰值加速度为 0.22g 时，仅乳栿内侧出现塑性铰，而模型其他构件仍处于弹性状态。当峰值加速度为 0.40g 时，乳栿两侧进入直接使用阶段（IO~LS 阶段），金柱进入屈服状态（B 和 IO之间），这与拟动力试验现象较为一致。

当峰值加速度为 0.50g 时，金柱 CFST 柱底部开始出现塑性铰。当峰值加速度为 0.60g 时，模型塑性铰的状态进一步发展，乳栿处的塑性铰超过承载力点（C~D 阶段），说明此时乳栿出现严重损伤。混凝土柱底的塑性铰基本都达到直接使用阶段（IO~LS 阶段），表明此时金柱和檐柱虽然已经屈服，但仍具有一定的抗震承载力。当峰值加速度为 0.70g 时，檐柱 CFST 柱底部也出现塑性铰。混凝土柱底塑性铰达到生命安全阶段（LS~CP 阶段）。乳栿已完全退出工作（E 阶段）。金柱 CFST 柱底部的塑性铰已超过承载力点（C~D 阶段），基本退出工作。此时模型已形成机构，无法承受更大的水平地震作用，因此在 0.70g El Centro波地震作用下，可视为模型已经破坏。总体来看，模型依次表现为乳栿两侧、金柱柱底、檐柱柱底、金柱 CFST 柱底部及檐柱 CFST 柱底部的出铰顺序。

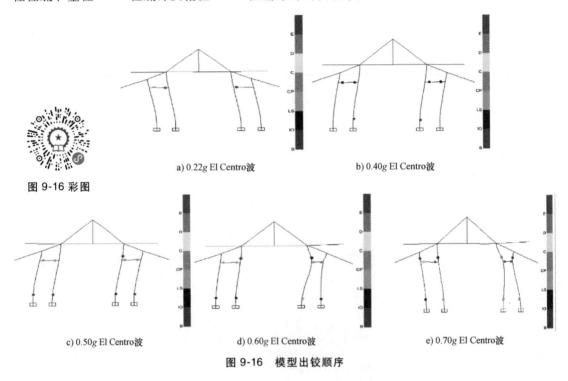

a) 0.22g El Centro波　　　　　　　b) 0.40g El Centro波

图 9-16 彩图

c) 0.50g El Centro波　　　d) 0.60g El Centro波　　　e) 0.70g El Centro波

图 9-16　模型出铰顺序

9.3.5　抗震能力评估

在峰值加速度为 0.035g（7 度多遇）地震作用下，模型结构没有明显裂缝产生，模型柱架层间位移角的最大值为 1/1069，小于《建筑抗震设计规范（2016 年版）》（GB 50011—2010）弹性层间位移角 1/550 的限值。在 0.10g（7 度设防）地震作用下，模型结构个别构件虽有细小裂缝产生，但基本处于弹性阶段。在 0.22g（7 度罕遇）地震作用下，模型结构的自振频率和刚度均有一定的降低，柱脚和坐斗出现明显裂缝，可见模型结构已进入弹塑性阶段，此时模型柱架的最大层间位移角为 1/155，远小于《建筑抗震设计规范（2016 年版)》(GB 50011—2010) 弹塑性层间位移角 1/50 的限值,表明模型框架满足抗震设防要求且具有较好的变形能力。在 0.40g 地震作用下,乳栿和混凝土柱出现明显裂缝,坐斗混凝土开始剥落,模型结构自振频率已有较大降低,柱架层间位移角的最大值为 1/89。在远超过罕遇烈度的峰值加速度 0.70g 地震作用下传统风格建筑 RC-CFST 组合框架达到破坏状态。此时柱架层间位移角的最大值为 1/48,与《建筑抗震设计规范 (2016 年版)》(GB 50011—2010) 弹塑性层间位移角 1/50 的限值相差不大,说明模型结构尚具有较高的抗震安全储备。

■ 9.4 本章小结

通过对传统风格建筑 RC-CFST 组合框架模型进行抗震性能研究,得到下述结论:

1) 作为柱架联系构件的乳栿为传统风格建筑 RC-CFST 组合框架的薄弱部位,在加载过程中最先破坏,并起到耗能作用。

2) 框架模型的自振频率随输入峰值加速度的增大而降低。不同强度地震波作用下,模型的加速度放大系数随着输入峰值加速度的增大而减小;模型结构最大加速度放大系数为 1.98,低于常规现代建筑结构。

3) 随输入峰值加速度的增加,模型结构的恢复力特征曲线由"弓"形逐渐过渡到反 S 形。剪切滑移效应较常规现代框架结构显著,恢复力特征曲线"捏缩"现象明显。

4) 采用 SAP2000 对模型进行弹塑性地震反应分析,并与试验结果进行对比,计算值与实测值略有差异,但整体趋势较为吻合。传统风格建筑 RC-CFST 组合框架出铰顺序依次为乳栿两侧、金柱柱底、檐柱柱底、金柱 CFST 柱底部及檐柱 CFST 柱底部。

第 10 章

传统风格建筑RC-CFST空间组合
框架振动台试验研究

■ 10.1 引言

为全面、准确掌握传统风格建筑 RC-CFST 组合框架在实际地震作用下的破坏过程、破坏特征、动力特性及地震响应规律,根据一榀传统风格建筑 RC-CFST 平面组合框架低周反复加载试验研究及静力弹塑性分析,结合已建成的某传统风格建筑 RC-CFST 组合框架原型结构,按照动力相似条件,设计了一个三开间周围廊歇山式传统风格建筑 RC-CFST 空间组合框架。采用三维六自由度模拟地震振动台对模型结构进行了 El Centro 波、Taft 波、兰州波及汶川波等地震波作用下的试验,通过白噪声扫频得到了该模型的自振频率、阻尼比等动力特性,研究了模型结构的受力过程、破坏特征及加速度、位移、地震剪力和应变等动力响应。在此基础上获得了原型结构的动力特性及动力响应。根据以上分析对传统风格建筑 RC-CFST 空间组合框架进了抗震性能评估。

■ 10.2 试验概况

10.2.1 模型设计与制作

1. 模型的设计

原型结构根据《建筑抗震设计规范 (2016 年版)》(GB 50011—2010)、《组合结构设计规范》(JGJ 138—2016) 及工程实际经验,按抗震设防烈度为 7 度,场地类别为 II 类,框架抗震等级为三级的某三开间周围廊歇山式传统风格建筑进行设计。综合考虑振动台的性能参数、实验室的场地条件,本章采用 1/4 缩尺比进行模型设计。模型结构由柱架层及屋盖层构成,其柱架层由外围一圈檐柱,里围一圈金柱及乳栿和阑额组成;屋盖层由三架梁、瓜柱、檐枋、金枋、屋面梁及歇山屋面板组成。檐柱和金柱为下部采用 RC 圆柱、上部采用 CFST 方柱的 RC-CFST 组合柱。除檐柱和金柱为 RC-CFST 组合柱外,模型结构的其他构件均为钢筋混凝土构件。模型总高度为 1.888m,轴网尺寸为 3.450m×2.000m,模型结构平面图及剖面图如图 10-1 和图 10-2 所示。模型由下而上制作,其柱架层与屋盖层通过檐枋、金枋内预留钢板与 CFST 柱通过焊接方式连接,乳栿采用其纵筋与方钢管焊接的方式与组合柱连接。

屋面平面布置及构件详图如图 10-3 和图 10-4 所示。RC-CFST 组合柱尺寸、配筋及连接构造如图 10-5 所示。

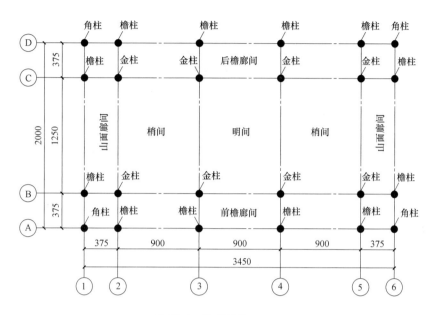

图 10-1　模型结构平面图

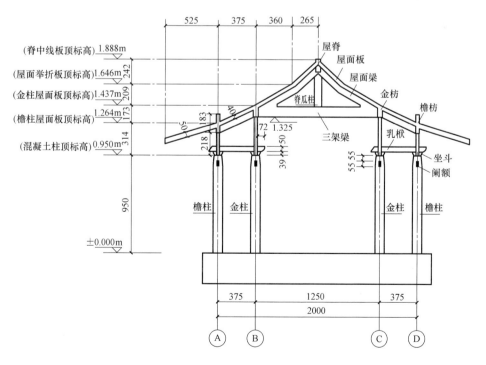

图 10-2　模型结构剖面图

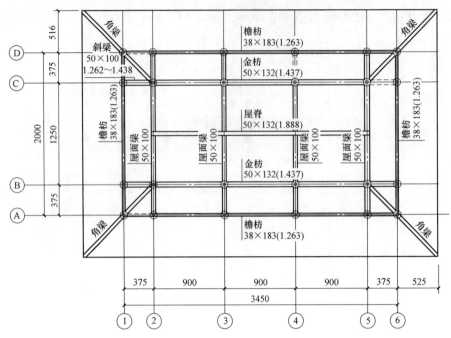

图 10-3 模型结构屋面图

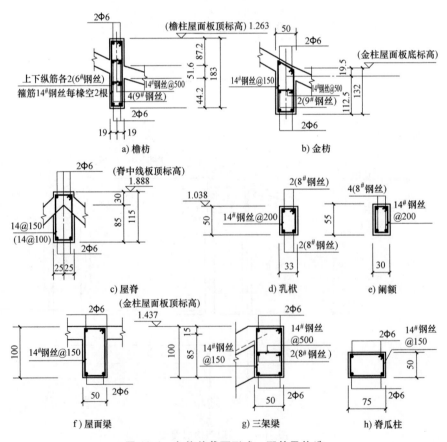

图 10-4 各构件截面形式、配筋及构造

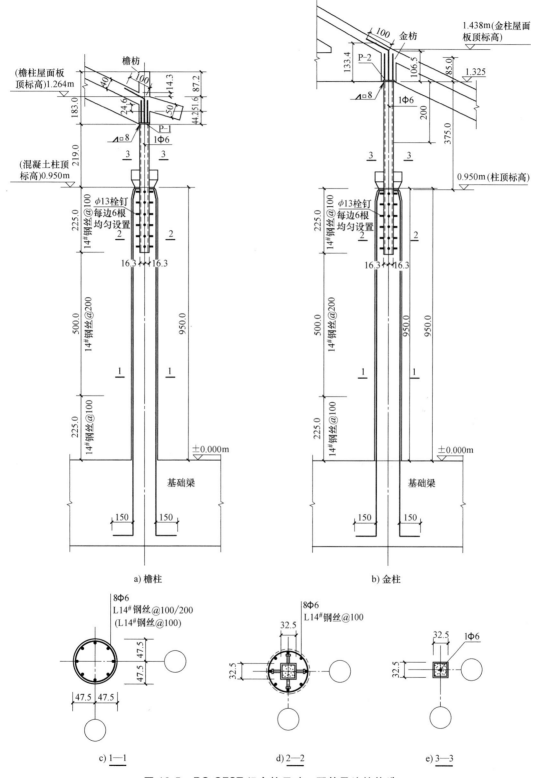

图 10-5　RC-CFST 组合柱尺寸、配筋及连接构造

2. 模型的制作

整个模型大致制作流程为：基础梁钢筋绑扎→基础梁模板制作与安装→RC 柱钢筋骨架、方钢管吊装、固定→RC 柱模板制作、安装→阑额钢筋骨架绑扎、固定→坐斗、乳栿钢筋骨架绑扎、固定→基础梁、柱架混凝土浇筑→三架梁、脊瓜柱钢筋骨架绑扎→三架梁、脊瓜柱模板安装→屋盖模板制作与安装→屋盖钢筋绑扎→屋盖混凝土浇筑→养护 28d 拆除模板。

模型结构混凝土分两次浇筑，第一次浇筑基础及柱架部分，第二次浇筑屋盖层部分。模型结构制作完成并养护后吊装就位，固定于振动台台面，模型结构的制作过程按照《混凝土结构设计规范（2015 年版）》（GB 50010—2010）及《混凝土结构工程施工质量验收规范》（GB 50204—2015）等规范进行施工，制作过程如图 10-6 所示。

a) 柱架制作

b) 歇山屋面模板

c) 加配重前模型结构

d) 加配重后模型结构

图 10-6　模型制作

10.2.2　模型材料

1. 模型的材料选择

由于原型结构尺寸经过相似比例换算后所得的模型混凝土梁、混凝土柱以及 CFST 柱、阑额、枋等构件的截面尺寸均较小，为同时满足模型结构和原型结构的材料性能相似的条件及混凝土的浇筑等施工工艺的要求，模型结构的混凝土材料采用强度等级为 C30 的细石混凝土。模型方钢管采用与原型相同的材料 Q235 钢，其余梁、柱截面钢筋面积根据等强代换原则进行设计，即

$$n_2 d_2^2 f_{y2} \geqslant n_1 \left(\frac{1}{4} d_1\right)^2 f_{y1} \tag{10-1}$$

式中，n_2 为代换钢筋根数；n_1 为原型构件截面钢筋根数；d_2 为代换钢筋直径；d_1 为原型构件截面钢筋直径；f_{y2} 为代换钢筋抗拉强度设计值；f_{y1} 为原型构件截面钢筋抗拉强度设计值。

2. 材性试验

方钢管和钢筋的试验按照《金属材料拉伸试验　第 1 部分：室温试验方法》(GB/T 228.1—2021) 加工成规范规定的形状与尺寸。其中 φ6 钢筋截断为 300mm 长，方钢管板材加工为图 10-7 所示形状，钢材力学性能见表 10-1。两次浇筑的混凝土强度等级均为 C30，共预留了 6 个 150mm×150mm×150mm 的混凝土立方体试块。其力学性能试验根据《混凝土力学性能试验方法标准》(GB/T 50081—2019) 进行。细石混凝土力学性能见表 10-2。表中混凝土的轴心抗压强度 f_c、轴心抗拉强度 f_t、弹性模量 E_c 均由立方体轴心抗压强度 f_{cu} 换算而来。其换算公式分别为：$f_c = 0.76 f_{cu}$、$f_t = 0.395 f_{cu}^{0.55}$、$E_c = 10^5 / (2.2 + 34.7 / f_{cu})$。

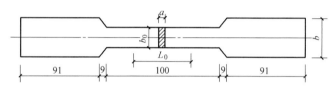

图 10-7　方钢管材性试验试件

表 10-1　钢材力学性能

材　　料	E_s/MPa	f_y/MPa	ε_y/10^{-3}	f_u/MPa	A(%)
φ6 钢筋	2.17×10^5	372.3	1.716	512.97	35.6
镀锌钢丝	2.00×10^5	321.1	1.605	445.5	31.2
3mm 厚方钢	2.07×10^5	340.0	1.657	435.1	42.0

注：E_s 为弹性模量；f_y 为屈服强度；ε_y 为屈服应变；f_u 为抗拉强度；A 为伸长率。

表 10-2　细石混凝土力学性能

混凝土批次	f_{cu}/MPa	f_c/MPa	f_t/MPa	E_c/MPa
第一次浇筑	30.75	23.37	2.60	2.99×10^4
第二次浇筑	35.19	26.75	2.80	3.14×10^4

注：E_c 为弹性模量；f_{cu} 为立方体抗压强度；f_c 为轴心抗压强度；f_t 为轴心抗拉强度。

10.2.3　模型的相似设计

利用振动台试验模拟原结构在地震作用下的响应情况，更能真实地反映结构的抗震性能和破坏机理。但由于振动台尺寸及承载力的局限性，有必要对原型结构进行缩尺设计。但为了使得缩尺后的模型能够更为真实地反映其原型结构的动力响应，就必须保证两者之间具有一定的几何相似性及物理相似性。

通常确定相似条件有三种方法：方程式分析法、量纲分析法和似量纲法。运用方程式分析法确定相似条件，必须确定所要研究的物理过程中各物理量的函数关系，虽然此方法简单、概念明确，但实际运用中很难完全确定各物理过程中物理量的函数关系。当待研究问题较为复杂且物理规律尚未完全掌握时，常用量纲分析法来确定相似关系。量纲分析法仅需列出与研究的物理过程有关的物理参数，根据 Π 定理和量纲和谐的概念找出 Π 数，并使模型和原型的 Π 数相等，从而得出模型设计的相似条件。在实际设计中，由于 Π 数的取法存在着一定的任意性，且当参与物理工程的物理量较多时，可以组成的 Π 数也很多，计算线性方程组比较麻烦；此外若全部满足与这些 Π 数相应的相似条件，将会十分苛刻，有时候这是不可能也是不必要的。因此，本章采用更为实用的设计方法，即先选取可控相似常数，利用近似量纲分析法的方法，求解其他相似常数，即"似量纲法"。

根据式（10-2）的动力学基本方程及方程式分析法的要求，动力方程的各物理量的相似关系满足方程式（10-3）。

$$m(\ddot{x}(t)+\ddot{x}_g(t))+c\dot{x}(t)+kx(t)=0 \tag{10-2}$$

$$S_m(S_{\ddot{x}}+S_{\ddot{x}_g})+S_c S_{\dot{x}}+S_k S_x=0 \tag{10-3}$$

根据量纲协调原理，以弹性模量、密度、长度、加速度相似常数（S_E、S_ρ、S_l、S_a）有

$$S_\rho S_l{}^3(S_a+S_a)+S_E\sqrt{\frac{S_l^3}{S_a}}\sqrt{S_l S_a}+S_E S_l^2=0 \tag{10-4}$$

$$\frac{S_E}{S_\rho S_a S_l}=1 \tag{10-5}$$

式（10-5）即为本章振动台试验动力相似常数所需满足的相似要求。具体设计过程如下：

1. 确定几何相似常数 S_l

试验在西安建筑科技大学结构工程与抗震教育部重点实验室的 MTS 4m×4m 三维六自由度地震模拟振动台上进行，振动台台面尺寸为 4.1m×4.1m，综合考虑振动台的性能参数、实验室的场地条件，采用 1/4 缩尺比进行模型设计，将模型尺寸定为 3.45m×2m×1.88m，则确定长度相似常数为 $S_l=1/4$。

2. 确定弹性模量相似常数 S_E

试验钢筋混凝土部分由细石混凝土、钢筋和镀锌钢丝一起浇筑而成。CFST 柱混凝土采用 C30 细石混凝土，方钢管钢采用与原型结构一样的 Q235 钢，则弹性模量相似常数可取 $S_E=1$。

3. 确定加速度、密度相似常数 S_a、S_ρ

西安建筑科技大学结构工程与抗震教育部重点实验室振动台所能提供的最大驱动加速度为 $1.20g$，试件原型所在地的抗震设防烈度为 7 度，7 度罕遇加速度幅值为 $0.44g$，若想要验证原型抗震性能，则至少应有加速度相似常数 $S_a<1.20/0.22=5.5$，但 S_a 过大会造成试验结果失真，且 S_a 取值会影响配重的大小，较小的 S_a 又会导致配重过大，综合考虑最终确定加速度相似常数 $S_a=2$。根据式（10-5）由 S_l、S_E、S_a 可推得 $S_\rho=2$。

4. 确定其他相似常数

根据相似常数 S_l、S_E、S_a 和 S_ρ，确定其他相似常数，具体见表 10-3。

表 10-3 振动台试验相似常数

类 型	物理参数	相似关系式	相似常数
材料特性	弹性模量 E	S_E	1
	应力 σ	$S_\sigma = S_E$	1
几何特性	质量密度 ρ	$S_\rho = S_\sigma / S_a S_l$	2
	质量 m	$S_m = S_\sigma S_l^2 / S_a$	1/32
	长度 l	S_l	1/4
	截面面积 A	S_l^2	1/16
动力特性	阻尼 C	$S_C = S_\sigma S_a^{-0.5} S_l^{1.5}$	0.088
	频率 f	$S_f = S_a^{0.5} S_l^{-0.5}$	2.828
	周期 T	$S_T = S_a^{-0.5} S_l^{0.5}$	0.354
	速度 v	$S_v = (S_a S_l)^{0.5}$	0.707
	加速度 a	S_a	2

10.2.4 模型的配重设计

通常振动台试验模型结构可以采取四种配重设计，即全相似模型、人工质量模型、忽略重力模型和混合相似模型。根据4.2.3节的模型相似比设计，加速度相似常数数 S_a 取为2，因此本节的配重设计采用人工质量的混合相似模型，即除混凝土模型结构本身的质量外，还要对模型施加附加的质量。原型结构的质量经计算为282t，根据相似设计的结果 $S_m = 1/32$，则模型结构的质量应该为 $M_{模} = 282t \times S_m = 282t \times 1/32 = 8.813t$ 才能保证原型和模型之间的主要物理量和物理过程保持相似，而根据几何相似比所制作出的模型质量为2.72t，则所需的额外配重质量为 $M_{配} = 8.813t - 2.72t = 6.093t$。

试验选择将模型配重置于歇山屋顶。为避免混凝土配重块对梁刚度的影响，配重块布置在临近两侧梁中心距离的1/4区域外。为避免配重块影响屋面的刚度，用塑料布将混凝土配重与屋面板隔离，并用木质围挡和膨胀螺栓进行固定。同时为避免配重块堆积过高，将密度更大的铁块通过泡沫胶均匀对称地固定于混凝土配重之上。模型结构各区域的配重设计分布如图10-8所示，附加质量见表10-4。

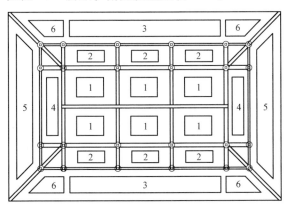

a) 配重平面

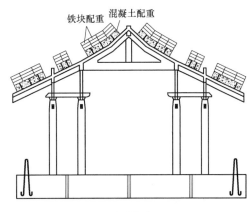

b) 配重立面

图 10-8 模型配重设计

表 10-4　模型各区域附加质量

配重类型	1	2	3	4	5	6
质量/kg	180	110	936.5	230	710	150

10.3　试验方案

10.3.1　测量内容与仪器布置

1. 试验加载设备

该试验在西安建筑科技大学结构工程与抗震教育部重点实验室进行，其振动台的主要性能参数见表 10-5。

表 10-5　振动台的主要性能参数

性　　能	指　　标
最大试件质量	20t
台面尺寸	4.1m×4.1m
激振方向	X,Y,Z 三方向
控制自由度	六自由度
振动激励	简谐振动、冲击、地震
最大驱动位移	$X:150mm;Y:250mm;Z:100mm$
最大驱动速度	$X:1000mm/s;Y:1250mm/s;Z:800mm/s$
最大驱动加速度	$X:1.5g;Y:1.0g;Z:1.0g$
范围频率	$0.1\sim50Hz$
数据采集系统	200Hz,数据采集时间间隔 0.005s

2. 测量内容与测点布置

试验中采用加速度计、位移拾振器及应变传感器量测模型结构的动力响应及钢筋和方钢管的应变。加速度和位移测点布置在标高为 0.000 的基础顶、0.950m 的混凝土柱柱顶、1.437m 的三架梁顶和 1.888m 的屋脊顶处。其中 0.950m 标高处的测点分别是角檐柱、檐柱和金柱的混凝土柱柱顶。在角檐柱、檐柱、金柱混凝土柱柱底和 CFST 柱底部以及屋脊、金枋和檐枋两端布置电阻应变片研究其应力变化情况，各测点布置如图 10-9 所示。

10.3.2　地震波的选取及加载方案

对于振动台试验地震波的选取而言，一方面地震波不可能选得很多，在选择小样本输入的情况下评估结构的抗震性能成为关键问题，另一方面振动台地震波输入要遵循激励结构反应由小到大的顺序，如果结构响应大的地震波输入先于结构响应小的地震波，那么结构响应小的地震波输入将无法激励起模型反应。

1. 地震波选取

试验所选的地震波要尽量同规范所规定的设计反应谱相似，即输入地震波的反应谱须拟合设计反应谱。本章试验根据反应谱两频段（基于规范设计反应谱平台段和结构基本自振周期段）控制法选取地震波。模型框架抗震设防烈度为 7 度，框架抗震等级为三级，场地

a) 加速度测点布置　　　　　　　　　　　　b) 位移测点布置

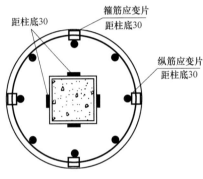

c)1D、3D、3C柱底及方钢测点

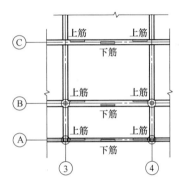

d)屋脊、金枋和檐枋测点

图 10-9　测点布置图

类别 Ⅱ 类，自振周期 T_1 可按照《建筑抗震设计规范（2016 年版）》（GB 50011—2010）附录 K 中单层混凝土柱厂房的经验公式进行计算，具体公式为

$$T_1 = (0.23 + 0.00025\varphi_1 l\sqrt{H^3})\psi \tag{10-6}$$

式中，φ_1 取 1.0；H 为柱顶高度；l 为各跨平均值；$\psi = 2.6 - 0.002l\sqrt{H^3}$，围护墙影响系数，小于 1.0 时取 1.0。

根据式（10-6）求得的 X 向和 Y 向自振频率基本一致，两向均取 $T_1 = 0.6s$。使用 Seismo Signal 软件将汶川波、兰州波、El Centro 波和 Taft 波的地震波时程数据转换为地震波加速度反应谱，求不同地震波加速度反应谱的均值，得到平均反应谱。将设计反应谱和平均反应谱绘制在同一个坐标系下进行对比。四种输入地震波的时程曲线及设计反应谱与平均反应谱对比图如图 10-10、图 10-11 所示。

通过对比可以发现：

1）在加速度反应谱 $[0.1, T_g]$ 的平台区段，平均反应谱和设计反应谱的加速度幅值平均值相差 9.47%，满足所选地震记录加速度谱在该段的均值与设计反应谱相差不超过 10% 的要求。

2）结构自振周期 T_1 附近 $[T_1 - 0.2, T_1 + 0.5]$，即 $[0.4, 1.1]$ 区段，平均反应谱和设计反应谱的加速度幅值非常接近，经计算平均反应谱与设计反应谱均值相差不超过 10%，

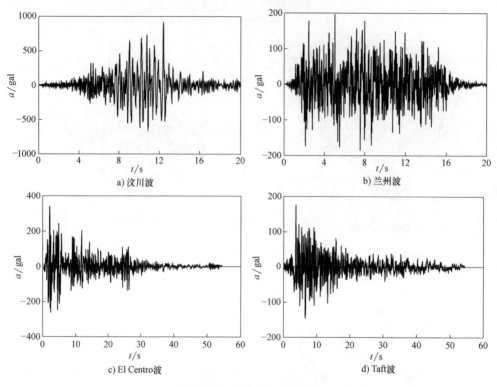

图 10-10　四种输入地震波

注：$1\mathrm{gal}=1\mathrm{cm/s^2}$。

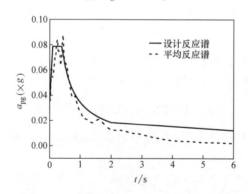

图 10-11　设计反应谱和平均反应谱对比图

同样满足两种反应谱相差不超过 10% 的要求。

综上所述，该试验选用汶川波、兰州波、Taft 波、El Centro 波四种地震波作为试验加载地震波，对模型结构进行 X 单向，Y 单向，X、Y 双向，X、Y、Z 三向的加载，以获得模型框架的抗震性能。

2. 加载方案

为研究模型结构的抗震性能，试验中考虑了 $0.07g$（7 度多遇）、$0.20g$（7 度设防）、$0.44g$（7 度罕遇）、$0.60g$、$0.80g$、$1.00g$、$1.24g$ 7 种烈度水准地震作用。在各烈度水准地震作用前，对模型进行白噪声扫频以获取模型的自振频率、阻尼等动力特性参数。加载制度见表 10-6。

表 10-6　加载制度

序　号	工况代号	设防烈度	1/4 模型加速度幅值(×g)		
			X 向	Y 向	Z 向
1	1WN		0.05	0.05	0.05
2/3/4/5	WX1/LX1/TX1/EX1		0.07	—	—
6/7/8/9	WY1/LY1/TY1/EY1	0.07g(7度多遇)	—	0.07	—
10/11/12/13	WD1/LD1/TD1/ED1		0.07	0.05	—
14/15/16/17	WZ1/LZ1/TZ1/EZ1		0.07	0.05	0.45
18	2WN		0.05	0.05	0.05
19/20/21/22	WX2/LX2/TX2/EX2		0.20	—	—
23/24/25/26	WY2/LY2/TY2/EY2	0.20g(7度设防)	—	0.20	—
27/28/29/30	WD2/LD2/TD2/ED2		0.20	0.17	—
21/32/33/34	WZ2/LZ2/TZ2/EZ2		0.20	0.17	0.13
35	3WN		0.05	0.05	0.05
36/37/38/39	WX3/LX3/TX3/EX3		0.44	—	—
40/41/42/43	WY3/LY3/TY3/EY3	0.44g(7度罕遇)	—	0.44	—
44/45/46/47	WD3/LD3/TD3/ED3		0.44	0.37	—
48/49/50/51	WZ3/LZ3/TZ3/EZ3		0.44	0.37	0.28
52	4WN		0.05	0.05	0.05
53/54/55/56	WX4/LX4/TX4/EX4		0.60	—	—
57/58/59/60	WD4/LD4/TD4/ED4	0.60g	0.60	0.51	—
61/62/63/64	WZ4/LZ4/TZ4/EZ4		0.60	0.51	0.39
65	5WN		0.05	0.05	0.05
66/67	TX5/EX5		0.80	—	—
68/69	TD5/ED5	0.80g	0.80	0.68	—
70/71	TZ5/EZ5		0.80	0.68	0.52
72	6WN		0.05	0.05	0.05
73	TX6		1.00	—	—
74	TD6	1.00g	1.00	0.85	—
75	TZ6		1.00	0.85	0.65
76	7WN		0.05	0.05	0.05
77	TX7	1.24g	1.24	—	—

注：WN 为白噪声；WX/WY/WD/WZ 为汶川波 X 向/Y 向/XY 双向/XYZ 三向，X : Y : Z = 1 : 0.85 : 0.65；LX/LY/LD/LZ 为兰州波 X 向/Y 向/XY 双向/XYZ 三向；TX/TY/TD/TZ 为 Taft 波 X 向/Y 向/XY 双向/XYZ 三向；EX/EY/ED//EZ 为 El Centro 波 X 向/Y 向/XY 双向/XYZ 三向。

■ 10.4　试验过程及现象

试验加载过程中，在每一次工况加载完成后，都对模型结构可能出现损伤的构件，如阑额、乳栿、金枋、檐枋和混凝土柱等进行重点观察，并对典型的试验现象进行同步记录。具体的试验现象如下所述（其中 1~6 以及 A~B 的轴号位置见图 10-1 和图 10-2）：

1）在峰值加速度 0.07g 地震作用下，模型结构随着地震波的输入出现了微小幅度的摆动，但不明显；各混凝土柱底纵筋和方钢管的应变均很小且呈线性变化，模型混凝土表面并无新裂缝产生；随后进行白噪声扫频，自振频率未明显降低。此时模型结构尚处于弹性阶段。

2）在峰值加速度 0.20g 地震作用下，模型出现了明显的摆动，根据现场录像可以看出模型对 Taft 波、El Centro 波、兰州波的摆动大于汶川波，在 X 向的摆动大于 Y 向；此外，模型结构乳栿以及少部分阑额等构件表面开始陆续出现裂缝，随着不同工况的进行，个别乳栿出现混凝土剥落现象，此时结构 X、Y 方向的自振频率都有所降低。具体现象如下所述：

① Y 单向 El Centro 波：模型结构各轴线上的乳栿均出现了微小斜裂缝。

② X、Y 双向兰州波：西北侧角柱 1A-1B 间乳栿南端裂缝贯穿至梁底。

③ X、Y 双向 El Centro 波：2A—2B 间乳栿 2A 端南侧，5C—5D 间乳栿 5C 端出现与原斜裂缝平行的新增斜裂缝。2A—2B 间乳栿 2A 端北侧，3A—3B 间乳栿 3A 端南侧，6C—6D 间乳栿 6D 端原有斜裂缝继续延伸发展。1C—1D 间乳栿，2C—2D 间乳栿枋斜裂缝加深扩展。3C—3D 间穿乳栿，4C—4D 间乳栿斜裂缝略有加深。

④ X、Y、Z 三向兰州波：5B—6B、2A—3A、2C—2D、3C—3D 间乳栿的裂缝延伸发展。6C—6D、5C—5D 间乳栿斜裂缝加深。1D 阑额与混凝土柱交界处出现起皮现象。

⑤ X、Y、Z 三向 El Centro 波：5A—6A 阑额 6A 端西侧与柱交接处混凝土出现细小裂缝，2A—2B 乳栿 2A 端北侧混凝土脱落，2B—3B 阑额 3B 端东侧交接处混凝土出现裂缝。4A—4B 乳栿 4A 端北侧斜裂缝延伸。2C—2D 乳栿下部与栌枓交接处、5C—5D 乳栿处斜裂缝延伸至贯通。6C—6D 乳栿 6D 端、2C—2D 乳栿 2D 端与栌枓交接处、2C 纵梁处出现新裂缝。

3）在峰值加速度 0.44g 地震作用下，是整个加载过程中各种现象最为频繁出现的阶段；模型构件原有裂缝继续发展加深，各轴线上的阑额两侧均出现了不同程度裂缝；部分 CFST 柱与屋面梁、檐枋和金枋的连接区域也开始出现裂缝并不断发展；混凝土柱底也开始出现细小水平裂缝，结合应变数据可知，角檐柱的纵筋开始屈服。具体现象如下所述：

① X 单向兰州波：3C—3D 乳栿 3C 端上侧出现裂缝，四面裂缝贯通，2C 阑额与柱交接处阑额底部出现裂缝。5C 混凝土柱西南方向距柱底 8cm 高处出现 5cm 长细小横向裂缝。

② X 单向 El Centro 波：2A—2B 乳栿 2B 端顶部出现裂缝，斜裂缝发展至乳栿顶。4A—4B 乳栿 4A 端原有裂缝发展连接成一条完整裂缝。1C—1D 乳栿斜向裂缝加宽，底部贯穿。3C—3D 乳栿 3D 端裂缝加宽加深，3C 端出现新的斜裂缝贯通。6A—6B 乳栿 6A 端南侧混凝土裂缝加深加宽。4D 轴 CFST 柱与屋面梁交接处出现裂缝。1C、2D 方钢管柱与金枋和檐枋交接处出现裂缝。4D 方钢管柱与檐枋交接处出现裂缝。4A 方钢管柱与檐枋交接北侧西面出现裂缝。3A 方钢管柱与檐枋交接北侧底面出现裂缝。1C 混凝土柱底出现 15cm 横向裂缝，2D 柱底混凝土部分脱落起皮。

③ Y 单向兰州波：2B 混凝土柱距柱底 20cm 高处出现 10cm 长横向裂缝。5D 方钢管柱与檐枋交接处出现 3cm 长斜裂缝。4D CFST 柱、檐枋、三架梁交接处出现裂缝。1C、2C 的方钢管柱与金枋交接处出现裂缝。3A—4A 檐枋南端底部出现裂缝。

④ Y 单向 El Centro 波：4A—5A 阑额 4A 端西侧出现横向裂缝。3A 方钢管柱与檐枋和屋面梁交接处出现竖向裂缝。1B 方钢管柱与金枋交接处出现水平 8cm 的裂缝。6B 方钢管柱与

金枋交接处出现裂缝。1D 方钢管柱与檐枋交接处出现裂缝。2C 方钢管柱与金枋交接出现裂缝。3D 檐枋底部距方钢管柱 2cm 处出现贯穿裂缝。3A 混凝土距柱 10cm 高处出现 6cm 长裂缝，20cm 高处出现 6cm 长裂缝。4A 混凝土距柱底 5cm 高处出现 8cm 长横向裂缝，25cm 高处出现 10cm 长横向裂缝。4B 混凝土距柱底 5cm 高处出现 10cm 长水平裂缝。1C 混凝土柱底出现 4cm 长横向裂缝。2A 方钢管柱与屋面梁交接处西侧出现竖向裂缝。

⑤ X、Y 双向兰州波：5B 混凝土距柱底 15cm 高处混凝土剥落。2B—3B 阑额 3B 端 3cm 处混凝土起皮。2D 方钢管柱与屋面梁交接处出现斜裂缝。1C 以及 1D 混凝土柱底部出现横向裂缝。

⑥ X、Y 双向 El Centro 波：4A 混凝土柱距柱底 5cm 处水平裂缝延伸 5cm。1A 柱东侧距柱底 10cm 处出现 10cm 长水平裂缝。2B 柱距柱底 40cm 处裂缝延伸 5cm。4B 柱距柱底高 20cm 处南侧出现 6cm 长环向裂缝。3A 柱距柱底 5cm 处裂缝延伸 6cm。2A 柱距柱底 40cm 处出现 8cm 长环向裂缝。6A 柱距柱底 5cm 处裂缝变宽。1C 柱距柱底 30cm 处出现多处竖向短裂缝以及横向长裂缝。2A—3A 檐枋 2A 端底面裂缝延伸至方钢处。1A—2A 檐枋端部开裂。

⑦ X、Y、Z 三向兰州波：5A 方钢管柱顶节点区域混凝土起皮较为严重。2D 方钢管柱上部与檐枋的连接处混凝土压碎、脱落。2A、3A、1B 方钢管柱上侧檐枋水平裂缝扩展 5cm。4D 方钢管柱上侧檐枋出现纵向长 3cm 的裂缝。3D 方钢管柱上侧檐枋南侧出现横向贯通裂缝。3B 混凝土柱距柱底 15cm 处出现 4cm 长横向裂缝，4A 混凝土柱距柱底 5cm 处横向裂缝延伸 5cm，1D 混凝土柱距柱底 6cm 高处出现环向短裂缝。5D 方钢管柱上侧檐枋两侧靠近方钢管处出现 4cm 长裂缝。1C 方钢管柱顶部与屋面梁连接处出现裂缝。

⑧ X、Y、Z 三向 El Centro 波：4A 方钢管柱顶距梁南 15cm 处出现 8cm 长横向裂缝。2A 钢管柱上侧檐枋原有裂缝变宽。4D 屋面梁原有裂缝加深加宽。2A 混凝土柱底有长 8cm 的裂缝出现。3A 混凝土柱距柱底 5cm 处北侧裂缝延伸 10cm，距柱底 20cm 处裂缝延伸 9cm。3B 混凝土柱距柱底 15cm 处东侧出现 8cm 长环向裂缝。4C 混凝土柱距柱底 10cm 处东侧出现 15cm 长的环向裂缝，距柱底 5cm 处出现 5cm 裂缝。3C 混凝土柱距柱底 5cm 处东侧出现 5cm 长裂缝。4A 混凝土柱顶距梁南侧 15cm 处出现 8cm 长横向裂缝。5A 方钢管柱上侧檐枋底部混凝土开裂严重。2D 方钢管柱与檐枋交接处，环向混凝土剥落较严重。1C 方钢管柱上部区域混凝土部分脱落。6C—6D 间乳栿 6D 端方钢管柱和檐枋相连的屋面梁底部混凝土开始剥落。

4）在峰值加速度 0.60g 地震作用下，屋盖摆动更加明显，模型结构整体反应剧烈。在上一个地震烈度下出现的裂缝继续发展延伸，方钢管柱顶与屋面梁、檐枋和金枋交接处陆续开始有混凝土脱落。

① X 单向兰州波：2B—3B 金枋 3B 端底部出现裂缝。4B—5B 金枋 4B 端东面出现 4cm 长斜向裂缝。1C—2C 金枋距枋端 5cm 处出现斜向裂缝。3C 方钢管柱与屋面梁连接处出现 2mm 宽裂缝。6B 混凝土柱距柱底 30cm 处出现 7cm 长裂缝。4B 混凝土柱距柱底 37cm 处出现 10cm 长水平裂缝。5C 混凝土柱距柱底 16cm 处北侧出现 10cm 长横向裂缝，37cm 处北侧出现 10cm 长横向裂缝。

② X 单向 El Centro 波：已有裂缝继续发展，3A 混凝土柱距柱底 20cm 处裂缝发展至 8cm。2A 混凝土柱距柱底 20cm 处裂缝发展至 8cm。5A 混凝土柱距柱底 18cm 处裂缝发展至 4cm。5B 混凝土柱距柱底 15cm 处北侧裂缝发展至 5cm。5C 混凝土柱距柱底 16cm 处裂缝向西发展至 8cm。2C 混凝土柱下部裂缝延伸。新出现裂缝：1D、2D 混凝土柱距柱底 10cm 处出现斜向裂缝。6C 混凝土柱距柱底 1cm 处西侧出现 2cm 长横向裂缝。5C 混凝土柱距柱底

8cm 处东侧出现 7cm 长横向裂缝。4D 方钢管柱侧檐枋南侧有大块混凝土脱落。3D 方钢管柱侧檐枋东侧边梁有少量混凝土脱落。4D 方钢管柱与屋面梁交界处有少量混凝土脱落。

③ X、Y 双向兰州波：4A—4B 间乳栿 4B 端裂缝贯通。2A 方钢管柱与檐枋交接处出现 5cm 长竖向裂缝。2D 方钢管柱与檐枋交接处出现竖向裂缝。2D—3D 阑额距 2D 端 1/3 处阑额底出现裂缝。2B 混凝土柱距柱底 30cm 处裂缝延伸 8cm。5D 混凝土柱距柱底 21cm 处西侧出现 8cm 长横向裂缝。5C 混凝土柱距柱底 8cm 处裂缝继续延伸 4cm。4C 混凝土柱距柱底 15cm 处裂缝延伸加宽。2D 混凝土柱底部出现裂缝。6D 混凝土柱距柱底 10cm 处东南侧出现 4cm 长横向裂缝。

④ X、Y 双向 El Centro 波：1A—2A 阑额 1A 端与 1A 柱栌枓之间出现 5cm 长竖向裂缝。4C—4D 阑额两端出现竖向裂缝。2C—3C 阑额底部中段出现横向裂缝。2D 混凝土柱距柱底 5cm 处出现环向裂缝。6C 混凝土柱距柱底 9cm 处出现 8cm 长环向裂缝，1D 混凝土柱底部出现 5cm 环向裂缝。5C 混凝土柱距柱底 8cm 处北侧出现 4cm 裂缝。6B 混凝土柱距柱底 8cm 处裂缝延伸至 15cm。2A—3A 方钢管柱上侧檐枋北侧混凝土大块脱落。6A—6B 乳栿东侧混凝土大块起皮脱落。1A—2A 檐枋南侧混凝土大块脱落。1B 方钢管柱与金枋和屋面梁连接处混凝土压碎脱落。2D、4D、3D 方钢管柱与檐枋交接处混凝土大块脱落。

⑤ X、Y、Z 三向兰州波：2C 方钢管柱与屋面梁连接处出现裂缝。5A 方钢管柱与檐枋和屋面梁连接区域混凝土严重破碎、脱落。2B 混凝土柱距柱底 25cm 处环向裂缝加深加宽。5B 混凝土柱距柱底 35cm 处出现 6cm 长环向裂缝。6A 混凝土柱距柱底 40cm 处出现 5cm 长环向裂缝。1C 混凝土柱底部环向裂缝贯穿。

⑥ X、Y、Z 三向 Taft 波：6C 方钢管柱上侧檐枋南侧出现 10cm 长横向裂缝。2D—3D 阑额顶部出现裂缝。5A 方钢管柱与檐枋和屋面梁连接区域混凝土脱落。4D 方钢管柱与檐枋和屋面梁连接区域混凝土继续脱落。5D—6D 阑额 6D 端混凝土脱落。

⑦ X、Y、Z 三向 El Centro 波：4A 混凝土柱中部出现 10cm 长环向裂缝。4A 混凝土柱距柱底 40cm 处裂缝延伸 3cm。3B 混凝土柱距柱底 40cm 处出现 8cm 长环向裂缝。5D 混凝土柱距柱底 9cm 处出现 10cm 长环向裂缝。6C 混凝土柱距柱底 14cm 处东侧出现 5cm 长环向裂缝。2B—3B 阑额 3B 端底部出现横向裂缝。3D—4D 阑额 3D 端出现水平裂缝。

5）在峰值加速度 0.80g 地震作用下，金柱和檐柱底部均出现了不同程度的水平裂缝，各轴线上与 CFST 柱相连的檐枋和屋面梁底部的混凝土剥落现象更加明显。

① X 单向 Taft 波：5B、6A 方钢管柱上侧檐枋出现裂缝。

② X 单向 El Centro 波：3B 方钢管柱顶檐枋北侧出现裂缝。3D 方钢管柱顶檐枋裂缝贯通东侧。1D 方钢管柱与屋面梁交接处混凝土脱落。

③ X、Y 双向 El Centro 波：5A 方钢管柱顶部区域混凝土脱落。1B 方钢管柱顶檐枋南侧混凝土脱落。1A—2A 阑额 1A 端上部混凝土压碎。

④ X、Y、Z 三向 El Centro 波：5A 混凝土柱距柱底 15cm 处出现 5cm 环向裂缝，30cm 处出现 8cm 环向裂缝。5A 混凝土柱距柱底 20cm 处混凝土脱落。6D 混凝土柱底部略微掉皮。3 轴 4 轴间阑额形成通缝。

6）在峰值加速度 1.00g 地震作用下，各混凝土柱柱底裂缝明显加深加宽，且逐渐向上发展。

① X、Y 双向 Taft 波：5C、6C 混凝土柱底部裂缝持续加深加宽。5A 混凝土柱距柱底

5cm 处发展为环向贯通裂缝。3B 混凝土柱距柱底 10cm 处出现 10cm 长环向裂缝。3B 方钢管柱顶檐枋南侧混凝土大块起皮。5B 混凝土柱距柱底 15cm 处混凝土脱落。6A 混凝土柱距柱底 15cm 处混凝土脱落。1B 混凝土柱距柱底 1cm 处混凝土脱落。3A 混凝土柱距柱底 8cm 处混凝土脱落。2B—3B 阑额 3B 端底部混凝土剥落。

② *X*、*Y* 双向 Taft 波：5C、6C 混凝土柱底部裂缝持续加深加宽。5A 混凝土柱距柱底 5cm 处发展为环向贯通裂缝。3B 混凝土柱距柱底 10cm 处出现 10cm 长环向裂缝。2B、3B 方钢管柱顶金枋南侧混凝土大块起皮。5B 混凝土柱距柱底 15cm 处混凝土脱落。6A 混凝土柱距柱底 15cm 处混凝土脱落。1B 混凝土柱距柱底 1cm 处混凝土脱落。3A 混凝土柱距柱底 8cm 处混凝土脱落。2B—3B 阑额 3B 端底部混凝土剥落。

③ *X*、*Y*、*Z* 三向 Taft 波：1A 方钢管柱顶檐枋北侧出现 8cm 长竖向裂缝。3A 方钢管柱区域混凝土大块剥落。6D 混凝土柱底东侧裂缝扩展，混凝土剥落。5D—6D 阑额南侧破坏，混凝土掉落。

7）在峰值加速度 1.24*g* 地震作用下，模型结构经剧烈摆动后发生坍塌破坏。试验现象显示，混凝土柱大多压溃破坏，柱底混凝土完全剥落，纵筋严重压曲外鼓；CFST 柱与檐枋内预埋钢板由于焊缝开裂而分离；个别 CFST 柱从混凝土柱中拔出。模型结构各构件及整体破坏现象如图 10-12 所示。

a) 乳栿破坏   b) 阑额破坏   c) CFST柱连接区混凝土剥落

d) 柱脚水平裂缝   e) 模型结构倒塌破坏

f) 混凝土柱底破坏   g) CFST柱与预埋钢板脱离   h) CFST柱拔出

图 10-12 模型结构典型破坏

■ 10.5　结构破坏模式

在峰值加速度 $0.07g$（7度多遇）地震作用下，模型结构各构件没有明显裂缝出现，自振频率与试验前基本保持不变，此时模型结构尚处于弹性阶段。在峰值加速度 $0.20g$（7度设防）地震作用下，模型结构位移较小，混凝土柱纵筋及方钢管尚未屈服。坐斗、乳栿以及阑额两端开始出现细小裂缝。在峰值加速度 $0.44g$（7度罕遇）地震作用下，模型结构自振频率已有较大降低，角柱 RC 柱纵筋和方钢管已经屈服，金柱和檐柱 RC 柱底部裂缝已有较大发展。在峰值加速度 $0.60g$ 地震作用下，模型结构各构件原有裂缝继续发展，方钢管柱与屋面梁和檐枋的交界处混凝土开始出现裂缝，此时金柱及檐柱 RC 柱纵筋也达到屈服状态，部分坐斗破坏。在峰值加速度 $0.80g$ 地震作用下，金柱方钢管也达到了屈服状态，部分方钢管柱与屋面梁和檐枋的交界处混凝土脱落。在峰值加速度 $1.00g$ 地震作用下，混凝土柱底以及方钢管柱与屋面梁和檐枋的交界处混凝土开始大量脱落。在峰值加速度 $1.24g$ 地震作用下，混凝土柱大多压溃破坏，纵筋严重压屈外鼓；CFST 柱与檐枋内预埋钢板由于焊缝开裂而分离；个别 CFST 柱从混凝土柱中拔出。

总体来看，模型结构各构件破坏顺序为①坐斗；②乳栿；③阑额；④CFST 柱柱顶连接区域；⑤混凝土柱柱底。分析其原因，乳栿和阑额作为柱架的 X、Y 向水平联系构件，其刚度相对较小，在地震作用下首先形成梁铰机制，是模型结构的第一道和第二道抗震防线；由于乳栿浇筑于坐斗之上，坐斗在乳栿的拉压作用下首先发生破坏。与金柱和檐柱相比，由于角柱缺少水平约束，首先进入屈服状态。柱架水平联系构件乳栿与阑额退出工作后，金柱和檐柱的水平约束变弱，在地震作用下位移明显增大，导致 CFST 柱柱顶区域混凝土产生裂缝并逐渐脱落，同时金柱和檐柱混凝土柱纵筋也进入屈服状态。加载后期 CFST 柱耗能作用明显增强，与檐柱 CFST 柱相比，较高的金柱 CFST 柱承担了更大的水平地震作用，导致金柱 CFST 柱方钢管先于檐柱达到屈服状态。随地震作用的继续增大，水平地震力超过组合柱的极限承载力，导致各组合柱混凝土柱柱底压溃破坏。

传统风格建筑 RC-CFST 平面组合框架在低周反复荷载作用下，模型框架各构件破坏顺序为①坐斗；②乳栿；③三架梁与金柱 CFST 柱柱顶连接区域；④混凝土柱柱底。这与传统风格建筑 RC-CFST 空间组合框架的破坏顺序较为一致。总体来看，与常规现代建筑结构相比，由脊瓜柱、三架梁、屋面梁及屋面板组成的屋盖体系质量和刚度均较大，具有"大屋顶"特色，屋盖体系的惯性力远大于柱架。由金柱、檐柱及乳栿组成的柱架水平抗侧刚度相对较低，导致模型结构在水平往复荷载作用下柱架破坏严重。

■ 10.6　模型动力特性分析

大型结构动力特性测试时通过在外界环境激励作用下进行短期的振动或者应变的测试，来获得结构的模态特征，从而通过反分析获得结构的物理参数。具体到振动台试验中，用试验法测定结构动力特性时，应先设法使结构起振，然后记录和分析结构受振后的振动形态，以获得结构动力特性的基本参数。强迫振动的方法主要有振动荷载法、撞击荷载法、地脉动法等。该试验通过输入峰值为 $0.05g$ 的白噪声信号来获取模型结构的振动反应数据，并以 MATLAB 软件对模型结构振动反应的加速度数据进行处理，可得到模型结构 X、Y 向的频响函数（图 10-13），从而获得结构的自振频率、阻尼比等动力特性。利用 ORIGIN 软件中的快速傅里叶变换（FFT）功能对地震波数据进行离散傅里叶变换，可得到不同地震波的频率-幅值曲线，如图 10-14 所示。

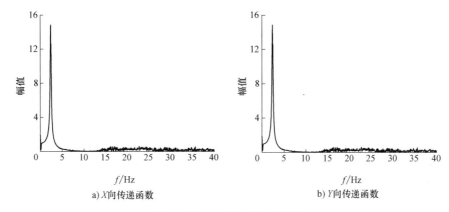

a) X向传递函数　　　　　　　　　　b) Y向传递函数

图 10-13　加载前的频响函数

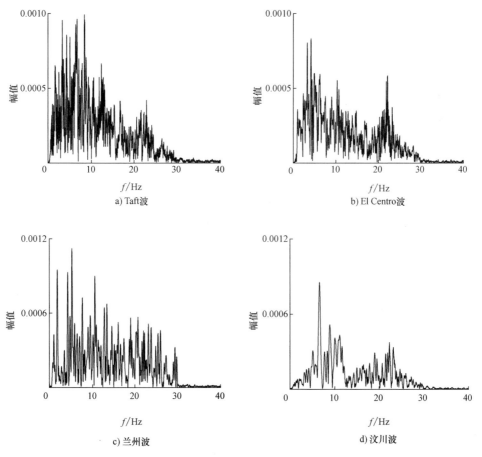

a) Taft波　　　　　　　　　　b) El Centro波

c) 兰州波　　　　　　　　　　d) 汶川波

图 10-14　不同地震波的频率-幅值曲线

由图 10-14 可以看出 Taft 波高频带主要分布在 2.03~8.78Hz；El Centro 波高频带主要分布在 2.23~6.39Hz；兰州波高频带主要分布 3.30~29.50Hz；汶川波高频带主要分布在 5.19~11.27Hz。相比 Taft 波、El Centro 波和兰州波，汶川波的低频成分更丰富，说明其地震能量主要集中在低频区域。

10.6.1 自振频率

传递函数源自于工程控制理论，是零初始条件下线性系统响应（即输出量）的拉普拉斯变换与激励（即输入量）的拉普拉斯变换之比。作为一种描述线性系统动态特征的数学工具，传递函数本身只与系统自身的特征有关而与输入量无关。对于振动台试验而言，可在 MATLAB 中输入激励荷载（试验所用的白噪声）和结构测点处的加速度反应，利用 MAT-LAB 函数工具箱中提供的 tfe 函数求出响应函数（传递函数在傅氏域中称为频响函数，实际操作中一般不作严格区分），频响函数图像中的峰值点即为结构的卓越频率，也就是结构在 X 向或 Y 向上的自振频率。通过传递函数法求得模型结构在不同强度地震作用后的 X 向和 Y 向自振频率及自振周期，见表 10-7。

表 10-7　模型的自振频率和自振周期

方向	自振频率和自振周期	试验前	0.07g	0.20g	0.44g	0.60g	0.80g	1.00g
X 向	自振频率/Hz	2.38	2.34	1.84	1.48	1.33	1.29	1.17
	自振周期/s	0.42	0.43	0.54	0.67	0.75	0.77	0.85
Y 向	自振频率/Hz	2.34	2.34	1.88	1.60	1.52	1.41	1.32
	自振周期/s	0.43	0.43	0.53	0.62	0.66	0.71	0.75

从表 10-7 可以看出，模型结构 X 向和 Y 向的第一频率为分别为 2.38Hz 和 2.34Hz，说明模型的 X 向、Y 向的初始刚度相差不大。在输入 0.20g（7 度设防）地震作用前，模型结构频率基本保持不变，此时的结构尚处于弹性阶段。随着地震作用的不断增强，X、Y 向的第一频率不断降低，且 X 向较 Y 向明显。在输入 0.44g（7 度罕遇）地震作用前，X 向和 Y 向自振频率分别下降了 21.37% 和 19.66%，此时模型结构的大部分乳栿和个别阑额出现裂缝，结构刚度逐渐降低。在输入 0.60g 地震作用前，X 向和 Y 向自振频率又分别下降了 19.57% 和 14.89%，此时混凝土柱底开始出现裂缝，部分混凝土柱底部纵筋在此阶段屈服，结构刚度进一步降低。在输入 0.60g、0.80g 及 1.00g 地震作用后，结构的自振频率持续降低，但下降幅度较之前工况变小，X 向的自振频率在上述三个工况作用后的下降幅度分别为 10.14%、3.00% 和 9.30%，Y 向的自振频率下降幅度分别为 5.00%、7.24% 和 6.38%。

结构 X 向的初始自振频率与 Y 向的自振频率相差不大，加载开始后，Y 向的自振频率始终大于 X 向的自振频率，说明在加载过程中模型结构在 X 向的损伤比 Y 向更严重。

10.6.2 阻尼比

阻尼比是指阻尼系数与临界阻尼系数之比。模型结构的阻尼比由传递函数曲线根据半功率法求得，它可以反映模型结构在振动过程中的能量耗散。具体做法为：找出频率-幅值曲线中最大幅值 Y_{max}，在 Y 坐标值为 $0.707Y_{max}$ 处作一条平行于 X 轴（频率轴）的直线且与幅频曲线相交于 A、B 两点，A、B 两点相应的横坐标为 f_1 和 f_2，曲线峰值对应横坐标为 f_0，

则结构的阻尼比公式为

$$\zeta = \frac{f_1 - f_2}{2f_0} \qquad (10-7)$$

经计算结构在不同强度地震作用下 X 向和 Y 向的阻尼比见表 10-8。

表 10-8　模型结构的阻尼比

方向	试验前	0.07g	0.20g	0.44g	0.60g	0.80g	1.00g
X 向	0.0242	0.025	0.044	0.045	0.069	0.079	0.120
Y 向	0.0215	0.022	0.031	0.039	0.042	0.050	0.060

由表 10-8 可以看出，随地震作用的不断增加，阻尼比也逐渐增大。尤其是在输入 0.20g（7 度设防）地震激励后，模型结构进入弹塑性阶段，阻尼比增大幅度更加明显，这主要是由于累积损伤程度增大，结构耗能提高。随输入峰值加速度的增大，X 向阻尼比增幅大于 Y 向，这说明模型结构 X 向的累积损伤更大，耗能增加明显。

■ 10.7　模型地震反应分析

10.7.1　加速度反应

1. 加速度时程反应

由布置在模型结构上的传感器可测得各测点的加速度。图 10-15 所示为在峰值加速度为 0.44g 的不同地震波作用下模型结构屋脊处的加速度响应。可以看出，与兰州波和汶川波相比，El Centro 波和 Taft 波作用下屋脊处加速度响应较大，说明 El Centro 波和 Taft 波的频谱特性对结构的加速度响应影响较为明显。图 10-16 所示为在峰值加速度为 0.44g Taft 波作用下金柱、角柱及檐柱加速度响应。由图 10-16 可知，各柱加速度时程曲线基本相位差较小，峰值点几乎在同一时刻出现，只是加速度峰值略有差异。总体来看，檐柱加速度反应最大，角柱次之，金柱最小。

图 10-15 和
图 10-16 彩图

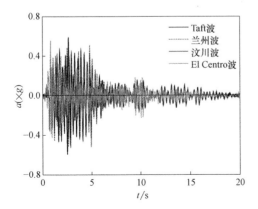

图 10-15　屋脊处的加速度时程曲线

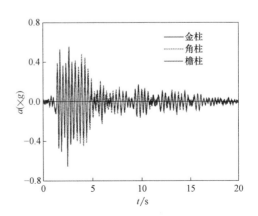

图 10-16　金柱、角柱及檐柱加速度时程曲线

图 10-17 所示为 Taft 波作用下模型结构基础、柱架顶、屋脊及三架梁处在各级地震强度下的加速度时程曲线。由图 10-17 可知：

1）在输入 $0.07g$（7 度多遇）地震激励时，不同测点处的加速度时程曲线波形相位差很小，几乎同步出现峰值。随输入峰值加速度的增大，柱架顶、三架梁及屋脊处的加速度时程曲线形状与屋脊处相近，但相对基础出现了滞后现象。在输入 $0.80g$ 地震激励后，这种滞后作用更加明显。

2）试验加载初期，模型柱架顶、三架梁以及屋脊处的加速度响应对相对基础的加速度响应有明显的放大效应。随输入峰值加速度的增大，其放大

图 10-17 彩图

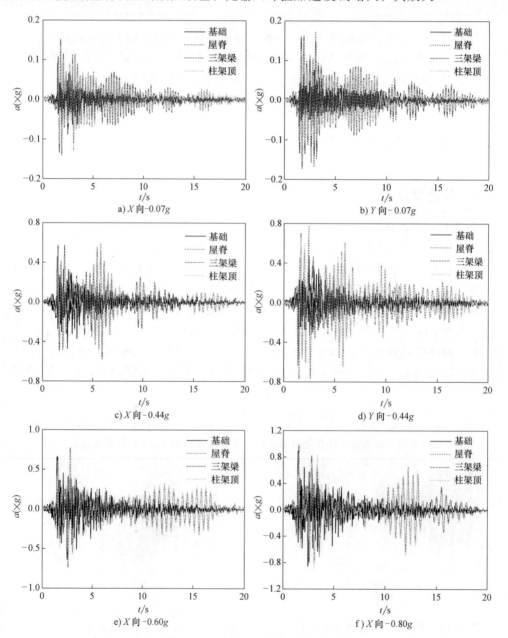

a) X 向 -0.07g

b) Y 向 - 0.07g

c) X 向 -0.44g

d) Y 向 - 0.44g

e) X 向 -0.60g

f) X 向 -0.80g

图 10-17　Taft 波作用下的加速度时程曲线

效应开始逐渐减弱。这是由于模型结构由弹性状态逐渐进入非线性状态，损伤累积，刚度退化，阻尼比逐渐增大。

3）X 向和 Y 向波形差异较大，这是由于结构在 X 向和 Y 向刚度存在差异，且随输入峰值加速度的增大，X 向、Y 向的自振频率与阻尼比差异逐渐增大，导致其波形差异更为显著。

2. 加速度放大系数

取各测点加速度时程曲线的最大值，可以得到各测点在不同地震波输入下的最大加速度反应，各测点的最大加速度反应与台面测得的加速度峰值之比即为该层的加速度放大系数。不同峰值加速度作用下模型结构各测点加速度最大值及放大系数 k 见表10-9～表10-12。

表10-9　峰值加速度 0.07g 地震作用下各测点加速度最大值及放大系数

地震波	方向	参　　数	基础	柱架顶	三架梁	屋脊
汶川波	X 向	加速度最大值($\times g$)	0.089	0.097	0.105	0.106
		放大系数 k	1.000	1.0897	1.187	1.193
	Y 向	加速度最大值($\times g$)	0.071	0.078	0.086	0.087
		放大系数 k	1.000	1.103	1.211	1.226
兰州波	X 向	加速度最大值($\times g$)	0.095	0.109	0.121	0.123
		放大系数 k	1.000	1.1497	1.275	1.299
	Y 向	加速度最大值($\times g$)	0.082	0.095	0.106	0.108
		放大系数 k	1.000	1.163	1.298	1.311
Taft波	X 向	加速度最大值($\times g$)	0.092	0.137	0.151	0.152
		放大系数 k	1.000	1.488	1.638	1.651
	Y 向	加速度最大值($\times g$)	0.104	0.156	0.173	0.176
		放大系数 k	1.000	1.500	1.667	1.688
El Centro波	X 向	加速度最大值($\times g$)	0.109	0.140	0.160	0.162
		放大系数 k	1.000	1.283	1.468	1.484
	Y 向	加速度最大值($\times g$)	0.081	0.116	0.144	0.143
		放大系数 k	1.000	1.436	1.772	1.766

表10-10　峰值加速度 0.44g 地震作用下各测点加速度最大值及放大系数

地震波	方向	参　　数	基础	柱架顶	三架梁	屋脊
汶川波	X 向	加速度最大值($\times g$)	0.461	0.471	0.500	0.505
		放大系数 k	1.000	1.021	1.085	1.095
	Y 向	加速度最大值($\times g$)	0.524	0.555	0.582	0.590
		放大系数 k	1.000	1.06	1.111	1.126
兰州波	X 向	加速度最大值($\times g$)	0.457	0.475	0.528	0.529
		放大系数 k	1.000	1.040	1.155	1.159
	Y 向	加速度最大值($\times g$)	0.478	0.508	0.571	0.574
		放大系数 k	1.000	1.063	1.195	1.201

（续）

地震波	方向	参 数	基础	柱架顶	三架梁	屋脊
Taft 波	X 向	加速度最大值（×g）	0.472	0.543	0.576	0.594
		放大系数 k	1.000	1.151	1.220	1.260
	Y 向	加速度最大值（×g）	0.573	0.719	0.775	0.781
		放大系数 k	1.000	1.255	1.352	1.362
El Centro 波	X 向	加速度最大值（×g）	0.453	0.509	0.561	0.557
		放大系数 k	1.000	1.124	1.238	1.231
	Y 向	加速度最大值（×g）	0.400	0.533	0.643	0.635
		放大系数 k	1.000	1.332	1.607	1.586

表 10-11　峰值加速度 0.80g 地震作用下各测点加速度最大值及放大系数

地震波	方向	参 数	基础	柱架顶	三架梁	屋脊
Taft 波	X 向	加速度最大值（×g）	0.886	0.895	0.957	0.983
		放大系数 k	1.000	1.010	1.080	1.110
El Centro 波	X 向	加速度最大值（×g）	0.756	0.764	0.801	0.816
		放大系数 k	1.000	1.010	1.060	1.080

表 10-12　峰值加速度 1.00g 地震作用下各测点加速度最大值及放大系数

地震波	方向	参 数	基础	柱架顶	三架梁	屋脊
Taft 波	X 向	加速度最大值（×g）	1.135	1.101	1.192	1.203
		放大系数 k	1.000	0.970	1.050	1.060

图 10-18 所示为不同试验阶段，模型结构 X、Y 方向在不同地震波作用下模型结构的加速度放大系数包络图。从以上图表中可以看出，同工况下屋脊与三架梁处的加速度反应相差不大，而柱架加速度反应小于屋脊和三架梁处的加速度反应。随输入峰值加速度增大，柱架顶、三架梁及屋脊处的加速度放大系数不断减小，且减小幅度逐渐变小。这是由于随输入峰值加速度的增加，模型框架由弹性阶段过渡到弹塑性阶段，各构件变形均逐渐增大，结构累积损伤逐渐加剧，刚度退化显著。随加载继续进行，模型结构完全进入塑性阶段，刚度退化速度减慢。

四种地震波在相同峰值加速度作用下模型结构的加速度放大系数并不相同，Taft 波和 El Centro 波作用下结构的加速度放大系数始终大于兰州波和汶川波，究其原因，主要是由于四种地震波的频谱特性对结构反应影响不同。

地震影响系数 α 是地震系数与加速度放大系数的乘积，其本质是作用于单质点弹性体系上的水平地震力与结构重力之比，即随地震影响系数的增大，作用于单质点体系上的水平地震力增大。屋脊处的 X、Y 向加速度放大系数分别为 1.65 和 1.77，均低于现代一般建筑结构（其均值为 2.25）。说明在相同峰值加速度的作用下，模型结构地震影响系数小于现代一般建筑结构，即作用于模型框架的水平地震力会小于现代一般建筑结构，这是有利于模型框架抗震设计的一面。

模型结构按设计地震分组为第一组、场地类别为 Ⅱ 类进行设计。由《建筑抗震设计规

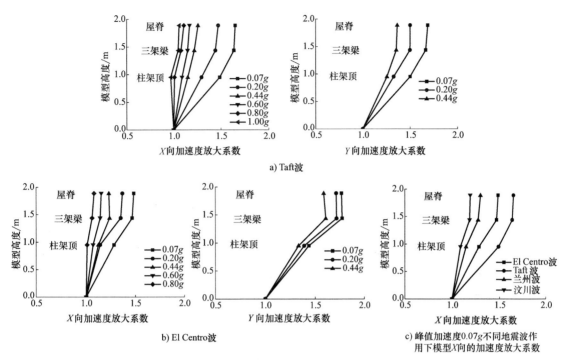

a) Taft波

b) El Centro波

c) 峰值加速度0.07g不同地震波作用下模型X向的加速度放大系数

图 10-18 模型结构加速度放大系数包络图

范（2016 年版）》（GB 50011—2010）可知其设计特征周期为 0.35s，而模型结构 X、Y 向的自振周期分别为 0.42s、0.43s，即 $T > T_g$。由《建筑抗震设计规范（2016 年版）》（GB 50011—2010）中地震影响系数曲线（图 10-19）可知，地震影响系数在 $0.1s \leq T \leq T_g$ 内才会取得最大值。由于地震影响系数 α 是地震系数与加速度放大系数的乘积，而地震系数是定值，因此模型框架的加速度放大系数小于《建筑抗震设计规范（2016 年版）》最大加速度放大系数的取值 2.25。其根本原因是模型结构本身偏柔，其自振周期远离设计特征周期。

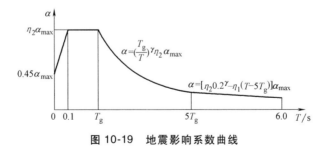

图 10-19 地震影响系数曲线

表 10-13 所列为模型在 Taft 波作用下，各测点相对最大加速度相对反应。可以看出，η_3 在各工况下始终接近 1，这是由于模型主要质量集中在屋盖，屋盖体系相对柱架，可以等效看作一个刚体。η_1 随输入地震加速度的增加逐渐减小，这表明柱架的累积损伤随输入地震加速度的增大而逐渐增大。η_2 在各工况下的数值始终大于 1，说明屋盖体系的加速度放大系数大于柱架。由图 10-20 可以明显看出 η_1 与 η_4 变化趋势相近，即随台面输入加速度的增加，加速度放大系数逐渐减小，这表明柱架的累积损伤是结构加速度放大系数逐渐减小的主要原因。

表 10-13　Taft 波作用下 X 向各测点最大加速度相对反应

工况	0.07g	0.20g	0.44g	0.60g	0.80g	1.00g
η_1	1.49	1.30	1.15	1.09	1.01	0.97
η_2	1.10	1.11	1.06	1.06	1.07	1.08
η_3	1.01	1.02	1.03	1.02	1.03	1.01
η_4	1.65	1.47	1.26	1.17	1.11	1.06

注：$\eta_1 = \alpha_{max柱架顶部}/\alpha_{max台面}$；$\eta_2 = \alpha_{max三架梁}/\alpha_{max柱架顶部}$；$\eta_3 = \alpha_{max屋脊}/\alpha_{max三架梁}$；$\eta_4 = \alpha_{max屋脊}/\alpha_{max台面}$。

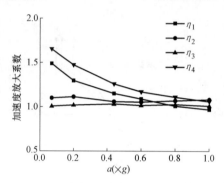

图 10-20　Taft 波作用下最大加速度相对反应曲线

10.7.2　位移反应

1. 位移时程反应

由布置在模型结构上各测点的位移传感器可测得各测点的位移响应。图 10-21 所示为在峰值加速度 0.44g Taft 波作用下屋脊与三架梁处的位移时程曲线。由图 10-21 可知，屋脊与三架梁处的位移响应相差不大，位移时程曲线基本重合，说明屋盖体系在水平地震作用下只发生刚体运动。因此，本章以屋脊、柱架及基础作为测点分析屋盖体系相对柱架的位移反应规律。

图 10-22 所示为在峰值加速度为 0.44g Taft 波作用下模型结构金柱、角柱及檐柱的位移时程曲线。可以看出，组合柱的位移响应从小到大依次为金柱、檐柱和角柱。这是由于与金柱相比檐柱在 X 向水平约束较少，而与檐柱相比角柱在 X、Y 方向的约束均较少，导致模型结构在水平地震作用下角柱的位移响应更大。

图 10-21 和
图 10-22 彩图

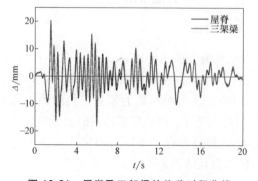

图 10-21　屋脊及三架梁的位移时程曲线

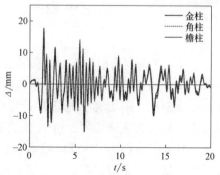

图 10-22　金柱、角柱及檐柱的位移时程曲线

图 10-23 所示为柱架顶、屋脊及基础在 Taft 波作用下各级地震强度下的位移时程曲线。由图 10-23 可以看出，随输入峰值加速度的增大，屋脊、三架梁、柱架顶的位移反应逐渐增大。在输入 0.44g（7 度罕遇）地震激励后，柱架顶及屋脊的位移时程曲线相对于基础出现了波峰滞后的现象。

图 10-23 彩图（1）　　图 10-23 彩图（2）

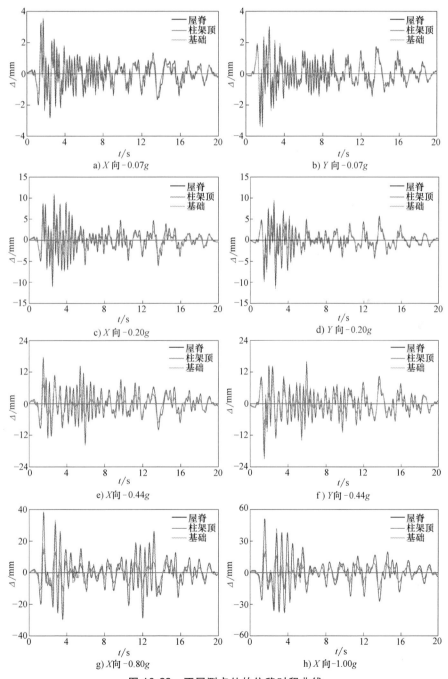

图 10-23　不同测点处的位移时程曲线

2. 最大位移反应

在相同工况下将模型在不同测点处的位移时程减去基础的位移时程可得各测点与基础的相对时程，取最大值即为模型的最大相对位移。表 10-14 和表 10-15 列出了模型结构在不同地震强度的汶川波、兰州波、Taft 波及 El Centro 波作用下 X 向和 Y 向的最大相对位移值。

表 10-14　不同工况下模型各测点 X 向相对基础的最大位移及最大位移角

峰值加速度	地震波	柱架顶		三架梁		屋脊	
		位移/mm	位移角/rad	位移/mm	位移角/rad	位移/mm	位移角/rad
0.07g	汶川波	1.0807	1/879	1.2264	1/1172	1.1556	1/1634
	兰州波	1.6029	1/593	2.0228	1/710	1.6450	1/1148
	Taft 波	2.5280	1/376	2.9650	1/485	2.5950	1/728
	El Centro 波	2.4500	1/388	3.1000	1/464	2.6200	1/721
0.20g	汶川波	3.3287	1/285	3.8590	1/372	3.5926	1/526
	兰州波	4.6237	1/205	5.7212	1/251	4.6835	1/403
	Taft 波	9.1863	1/103	9.7184	1/148	9.2983	1/203
	El Centro 波	9.0588	1/105	8.9148	1/161	9.2069	1/205
0.44g	汶川波	4.7442	1/200	5.9120	1/243	5.1908	1/364
	兰州波	7.9408	1/120	8.9019	1/161	8.0758	1/234
	Taft 波	12.8995	1/74	13.7483	1/105	13.1929	1/143
	El Centro 波	20.6608	1/46	22.5846	1/64	21.3298	1/89
0.60g	汶川波	8.0983	1/117	8.4675	1/170	8.1821	1/231
	兰州波	16.1809	1/59	18.5301	1/78	14.9584	1/126
	Taft 波	22.0635	1/43	24.1075	1/60	21.8551	1/86
	El Centro 波	22.2832	1/43	25.4887	1/56	23.4226	1/81
0.80g	Taft 波	26.4188	1/36	31.0641	1/46	26.9240	1/70
	El Centro 波	24.3928	1/39	28.4355	1/51	24.2746	1/78
1.00g	Taft 波	38.5953	1/25	40.4302	1/36	39.3068	1/48

表 10-15　不同工况下模型各测点 Y 向相对基础的最大位移及最大位移角

峰值加速度	地震波	柱架顶		三架梁		屋脊	
		位移/mm	位移角/rad	位移/mm	位移角/rad	位移/mm	位移角/rad
0.07g	汶川波	0.8955	1/1061	0.9831	1/1462	1.0416	1/1813
	兰州波	1.5319	1/620	1.5527	1/926	1.7581	1/1074
	Taft 波	1.9127	1/497	2.0025	1/718	2.1708	1/870
	El Centro 波	2.0246	1/469	2.1549	1/667	2.3943	1/789
0.20g	汶川波	2.6268	1/362	2.8786	1/499	3.0040	1/628
	兰州波	3.8188	1/249	3.5286	1/407	3.8915	1/485
	Taft 波	7.0464	1/135	7.5096	1/191	7.9751	1/237
	El Centro 波	7.6347	1/124	8.1182	1/177	8.6825	1/217

（续）

峰值加速度	地震波	柱架顶		三架梁		屋脊	
		位移/mm	位移角/rad	位移/mm	位移角/rad	位移/mm	位移角/rad
0.44g	汶川波	4.7263	1/201	5.2806	1/272	5.4865	1/344
	兰州波	8.6831	1/109	7.6467	1/188	8.7056	1/217
	Taft 波	13.1480	1/72	13.0041	1/111	14.1984	1/133
	El Centro 波	18.5016	1/51	19.2901	1/74	20.3821	1/93

图 10-24 所示为模型结构在不同地震波作用下的最大位移响应包络图。可以看出，随着峰值加速度不断增大，各结构层次的位移响应随之增大。在 0.07g（7 度多遇）地震作用下，模型各结构层次的相对位移基本为一条直线，结构处于弹性阶段。在输入 0.44g（7 度

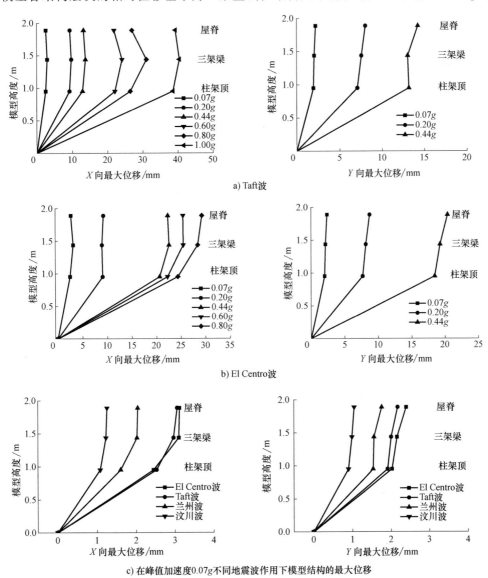

a) Taft波

b) El Centro波

c) 在峰值加速度0.07g不同地震波作用下模型结构的最大位移

图 10-24　模型结构的最大位移

罕遇）地震激励后，乳栿与阑额两端出现塑性铰，CFST 柱柱顶区域的混凝土开始出现裂缝并逐渐剥落，导致模型结构抗侧刚度进一步降低，侧移显著增加。模型各结构层次位移的最大反应值基本呈倒三角形分布，说明传统风格建筑 RC-CFST 组合框架以剪切变形为主。

3. 不同测点间最大相对位移

在相同工况下以柱架顶位移时程减去基础位移时程可得柱架相对基础的位移时程，以三架梁位移时程减去柱架顶位移时程可得三架梁处相对柱架的位移时程。以屋脊位移时程减去三架梁位移时程可得到屋脊相对三架梁的位移时程。取上述时程数据的绝对值的最大值，即为模型结构不同测点间的最大相对位移。表 10-16 和表 10-17 列出了模型结构在汶川波、兰州波、El Centro 波及 Taft 波作用下不同测点间的最大相对位移值及位移角。

表 10-16　不同工况下模型各测点之间 X 向最大相对位移值及位移角

峰值加速度	地震波	柱架顶-基础		三架梁-柱架顶		屋脊-三架梁	
		位移/mm	位移角/rad	位移/mm	位移角/rad	位移/mm	位移角/rad
0.07g	汶川波	1.0807	1/879	0.3982	1/1223	0.2834	1/1591
	兰州波	1.6029	1/593	0.7702	1/632	0.6621	1/681
	Taft 波	2.5280	1/376	1.0050	1/485	0.8030	1/562
	El Centro 波	2.4500	1/388	0.7500	1/649	0.5700	1/791
0.20g	汶川波	3.3287	1/285	1.4377	1/339	1.0693	1/422
	兰州波	4.6237	1/205	1.8735	1/260	1.6871	1/267
	Taft 波	9.1863	1/103	3.5633	1/137	2.9646	1/152
	El Centro 波	9.0588	1/105	4.8453	1/101	4.217	1/107
0.44g	汶川波	4.7442	1/200	1.7750	1/274	1.1847	1/381
	兰州波	7.9408	1/120	4.2141	1/116	3.4651	1/130
	Taft 波	12.8995	1/74	4.9297	1/99	3.9246	1/115
	El Centro 波	20.6608	1/46	8.3715	1/58	6.5401	1/69
0.60g	汶川波	8.0983	1/117	2.1496	1/227	1.3143	1/343
	兰州波	16.1809	1/59	3.3058	1/147	3.6543	1/123
	Taft 波	22.0635	1/43	6.5810	1/74	5.1242	1/88
	El Centro 波	22.2832	1/43	7.3329	1/66	6.3194	1/71
0.80g	Taft 波	26.4188	1/36	8.3958	1/58	5.9393	1/76
	El Centro 波	24.3928	1/39	8.7079	1/56	5.2607	1/86
1.00g	Taft 波	38.5953	1/25	11.1826	1/44	10.9097	1/41

表 10-17　不同工况下模型各测点之间 Y 向最大相对位移值及位移角

峰值加速度	地震波	柱架顶-基础		三架梁-柱架顶		屋脊-三架梁	
		位移/mm	位移角/rad	位移/mm	位移角/rad	位移/mm	位移角/rad
0.07g	汶川波	0.8955	1/1061	0.0950	1/5126	0.0589	1/7657
	兰州波	1.5319	1/620	0.2863	1/1701	0.2236	1/2017
	Taft 波	1.9127	1/497	0.2880	1/1691	0.2089	1/2159
	El Centro 波	2.0246	1/469	0.2124	1/2293	0.2394	1/1884

（续）

峰值加速度	地震波	柱架顶-基础		三架梁-柱架顶		屋脊-三架梁	
		位移/mm	位移角/rad	位移/mm	位移角/rad	位移/mm	位移角/rad
0.20g	汶川波	2.6268	1/362	0.2550	1/1910	0.1299	1/3472
	兰州波	3.8188	1/249	0.6193	1/786	0.5116	1/882
	Taft 波	7.0464	1/135	0.7345	1/663	0.6717	1/671
	El Centro 波	7.6347	1/124	0.8065	1/604	0.6936	1/650
0.44g	汶川波	4.7263	1/201	0.5543	1/879	0.377	1/1196
	兰州波	8.6831	1/109	1.3316	1/366	1.1161	1/404
	Taft 波	13.148	1/72	1.4586	1/334	1.1956	1/377
	El Centro 波	18.5016	1/51	1.9001	1/256	1.5648	1/288

由表 10-16 和表 10-17 可以看出，四种地震波作用下模型结构的相对位移均随着地震强度的增大而增大，且柱架-基础的相对位移要远大于三架梁-柱架以及屋脊-三架梁的相对位移，即在水平地震作用下，模型结构整体位移主要是由柱架位移引起。

表 10-18 所列为模型在 Taft 波作用下，X 向各结构层次的位移放大系数。由表 10-18 可以看出，d_1 随输入地震激励的增大迅速增加，这表明柱架的位移响应明显。而 d_3 在各工况下始终保持在 1 左右，表明三架梁、屋脊的位移反应相近，结合加速度响应分析可知，整个屋盖体系在地震作用下可视为一个刚体。此时 d_2 相当于屋盖体系与柱架顶部位移的比值，也始终在 1 左右，说明在地震激励作用下，屋盖体系的最大位移响应与柱架的最大位移响应相差不大。

表 10-18 Taft 波作用下 X 向各结构层次的位移放大系数

工况	0.07g	0.20g	0.44g	0.60g	0.80g	1.00g
d_1	1.91	7.05	13.15	22.06	26.42	38.59
d_2	1.05	1.07	0.99	1.09	1.17	1.05
d_3	1.08	1.06	1.09	0.91	0.87	0.97

注：$d_1 = d_{\max 柱架顶部}/d_{\max 台面}$；$d_2 = d_{\max 三架梁}/d_{\max 柱架顶部}$；$d_3 = d_{\max 屋脊}/d_{\max 三架梁}$。

10.7.3 柱架层间位移角

表 10-19 及表 10-20 列出了模型结构在 X、Y 向柱架的最大层间位移角 θ。可以看出，随输入地震加速度的增大，X、Y 向柱架最大层间位移角逐渐变大。在峰值加速度 0.07g（7 度多遇）地震作用下，柱架 X、Y 向最大层间位移角分别为 1/376、1/469，大于《建筑抗震设计规范（2016 年版）》（GB 50011—2010）弹性层间位移角 1/550 的限值，表明模型结构的弹性刚度较小。在峰值加速度 0.44g（7 度罕遇）地震作用下，结构 X、Y 向最大层间位移角分别为 1/46 和 1/51，与《建筑抗震设计规范（2016 年版）》（GB 50011—2010）弹塑性层间位移角限值 1/50 相差不大，表明模型结构具有较好的变形能力。在峰值加速度 1.00g 地震作用下，模型结构尚未倒塌破坏，X 向的最大层间位移角为 1/25，这与传统风格建筑 RC-CFST 平面组合框架的正、负向极限位移角 1/27、1/29 相差不大，说明传统风格建筑 RC-CFST 组合框架具有较高的抗震安全储备和抗倒塌能力。

215

表 10-19   X 向柱架的最大层间位移角 θ

工 况	0.07g	0.20g	0.44g	0.60g	0.80g	1.00g
汶川波	1/879	1/286	1/200	1/117	—	—
兰州波	1/592	1/205	1/120	1/59	—	—
El Centro 波	1/388	1/105	1/46	1/43	1/39	—
Taft 波	1/376	1/103	1/73	1/43	1/36	1/25

注：$\theta = \Delta/H$，为柱架顶相对台面位移与柱架高度之比。柱架高度是指基础顶面到混凝土柱柱顶的距离。

表 10-20   Y 向柱架的最大层间位移角 θ

工 况	0.07g	0.20g	0.44g
汶川波	1/1055	1/363	1/202
兰州波	1/620	1/249	1/109
El Centro 波	1/469	1/124	1/51
Taft 波	1/497	1/135	1/73

注：$\theta = \Delta/H$，为柱架顶相对台面位移与柱架高度之比。柱架高度是指基础顶面到混凝土柱柱顶的距离。

在输入相同地震加速度情况下，汶川波和兰州波作用时柱架的位移角响应小于 El Centro 波和 Taft 波；模型结构 X 向柱架的位移角响应大于 Y 向，说明模型结构 X 向柱架的抗侧刚度小于 Y 向柱架的抗侧刚度。

10.7.4   地震剪力

一般现代框架结构采用增加顶部附加水平地震作用来反映固有周期和场地对结构地震剪力分布的影响。然而对于传统风格建筑 RC-CFST 组合框架而言，刚度和质量沿高度分布非常不均匀，且还有其独特的构造特点，因此本节根据地震作用效应和地震惯性荷载的定义，通过下式求得各结构层次的地震剪力：

$$F_k(t_i) = \sum_{k}^{n} m_k \ddot{x}(t_i) \tag{10-8}$$

式中，k 为结构层次；$\ddot{x}(t_i)$ 为第 k 结构层次在 t_i 时刻的绝对加速度；m_k 为第 k 结构层的质量。

根据模型结构加速度响应和位移响应分析，屋盖体系可视作一个刚体，因此将模型结构分为柱架体系和屋盖体系两个结构层次。

模型结构的地震剪力分布如图 10-25 所示。可以看出，随输入地震加速度的增大，各层次的地震剪力逐渐增大。当峰值加速度为 0.07g（7 度多遇）时，X 向、Y 向柱底剪力最大值为 13.0kN 和 11.4kN，模型结构处于弹性阶段。当峰值加速度为 0.20g（7 度设防）时，模型结构各层次剪力迅速增大，此时乳栿与 CFST 柱相接的阑额两端开始出现裂缝，模型结构进入弹塑性阶段，柱架刚度开始减小。随着台面输入峰值加速度的增大，与 CFST 柱连接的檐枋和屋面梁交接处的混凝土也开始剥落，模型结构累积损伤不断增大，各结构层次的最大剪力增幅逐渐减小。

由图 10-25 还可以看出，模型结构各层次地震剪力分布既不像一般现代建筑结构（剪力自上而下呈明显阶梯式放大），也不像同样具有"大屋顶"的传统古建筑木结构（由于柱础的摩擦滑移隔震、半刚性榫卯节点的转动减震以及斗栱铺作层的滑移隔震，使得地震剪力最

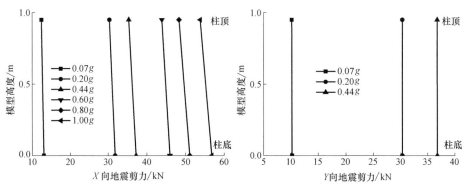

图 10-25　模型结构的地震剪力分布

大值的部位不一定是柱脚），而是自上而下大体呈均匀分布，柱底为地震剪力的最大部位，但柱底与柱顶的地震剪力相差不大。这是因为相对于柱架，上部的屋盖体系集中了模型结构的绝大部分质量，导致屋盖体系的惯性力远大于柱架。这也是与 CFST 柱连接的檐枋和屋面梁交接处的混凝土剥落的主要原因。可见，在水平地震作用下 CFST 柱顶部区域和混凝土柱底为传统风格建筑 RC-CFST 组合框架的薄弱部位。

10.7.5　滞回曲线

模型结构上的地震作用是指水平地震作用下模型结构产生的惯性力，其方向与绝对加速度相反，大小为绝对加速度与其质量的乘积。根据模型结构在不同地震作用下测得的各测点处的加速度可求得模型结构的基底剪力，再由屋脊相对基础的位移值便可得到整个空间模型结构的荷载-位移滞回曲线。

图 10-26 所示为 Taft 波和 El Centro 波作用下模型结构的滞回曲线。由图 10-26 可以看出，不同地震波作用下模型结构滞回曲线形状大致相同。在 0.07g 地震作用下，屋脊位移较小，基底剪力与屋脊位移大体呈线性分布，模型结构基本处于弹性阶段。在 0.20g 地震作用下，模型结构滞回曲线包络面积略有增大，耗能有所增加。此时坐斗、乳栿及阑额开始产生裂缝并逐渐发展。当输入峰值加速度大于 0.44g 时，模型结构表现出一定的非线性特征，滞回曲线逐渐变得不规则，且不规则程度随输入峰值加速度的增大表现更为明显。滞回环的包络面积随地震作用的增强逐渐增大，说明模型结构的耗能不断增大。

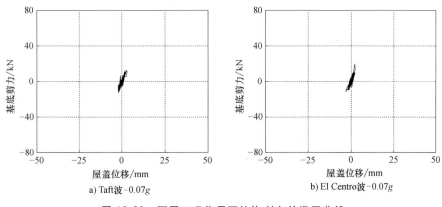

a) Taft 波 - 0.07g　　　　　b) El Centro 波 - 0.07g

图 10-26　不同工况作用下结构 X 向的滞回曲线

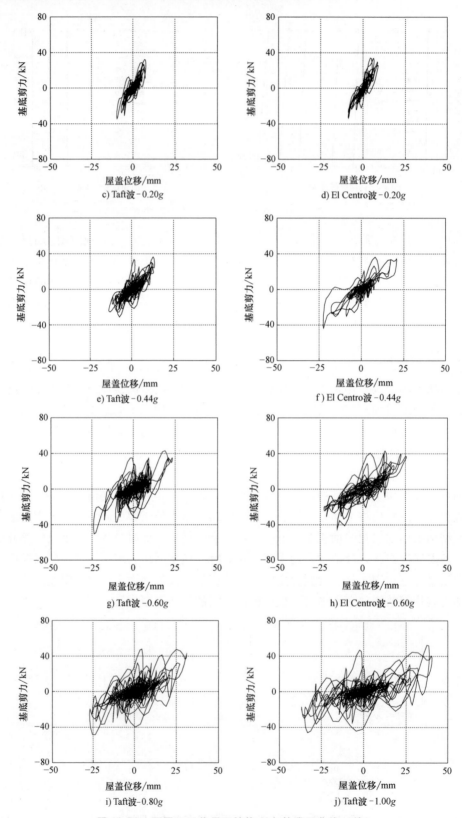

图 10-26　不同工况作用下结构 *X* 向的滞回曲线（续）

10.7.6 累积耗能

结构在地震作用下，一旦进入非线性阶段，其地震总输入能量主要由结构的塑性变形来耗散。由于塑性变形的不可恢复性，通常将结构所具有的滞回耗能视为结构抵抗破坏的能力，因此在能量反应分析中，滞回耗能被认为是最具工程意义的能量反应指标，主要用以衡量结构的累积损伤程度。

根据模型结构基底剪力和柱架顶相对位移、屋盖体系的层间剪力和屋脊相对柱架的相对位移可分别求出柱架层和屋盖层的耗能曲线，其计算公式为

$$E_{hk}(t_i) = \sum_{i=1}^{m} \frac{1}{2} [V_k(t_i) + V_k(t_{i-1})] [x_k(t_i) - x_k(t_{i-1})] \tag{10-9}$$

式中，$E_{hk}(t_i)$ 为 t_i 时刻第 k 层的累积滞回耗能；$V_k(t_i)$、$V_k(t_{i-1})$ 分别为 t_i 及 t_{i-1} 时刻的层间剪力；$x_k(t_i)$、$x_k(t_{i-1})$ 分别为 t_i 及 t_{i-1} 时刻的层间位移；m 为采样点总数。

在 Taft 波作用下模型结构 X 向地震响应大于 Y 向，X 向耗能更为显著，且模型结构 X、Y 向耗能规律相似，本节主要分析在 Taft 波作用下，模型结构 X 向的耗能规律。根据式（10-9）可得在地震作用下模型结构柱架及屋盖层 X 向的累积耗能时程曲线，如图 10-27 所示。

由图 10-27 可以看出，随地震作用的增强，模型结构的各层次的耗能逐渐增大。在相同峰值加速度的地震作用下柱架的耗能明显大于屋盖层的耗能，且柱架耗能随输入峰值加速度的增大增幅更为显著。其原因是乳栿、阑额作为柱架的水平联系构件，截面相对较小，在地震作用下塑性发展较快。随输入峰值加速度的增大，乳栿和阑额逐渐退出工作，组合柱成为模型结构抵抗水平地震作用的主要构件，刚度退化明显，吸收和耗散了更多的地震能量。总体来看，柱架是模型结构的主要耗能层次，屋盖层耗能始终处于较低水平，且耗能速率变化较小。

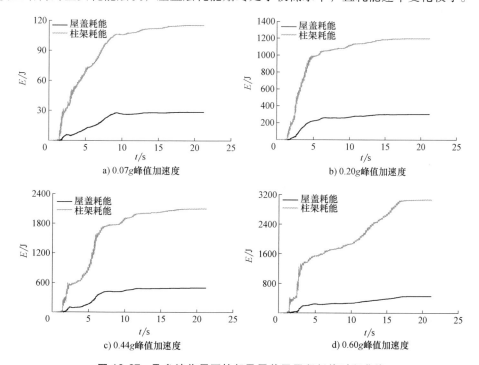

图 10-27 Taft 波作用下柱架及屋盖层累积耗能时程曲线

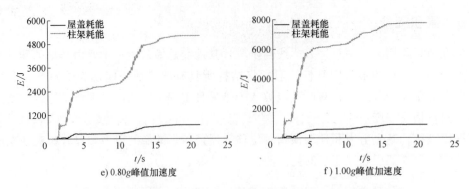

图 10-27　Taft 波作用下柱架及屋盖层累积耗能时程曲线（续）

图 10-28 所示为输入不同峰值加速度 Taft 波作用下柱架累积耗能时程曲线。由图 10-28 可知，随输入峰值加速度的增大，组合柱、乳栿、阑额等构件的累积损伤加剧，吸收和耗散的地震能量增加；柱架耗能随时间变化呈阶梯状趋势增长；在输入峰值加速度 0.07g 的地震作用下，柱架各构件基本处于弹性状态，其滞回耗能为可恢复的弹性变形。随输入峰值加速度的增大，柱架逐渐进入弹塑性阶段，其滞回耗能以塑性变形为主，在较短的时间间隔内有较大跃迁；随输入峰值加速度的增大，柱架的累积损伤更为严重，柱架更早进入塑性阶段，表现为柱架耗能跃迁时间提前。

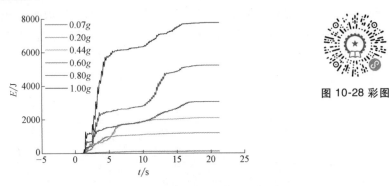

图 10-28　不同峰值加速度 Taft 波作用下柱架累积耗能时程曲线

10.7.7　动力抗侧刚度

对滞回曲线进行线性拟合，可得到结构的等效抗侧刚度 K_{eq}，即动力抗侧刚度。等效抗侧刚度 K_{eq} 的变化可以在一定程度上反映结构的抗侧能力在地震作用下的变化趋势。表 10-21 列出了 Taft 波和 El Centro 波作用下结构的抗侧刚度。将不同工况下模型结构的动力抗侧刚度绘制于图 10-29。

通过表 10-21、图 10-29 可知，模型结构在试验初期的刚度下降最为明显。结合试验现象来看，加载初期仅有乳栿和阑额发生了破坏，这说明乳栿和阑额对结构的动力抗侧刚度贡献巨大。在峰

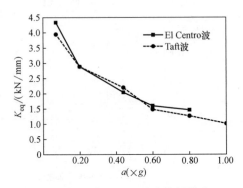

图 10-29　各工况下动力抗侧刚度

值加速度 0.20g 地震作用结束后，模型结构的刚度下降趋于平缓。在峰值加速度 0.44g 及 0.60g 地震作用下，组合柱 RC 柱底纵筋的屈服以及角柱方钢管屈服，CFST 柱顶部混凝土开始脱落，导致模型刚度继续下降，但下降速度逐渐变缓。

表 10-21　结构动力抗侧刚度　　　　　　　　（单位：kN/mm）

地震波	0.07g	0.20g	0.44g	0.60g	0.80g	1.00g
El Centro 波	4.3325	2.8850	2.0412	1.5994	1.4652	—
Taft 波	3.9444	2.8843	2.1984	1.4832	1.2674	1.0166

10.7.8　应变反应

模型结构各测点应变数据见表 10-22～表 10-25 所示。

表 10-22　混凝土柱纵筋应变幅值（×10⁻⁶）

峰值加速度	角柱纵筋		檐柱纵筋		金柱纵筋	
	EW	NS	EW	NS	EW	NS
0.07g	320	274	228	224	258	182
0.20g	1100	1068	1132	690	1140	934
0.44g	1908	2036	1436	1520	1462	1328
0.60g	2530	2866	1730	1882	1764	1770
0.80g	3842	3634	2040	2504	2166	2044
1.00g	5936	6942	4856	3516	2174	2696

峰值加速度	角柱纵筋		檐柱纵筋		金柱纵筋	
	EW	NS	EW	NS	EW	NS
0.07g	−360	−290	−282	−218	−390	−310
0.20g	−808	−918	−564	−546	−924	−674
0.44g	−1434	−1310	−974	−964	−1304	−1142
0.60g	−1504	−1716	−1100	−1552	−1280	−1234
0.80g	−1540	−2586	−1400	−1672	−1440	−1502
1.00g	−2078	−3320	−2420	−1702	−2060	−2130

表 10-23　方钢管应变幅值（×10⁻⁶）

峰值加速度	角柱方钢管		檐柱方钢管		金柱方钢管	
	EW	NS	EW	NS	EW	NS
0.07g	350	382	128	162	54	96
0.20g	692	452	300	410	262	346
0.44g	316	588	232	444	212	390
0.60g	548	752	260	540	328	576
0.80g	718	962	274	566	492	654
1.00g	1448	1188	366	672	586	512

（续）

峰值加速度	角柱方钢管		檐柱方钢管		金柱方钢管	
	EW	NS	EW	NS	EW	NS
0.07g	−340	−324	−278	−306	−124	−182
0.20g	−1134	−744	−574	−564	−398	−382
0.44g	−2072	−1530	−682	−638	−1011	−522
0.60g	−2708	−1658	−622	−600	−1499	−1514
0.80g	−1918	−2072	−660	−600	−1768	−1636
1.00g	−3454	−2522	−846	−712	−1878	−1692

表 10-24　RC 柱箍筋应变幅值（$\times 10^{-6}$）

峰值加速度	角柱箍筋		檐柱箍筋		金柱箍筋	
	EW	NS	EW	NS	EW	NS
0.07g	304	518	76	86	106	150
0.20g	178	756	80	100	186	634
0.44g	410	408	138	128	382	1036
0.60g	772	820	172	154	358	954
0.80g	960	1038	342	180	1160	1152
1.00g	974	1184	628	308	992	1158

峰值加速度	角柱箍筋		檐柱箍筋		金柱箍筋	
	EW	NS	EW	NS	EW	NS
0.07g	−440	−380	−156	−88	−174	−242
0.20g	−426	−528	−152	−90	−682	−524
0.44g	−496	−418	−112	−170	−908	−1152
0.60g	−708	−676	−212	−366	−1100	−644
0.80g	−1266	−1094	−592	−554	−1102	−882
1.00g	−1414	−1412	−556	−462	−1120	−916

表 10-25　屋脊、檐枋及金枋纵筋应变幅值（$\times 10^{-6}$）

峰值加速度	屋脊梁负筋	屋脊梁正筋	檐枋负筋	檐枋正筋	金枋负筋
0.07g	40	32	40	56	42
0.20g	60	38	56	68	66
0.44g	74	64	78	76	112
0.60g	77	62	86	88	118
0.80g	80	72	86	96	114
1.00g	88	82	82	94	124

峰值加速度	屋脊梁负筋	屋脊梁正筋	檐枋负筋	檐枋正筋	金枋负筋
0.07g	−92	−96	−64	−74	−46
0.20g	−98	−92	−96	−108	−50
0.44g	−114	−104	−150	−94	−58
0.60g	−118	−120	−142	−97	−58
0.80g	−126	−130	−162	−106	−72
1.00g	−114	−134	−166	−113	−68

取测点的最大应变值与最小应变值，正值代表受拉，负值代表受压，EW、NS 分别代表测点布置在东西向和南北向。通过上述应变数据可知：

1）模型结构不同测点的最大受拉数据与最大受压数据有较大不同，这是由地震波时程数据自身正负向幅值的不对称造成的。总体来看，各测点应变数据的绝对值随着地震强度的增强而变大。

2）在峰值加速度为 0.44g 的地震作用下，角柱 RC 柱纵筋首先达到屈服状态，檐柱及金柱 RC 柱纵筋尚未屈服。在 0.60g 地震作用下，檐柱及金柱纵筋也达到屈服状态。在加载过程中，角柱纵筋应变始终大于檐柱和金柱纵筋应变，这是由于相对于檐柱和金柱，角柱受到的水平约束较少，且随输入峰值加速度的增大，模型结构的扭转效应增强，导致角柱承受了更大的水平地震作用。

3）在峰值加速度为 0.60g 的地震作用下，金柱方钢管首先达到屈服状态。这与传统风格建筑 RC-CFST 平面组合框架在低周反复荷载作用下的试验现象较为一致（金柱方钢管首先达到屈服状态，而檐柱方钢管始终未屈服）。这说明在水平地震作用下，乳栿和阑额退出工作后，角柱和金柱组合柱承担了更大的水平地震作用。

4）在整个加载过程中，混凝土柱的箍筋始终未屈服，说明在水平地震作用下，混凝土承受弯矩作用。檐枋、金枋以及屋脊梁的钢筋应变数据均较小，说明在地震作用下整个屋盖体系的内力较小，不存在破坏的风险。

10.7.9　扭转响应

在 X、Y 双向水平地震作用下，由于结构本身的特性及地震动的空间特性可能引发结构出现扭转。试验模型结构采用对称布置方式，但由于质量和刚度沿高度分布并不均匀以及模型施工过程中产生的偏心会引发结构产生扭转。尤其在加载后期，模型结构各构件进入塑性状态的非同步性会改变结构的刚度中心，导致结构也会发生扭转。

为了量测模型结构的扭转反应，在 A 轴线上的角柱和檐柱分别布置了位移计，分别获得了角柱和檐柱的位移反应，将两者的位移反应相减，即可得到转动相对位移最大时程反应，取其最大值，即为模型结构转动最大相对位移，再与两者跨度相比，即为模型结构 XY 平面内最大扭转角。模型结构柱架扭转角见表 10-26。

表 10-26　模型结构柱架扭转角　　　　（单位：×10⁻⁴rad）

工况	0.07g	0.20g	0.44g	0.60g	0.80g	1.00g
汶川波	0.24	0.73	1.04	1.78	—	—
兰州波	0.35	0.82	1.74	3.53	—	—
El Centro 波	0.54	0.98	4.53	4.84	5.34	—
Taft 波	0.55	1.02	2.85	4.86	5.79	8.33

由表 10-26 可知，随输入峰值加速度的增大，柱架扭转角逐渐增大。峰值加速度相同时，不同地震波作用下模型结构柱架扭转响应有所差异。El Centro 波和 Taft 波作用下的柱架扭转响应大于汶川波和兰州波作用，这与柱架位移反应规律较为一致。在峰值加速度小于 0.20g 地震作用下，柱架扭转角没有出现大幅增加，这说明模型结构没有出现明显的扭转刚度退化现象，基本仍处于弹性扭转阶段。在峰值加速度为 0.44g El Centro 波作用下，柱架扭

转角为 $4.53×10^{-4}$rad，是峰值加速度为 $0.20g$ 地震作用下柱架最大扭转角的 4.4 倍。此时乳栿及阑额两端裂缝逐渐增大并形成塑性铰，模型扭转刚度降低。同时结构自振频率已大幅下降，且 X 向降幅大于 Y 向，说明结构 X 向刚度退化大于 Y 向，这导致模型结构刚度中心出现变化。在模型结构扭转刚度降低和刚度中心变化的双重不利影响下，模型结构柱架扭转角大幅增加，扭转效应增强。这也是在峰值加速度为 $0.44g$ 地震作用下角柱纵筋和角柱方钢管达到屈服应变的一个主要因素。

■ 10.8 原型结构抗震性能分析

10.8.1 原型结构自振频率及周期

根据相似关系可推算出原型结构在不同水准地震作用下的自振频率，见表10-27。原型结构 X、Y 向的第一频率分别为 1.04Hz、1.17Hz。

表 10-27 原型结构的自振频率和自振周期

工 况		试验前	0.035g	0.10g	0.22g	0.30g	0.40g	0.50g
X 向	频率/Hz	0.84	0.83	0.65	0.52	0.47	0.46	0.41
	周期/s	1.19	1.21	1.54	1.91	2.13	2.19	2.42
Y 向	频率/Hz	0.83	0.83	0.66	0.57	0.54	0.50	0.47
	周期/s	1.21	1.21	1.50	1.77	1.86	2.01	2.14

10.8.2 原型结构加速度响应

原型结构的最大加速度反应可由模型结构试验结果按下式计算：

$$a_i = C_{ai}a_g \tag{10-10}$$

式中，a_i 为原型结构第 i 层最大加速度反应；C_{ai} 为与原型结构相对应的烈度水准下模型第 i 层的最大动力放大系数；a_g 为与相应烈度水准相对应的地面最大加速度。

在不同峰值加速度地震作用下，实际结构各层在 X、Y 方向的最大加速度反应和动力放大系数 C_{ai} 见表10-28。

表 10-28 不同峰值加速度地震作用下原型结构最大加速度反应和动力放大系数 C_{ai}

楼层	参 数	0.035g		0.10g		0.22g		0.30g	0.40g	0.50g
		X	Y	X	Y	X	Y	X	X	X
屋脊	最大加速度反应(×g)	0.058	0.062	0.148	0.171	0.277	0.349	0.351	0.444	0.53
	动力放大系数 C_{ai}	1.651	1.766	1.476	1.713	1.260	1.586	1.170	1.110	1.060
三架梁	最大加速度反应(×g)	0.057	0.062	0.13	0.139	0.272	0.354	0.345	0.432	0.525
	动力放大系数 C_{ai}	1.638	1.772	1.443	1.716	1.238	1.607	1.151	1.080	1.050
柱顶	最大加速度反应(×g)	0.052	0.053	0.13	0.139	0.247	0.293	0.328	0.404	0.485
	动力放大系数 C_{ai}	1.488	1.500	1.300	1.388	1.124	1.330	1.092	1.010	0.970
基础顶面最大加速度反应(×g)		0.035	0.035	0.10	0.10	0.22	0.22	0.30	0.40	0.50

10.8.3 原型结构位移及扭转响应

原型结构的最大位移反应可由模型结构试验结果按下式计算:

$$D_i = \frac{a_{mg} D_{mi}}{a_{tg} C_d} \quad (10-11)$$

式中, D_i 为原型结构第 i 层最大位移反应; D_{mi} 为模型结构第 i 层最大位移反应; a_{mg} 为按相似关系要求的模型结构基底最大加速度; a_{tg} 为模型试验时与 D_{mi} 对应的实测基底最大加速度; C_d 为模型结构位移相似系数。

在不同峰值加速度地震作用下, 实际结构各层在 X、Y 向的最大位移反应见表10-29, 不同测点处层间位移角见表10-30。不同峰值加速度地震作用下原型结构扭转角见表10-31。

表 10-29 不同峰值加速度地震作用下原型结构最大位移反应 (单位: mm)

楼层	0.035g		0.10g		0.22g		0.30g	0.40g	0.50g
	X	Y	X	Y	X	Y	X	X	X
屋脊	7.898	5.844	29.286	24.445	49.194	43.611	79.473	97.242	138.526
三架梁	9.024	5.391	30.609	23.018	51.265	39.943	87.664	112.195	142.485
柱顶	7.694	5.150	28.933	21.598	48.100	40.385	81.030	95.418	136.019

表 10-30 不同峰值加速度地震作用下原型结构最大层间位移角 (单位: rad)

楼 层	0.035g		0.10g		0.22g		0.30g	0.40g	0.50g
	X	Y	X	Y	X	Y	X	X	X
屋脊	1/481	1/650	1/130	1/155	1/77	1/87	1/48	1/39	1/27
三架梁	1/421	1/705	1/124	1/165	1/74	1/95	1/43	1/34	1/27
柱顶	1/494	1/738	1/131	1/176	1/79	1/94	1/47	1/40	1/28

表 10-31 不同峰值加速度地震作用下原型结构扭转角 (单位: $\times 10^{-4}$ rad)

工 况	0.035g	0.10g	0.24g	0.30g	0.40g	0.50g
扭转角	1.67	3.21	16.89	17.67	18.12	29.35

10.9 传统风格建筑 RC-CFST 空间组合框架抗震能力评估及设计建议

1. 自振频率和阻尼比

在进行振动台试验前通过白噪声扫频, 获得了传统风格建筑 RC-CFST 组合框架模型结构的自振频率。分析可知, 模型结构 X 向和 Y 向的第一频率相差不大, 分别为 2.38Hz 和 2.34Hz。在输入 0.20g (7度设防) 地震作用前, 模型结构频率基本保持不变, 此时模型结构尚处于弹性阶段。随输入峰值加速度的增大, 模型结构的自振频率逐渐降低, 且与 Y 向的自振频率下降速度相比, X 向的自振频率下降速度更快。模型结构阻尼比随输入峰值加速度的增大而逐渐增大。在输入 0.44g (7度罕遇) 地震作用前, 结构 X 向和 Y 向自振频率分别下降了 21.37% 和 19.66%, 在输入 0.60g 地震作用前, X 向和 Y 向自振频率又分别下降了 19.57% 和 14.89%。这说明传统风格建筑 RC-CFST 空间组合框架 X 向抗侧刚度相对较低,在水平地震作用下累积损伤更大，耗能更为明显。

2. 破坏模式

传统风格建筑 RC-CFST 平面组合框架各构件破坏顺序为①坐斗；②乳栿；③三架梁与金柱 CFST 柱柱顶连接区域；④混凝土柱柱底。传统风格建筑 RC-CFST 空间组合框架各构件破坏顺序为①坐斗；②乳栿；③阑额；④CFST 柱柱顶连接区域；⑤混凝土柱柱底。总体来看，平面组合框架和空间组合框架各构件的破坏顺序较为一致。分析其原因，坐斗作为非结构构件，在乳栿拉压作用下首先发生破坏。乳栿和阑额分别为柱架的 X、Y 向水平联系构件，其刚度相对较小，在地震作用下首先形成梁铰机制，分别为传统风格建筑 RC-CFST 组合框架的第一道和第二道抗震防线。相对于柱架，上部屋盖体系集中了模型结构的绝大部分质量，导致屋盖体系的惯性力远大于柱架。模型结构地震剪力自上而下大体呈均匀分布，柱底为地震剪力的最大部位，但柱底与柱顶的地震剪力相差不大。因此，在水平地震作用下 CFST 柱顶部区域和混凝土柱底为传统风格建筑 RC-CFST 组合框架在水平地震作用下的薄弱部位。值得注意的是，随地震作用的增大，模型结构的扭转效应逐渐增大，角柱纵筋和方钢管先于金柱和檐柱屈服，在抗震设计中应予以加强。总体来看，传统风格建筑 RC-CFST 组合框架满足类似现代一般框架结构"强柱弱梁"的抗震设防要求。

3. 柱架最大层间位移角

在峰值加速度 $0.07g$（7 度多遇）地震作用下，柱架 X 向、Y 向最大层间位移角分别为 1/376、1/469，大于《建筑抗震设计规范（2016 年版)》（GB 50011—2010）弹性层间位移角 1/550 的限值，表明模型结构的弹性刚度较小。但模型结构上并没有出现明显的裂缝，基本处于弹性阶段。在峰值加速度 $0.20g$（7 度设防）地震作用下，模型结构的自振频率和刚度已经有了一定的降低，个别阑额和乳栿出现明显裂缝，可见 7 度设防地震作用下模型结构已经开始进入弹塑性阶段。在峰值加速度 $0.44g$（7 度罕遇）地震作用下，更多阑额和乳栿出现明显裂缝，CFST 柱顶部区域混凝土开始剥落，模型结构自振频率明显减小，X、Y 向最大层间位移角分别为 1/46、1/51，与《建筑抗震设计规范（2016 年版)》（GB 50011—2010）弹塑性层间位移角限值 1/50 相差不大，表明模型结构具有较好的变形能力。在峰值加速度 $1.00g$ 地震作用下，模型结构尚未倒塌破坏，X 向的最层间大位移角为 1/25，这与传统风格建筑 RC-CFST 平面组合框架的正、负向极限位移角 1/27、1/29 相差不大，说明传统风格建筑 RC-CFST 空间组合框架具有较高的抗震安全储备和抗倒塌能力。

4. 设计建议

总体来看，与一般现代框架结构相比，模型结构在柱架顶部缺少楼板的水平支撑和约束作用，抗侧刚度较小，位移角偏大，整体结构偏柔，且 X 向抗侧刚度低于 Y 向。为了提高结构的抗侧刚度，可在 X 向增设阑额等传统风格建筑水平联系构件，与 Y 向阑额形成类似现代建筑"圈梁"的封闭构件以增强结构的整体性。此外，也可增设由额或增大乳栿、阑额等联系构件的截面尺寸，以提高组合框架的整体抗侧刚度。同时，屋盖可采用轻质建材，以有效减小传统风格建筑 RC-CFST 组合框架的地震剪力。

■ 10.10　本章小结

本章通过对振动台试验数据的处理，得到了模型结构的动力特性、加速度反应、位移反应、地震剪力、应变反应等，通过对上述数据的分析，对模型结构进行了抗震性能评估。主要结论如下：

1）模型结构各构件破坏顺序为①坐斗；②乳栿；③阑额；④CFST柱柱顶连接区域；⑤混凝土柱柱底。由瓜柱、三架梁、屋面梁及屋面板组成的屋盖体系质量和刚度均较大，具有"大屋顶"特色，屋盖体系的惯性力远大于柱架。而由金柱、檐柱及乳栿组成的柱架水平抗侧刚度相对较低，导致模型结构在水平地震作用下柱架破坏严重。

2）模型结构的 X、Y 向自振频率随输入峰值加速度的增大而降低，尤其是 X 向自振频率相对 Y 向下降较快；模型结构阻尼比随着结构累积损伤的加剧而增大。

3）模型结构的加速度放大系数随着输入峰值加速度的增大而减小，柱架是衰减台面加速度的主要结构层次。屋脊处的 X、Y 向加速度放大系数分别为 1.65 和 1.77，均低于现代一般建筑结构。

4）随输入峰值加速度的增大，屋脊、三架梁及柱架的位移响应随之增大。三架梁、屋脊的位移反应相近，整个屋盖体系在地震作用下可视为一个刚体。在峰值加速度 1.00g 地震作用下模型结构尚未倒塌破坏，X 向的最层间大位移角为 1/25，表明传统风格建筑 RC-CFST 组合框架具有较高的抗震安全储备和抗倒塌能力。

5）传统风格建筑 RC-CFST 组合框架的刚度和质量沿高度分布非常不均匀，地震剪力自上而下大体呈均匀分布，柱底为地震剪力的最大部位，但柱底与柱顶的地震剪力相差不大；CFST 柱顶部区域和柱底为传统风格建筑 RC-CFST 组合框架在水平地震作用下的薄弱部位。

6）随地震作用的增强，模型结构各层次的耗能逐渐增大。在相同峰值加速度的地震作用下，柱架的耗能明显大于屋盖层的耗能，且随输入峰值加速度的增大，柱架耗能增幅更为显著。

7）可增设水平联系构件形成封闭环梁，以提高结构整体性和抗侧刚度；增设由额等传统风格建筑水平构件或者增大乳栿、阑额等联系构件的截面尺寸，可提高组合框架的整体抗侧刚度；采用轻质屋盖可减小传统风格建筑 RC-CFST 组合框架结构的地震剪力。

第11章

传统风格建筑RC-CFST组合框架基于位移的抗震设计

■ 11.1 引言

基于性能的抗震设计方法是传统的基于力的抗震设计方法之外又一重要的结构设计方法。国内外学者已经提出了多种相关的设计理论与方法，如能力谱法、延性系数设计法、屈服点谱法、基于能量的方法及直接基于位移的方法等。其中，直接基于位移的方法于1995年由Kowalsky和Calvi提出，该方法采用等效弹性体系（也称为替换结构）代替非线性体系。

我国《建筑抗震设计规范》规定的抗震设计目标可以概括为"小震不坏、中震可修、大震不倒"。为实现上述目标，采用两阶段的抗震设计，即先按小震（多遇地震）计算建筑结构的地震作用及效应，并与重力荷载效应进行内力组合，根据构件控制截面的组合内力值进行承载力计算；然后按大震（罕遇地震）计算水平地震作用，并对结构进行弹塑性变形验证，从而保证结构大震不倒。该方法是基于强度的设计，但其不能提供结构的损伤程度和功能的完整性，仅能使结构满足基本的抗震设防目标，考虑不了业主对结构的特殊要求。基于位移的抗震设计能够较好地解决上述问题，它可以根据使用者的要求，以某一水平地震作用下结构的期望目标位移为依据进行设计，并保证结构在该水平地震作用下达到目标位移。因此，对建筑结构进行基于位移的抗震设计方法研究是实现其合理设计的有效途径。

■ 11.2 传统风格建筑 RC-CFST 组合框架的性能水平及其量化

基于位移的抗震设计是在确定建筑结构的性能水平与其位移关系的基础上进行的，因此，需要先确定传统风格建筑 RC-CFST 组合框架的性能水平及其对应的位移量化指标。

11.2.1 性能水平和性能目标

对于建筑结构的性能水平，国外相关规范划分了不同的等级，具体见表11-1。《建筑抗震设计规范》没有针对结构性能水平进行专门划分，但根据其规定的"小震不坏、中震可修、大震不倒"的设防目标，可以得出建筑结构的三个性能水平，即"不坏、可修、不倒"。

传统风格建筑 RC-CFST 组合框架主要应用于公共建筑，投资大、震后损失大，且由于建筑造型复杂震后不易修复，因此从使用功能和经济角度考虑，传统风格建筑 RC-CFST 组合框架应选择不同于一般建筑的性能目标。本章在协调《建筑抗震设计规范（2016 年版）》（GB 50011—2010）抗震设防目标"小震、中震和大震"的基础上，将传统风格建筑 RC-CFST 组合框架性能水平划分为五个等级，即充分运行、正常运行、暂时运行、修复后运行及生命安全。参考上述性能水平划分，结合试验资料，针对建筑使用功能和结构性能的宏观描述见表 11-2。结合我国抗震规范中规定的"小震、中震和大震"三档地震设防水准和五个性能水平，给出传统风格建筑 RC-CFST 组合框架的抗震性能目标，见表 11-3。

表 11-1　建筑结构的性能水平

来　源	性能水平				
Vision2000	充分运行	正常运行	生命安全	接近倒塌	—
FEMA356	正常运行	立即居住	生命安全	防止倒塌	—
CECS160	充分运行	运行	基本运行	生命安全	接近倒塌
FIB	损伤出现	正常运作	可继续居住	可修复	生命安全	接近倒塌

表 11-2　传统风格建筑 RC-CFST 组合框架的性能水平及宏观描述

性能水平	破坏形态及结构性能描述	破坏程度
充分运行	结构各构件保持完好；全部使用功能不受影响	完好
正常运行	乳栿、阑额及组合柱保持完好，坐斗未损坏或坐斗顶面出现细微裂缝，结构基本处于弹性状态；主要使用功能不受影响	轻微损坏
暂时运行	坐斗有较严重损坏，乳栿两侧出现裂缝，阑额两侧出现竖向裂缝，RC 柱柱底出现水平环形裂缝；主要使用功能不受影响	轻微破坏
修复后运行	乳栿、阑额两端形成塑性铰，RC 柱柱底纵筋屈服，CFST 柱与屋面梁、檐枋和金枋的连接区域也开始出现裂缝；局部使用功能丧失	中等破坏
生命安全	坐斗、乳栿及阑额破坏严重，退出工作，CFST 柱方钢管屈服，CFST 柱与屋面梁、檐枋和金枋的连接区域混凝土开始脱落；主要使用功能丧失	接近严重破坏

表 11-3　传统风格建筑 RC-CFST 组合框架的抗震性能目标

地震水准	性能目标				
	充分运行	正常运行	暂时运行	修复后运行	生命安全
小震	C	—	—	—	—
中震	B	B 或 C	C	—	—
大震	A	A 或 B			C

表 11-3 所列的 A、B、C 分别代表最高目标、重要目标和基本目标，具体说明为：

最高目标 A：大震作用下满足"充分运行"或"正常运行"性能水平的要求。

重要目标 B：中震作用下满足"充分运行"或"正常运行"性能水平的要求，大震作用下满足"正常运行"或"暂时运行"性能水平的要求。

基本目标 C：小震作用下满足"充分运行"性能水平的要求，中震作用下满足"暂时运行"性能水平的要求，大震作用下满足"修复后运行"或"生命安全"性能水平的要求。

11.2.2　性能指标的量化

基于位移的抗震设计并不是仅限于采用位移反映结构的破坏程度和变形能力，它可以使用任何与位移有关的量来判断结构的性能状态，因此也可将其称为基于变形的抗震设计。本节以柱架层间位移角作为传统风格建筑 RC-CFST 组合框架性能水平的量化指标。

1. 传统风格建筑 RC-CFST 组合柱层间位移角试验结果分析

课题组前期对 RC-CFST 组合柱进行了拟静力试验，主要考虑了轴压比、长细比及 RC 柱纵筋配筋率等因素的影响。组合柱试件的截面尺寸及配筋如图 11-1 所示。

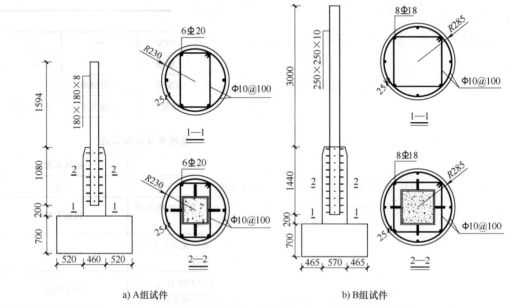

a) A组试件　　　　　　　　　　b) B组试件

图 11-1　组合柱试件的截面尺寸及配筋

试验研究结果表明：反复荷载作用下的 RC-CFST 组合柱最终破坏形态以弯曲破坏为主，在 CFST 柱及 RC 柱根部均能形成具有一定转动能力的塑性铰。加载初期，RC 柱中、下部相继出现多道环向水平裂缝，柱顶变截面处混凝土裂缝由钢管角部斜向延伸至柱外沿，并沿柱身向下发展，形成竖向裂缝，此后试件的 RC 柱钢筋及 CFST 柱钢管先后屈服，环向裂缝基本出齐。进入位移控制阶段，随着控制位移的逐渐增大，由于钢管不断对 RC 柱混凝土反复挤压，产生较为明显的剪切作用，使 RC 柱中上部形成交叉斜裂缝，原有环向水平裂缝发展至南北两侧（与作动器平行）后开始斜向下延伸，柱根处混凝土开始起皮剥落。随着控制位移持续增大，柱根处少量混凝土压碎脱落、钢筋外露，水平承载力下降到 85% 以下，试验加载结束。低周反复荷载作用下 RC-CFST 组合柱试件的破坏形态如图 11-2 所示。

试验得到试件的滞回曲线如图 11-3 所示。由图 11-3 可知，滞回曲线基本呈梭状，表明 RC-CFST 组合柱具有良好的抗震性能。

根据试验得到 RC 柱端的水平位移，计算确定不同加载阶段的层间位移角见表 11-4。表中 θ_{cr}、θ_y、θ_m、θ_u 分别表示试件开裂荷载、屈服荷载、峰值荷载和破坏荷载对应的层间位移角。由表 11-4 可知，RC-CFST 组合柱的抗侧能力较强，所有试件破坏时达到的层间位移角均值超过了 1/50，这为传统风格建筑 RC-CFST 组合框架具有良好抗倒塌能力提供了保证。

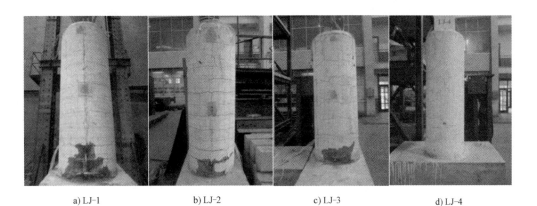

a) LJ-1　　　　　　　b) LJ-2　　　　　　　c) LJ-3　　　　　　　d) LJ-4

图 11-2　低周反复荷载作用下 RC-CFST 组合柱试件的破坏形态

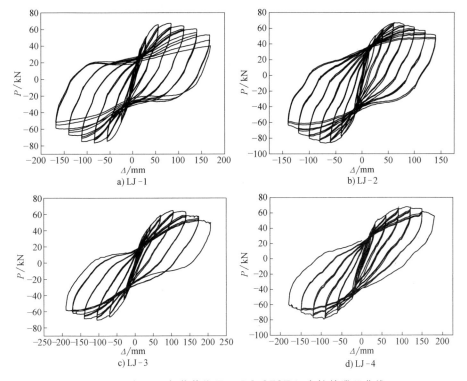

图 11-3　低周反复荷载作用下 RC-CFST 组合柱的滞回曲线

表 11-4　RC-CFST 组合柱 RC 柱端层间位移角

试件编号	加载方向	θ_{cr}	θ_y	θ_m	θ_u
LJ-1	正	1/446	1/110	1/44	1/24
	负	1/729	1/102	1/44	1/25
LJ-2	正	1/659	1/264	1/89	1/44
	负	1/637	1/221	1/89	1/43
LJ-3	正	1/186	1/88	1/35	1/20
	负	1/215	1/86	1/35	1/20

（续）

试件编号	加载方向	θ_{cr}	θ_y	θ_m	θ_u
LJ-4	正	1/232	1/151	1/44	1/30
	负	1/351	1/165	1/59	1/33

2. 传统风格建筑 RC-CFST 平面组合框架低周反复加载试验柱架层间位移角试验结果分析

本章对 1 榀传统风格建筑 RC-CFST 平面组合框架进行了低周反复加载试验，获得了模型框架在不同加载阶段的柱架最大层间位移角。试验结果表明，模型框架在屈服点时的正、负向柱架最大层间位移角分别为 1/83、1/99。此时金柱、檐柱柱底出现多条水平环向裂缝。坐斗顶面出现水平裂缝，乳栿两侧出现细小竖向裂缝。模型框架在峰值点时的正、负向柱架最大层间位移角分别为 1/44、1/48。此时金柱、檐柱纵筋均已屈服。坐斗与乳栿连接处的混凝土开始剥落。乳栿纵筋与方钢管焊接的焊缝开裂。三架梁与金柱 CFST 柱柱顶连接区域混凝土出现裂缝。模型框架在极限点时的正、负向柱架最大层间位移角分别为 1/27、1/29。此时三架梁与金柱 CFST 柱柱顶连接区域混凝土脱落现象更加严重，东金柱柱脚被压碎。

3. 传统风格建筑 RC-CFST 空间组合框架振动台柱架层间位移角试验结果分析

试验结果表明，在峰值加速度 0.07g 地震作用下，模型结构各构件表面无裂缝产生，处于弹性阶段，此时模型结构 X、Y 向柱架最大层间位移角分别为 1/376、1/469。在峰值加速度 0.20g 地震作用下，模型结构坐斗、乳栿以及少部分阑额等构件表面开始陆续出现裂缝。此时模型结构 X、Y 向柱架最大层间位移角分别为 1/105、1/124。在峰值加速度 0.44g 的地震作用下，模型构件原有裂缝继续发展，各轴线上的阑额两侧均出现了不同程度的裂缝；部分 CFST 柱与屋面梁、檐枋和金枋的连接区域也开始出现裂缝并不断发展；混凝土柱底也开始出现细小水平裂缝，结合应变数据可知，角檐柱的纵筋开始屈服，此时模型结构 X、Y 向柱架最大层间位移角分别为 1/46、1/51。在峰值加速度 0.60g 的地震作用下，屋盖摆动更加明显，模型结构整体反应剧烈。CFST 柱柱顶与屋面梁、檐枋和金枋交接处陆续开始有混凝土脱落。此时模型结构 X 向柱架最大层间位移角为 1/43。在峰值加速度 0.80g 的地震作用下，金柱和檐柱底部混凝土均出现了不同程度的剥落，各轴线上与 CFST 柱相连的檐枋和屋面梁底部的混凝土剥落现象更加明显。此时模型结构 X 向柱架最大层间位移角为 1/36。在峰值加速度 1.00g 的地震作用下，部分 RC-CFST 组合柱柱底混凝土开始脱落，此时模型结构 X 向柱架最大层间位移角为 1/25。在峰值加速度 1.24g 地震作用下，模型结构经较大摆动后发生坍塌破坏。

4. 传统风格建筑 RC-CFST 组合框架柱架层间位移角限值

根据试验测得不同加载阶段的传统风格建筑 RC-CFST 组合柱柱端层间位移角、传统风格建筑 RC-CFST 平面组合框架在低周反复加载下的柱架层间位移角以及传统风格建筑 RC-CFST 空间组合框架柱架层间位移角，给出传统风格建筑 RC-CFST 组合框架对应于五个性能水平的柱架层间位移角限值。

（1）"充分运行"性能水平的层间位移角限值 "充分运行"性能水平要求建筑使用功能及结构各构件在地震发生后继续保持完好。传统风格建筑空间组合框架在 7 度多遇地震作用下 X、Y 向柱架最大层间位移角为分别 1/376 和 1/469，而此时坐斗等构件已经出现了裂缝。因此，建议传统风格建筑 RC-CFST 组合框架在"充分运行"性能水平的柱架层间位移角限值与《建筑抗震设计规范（2016 年版）》（GB 50011—2010）的弹性位移角限值 1/550 保持一致。

（2）"正常运行"性能水平的层间位移角限值　"正常运行"性能水平要求乳栿、阑额及 RC-CFST 组合柱无损伤，坐斗等非结构构件可出现轻微损坏。此性能水平控制的重点为非结构构件的损坏程度，主要是坐斗顶面混凝土开裂程度。

传统风格建筑空间组合框架在 7 度多遇地震作用下柱架 X、Y 向最大层间位移角分别为 1/376 和 1/469，此时坐斗构件已经出现了裂缝。因此，建议传统风格建筑 RC-CFST 组合框架在正常运行性能水平的柱架层间位移角限值取 1/400。

（3）"暂时运行"性能水平的层间位移角限值　"暂时运行"性能水平要求 RC-CFST 组合柱保持完好，乳栿、阑额两端出现竖向裂缝，坐斗等非结构构件损坏较为严重。此性能水平控制的重点为乳栿、阑额的裂缝发展，此阶段的层间位移角限值控制的重点是乳栿、阑额两端是否出现裂缝。

传统风格建筑平面组合框架在屈服点时的正、负向柱架最大层间位移角分别为 1/83、1/99，此时阑额、由额已经出现塑性铰。在峰值加速度 0.20g 的地震作用下，传统风格建筑空间组合框架坐斗、乳栿以及少部分阑额等构件表面开始陆续出现裂缝。此时模型结构 X、Y 向柱架最大层间位移角分别为 1/105、1/124。因此，建议传统风格建筑 RC-CFST 组合框架在"暂时运行"性能水平的柱架层间位移角限值取 1/150。

（4）"修复后运行"性能水平的层间位移角限值　"修复后运行"性能水平允许乳栿、阑额两端形成塑性铰，RC 柱柱底出现大量裂缝，但不影响其承载能力，坐斗等非结构构件会出现脱落。此性能水平控制的重点是 RC 柱柱底钢筋是否屈服。

传统风格建筑平面组合框架在屈服点时的正、负向柱架最大层间位移角分别为 1/83、1/99，此时 RC 柱柱底出现塑性铰。在峰值加速度 0.44g 的地震作用下，角柱柱底出现塑性铰，模型结构 X、Y 向柱架最大层间位移角分别为 1/46、1/51。因此，建议传统风格建筑 RC-CFST 组合框架在修复后运行性能水平的柱架层间位移角限值取 1/100。

（5）"生命安全"性能水平的层间位移角限值　"生命安全"性能水平允许乳栿、阑额等构件破坏严重，退出工作，CFST 柱柱与屋面梁、檐枋和金枋的连接区域混凝土脱落，RC 柱柱底混凝土开始剥落，但整体结构依然保持不倒。此性能水平控制的重点应考虑金柱 CFST 柱方钢管是否屈服，CFST 柱柱与屋面梁、檐枋和金枋的连接区域混凝土以及 RC 柱柱底混凝土的脱落程度。

在峰值加速度 0.60g 的地震作用下，传统风格建筑空间组合框架 CFST 柱顶与屋面梁、檐枋和金枋交接处陆续开始有混凝土脱落，金柱 CFST 柱方钢管已经屈服，此时模型结构 X 向柱架最大层间位移角为 1/43。RC-CFST 组合柱试验研究表明，方钢管屈服时柱端层间位移角为 1/44。因此，建议传统风格建筑 RC-CFST 组合框架在生命安全性能水平的柱架层间位移角限值取 1/50。

■ 11.3　多层传统风格建筑 RC-CFST 组合框架侧向位移模式研究

在基于位移的抗震设计方法中，首先根据结构的性能水平和侧移曲线确定其目标位移曲线；然后将多自由度体系转换为等效单自由度体系，进而求解结构的各项等效参数，如等效质量、等效位移和等效刚度等，并获得基底剪力；最后将其进行层间分配得到地震侧向水平作用，与其他荷载进行组合并对结构进行设计。由此可见，确定某种结构的侧移模式是此种结构基于位移的抗震设计的基础。基于单层传统风格建筑 RC-CFST 空间组合框架的动力弹塑性分析，对多层传统风格建筑 RC-CFST 组合框架结构的侧移模式进行研究。

王秋维给出了型钢混凝土框架结构侧移形状系数的表达式，即

$$\varphi_i = \frac{h_i}{h_n} \quad (n \leqslant 4) \tag{11-1}$$

$$\varphi_i = \frac{h_i}{h_n} \left(1 - \frac{0.5(n-4)h_i}{16h_n} \right) \quad (4 < n < 20) \tag{11-2}$$

$$\varphi_i = \frac{h_i}{h_n} \left(1 - 0.5\frac{h_i}{h_n} \right) \quad (n \geqslant 20) \tag{11-3}$$

蒋欢军等通过对不同特性的框架结构的非线性时程计算，推导出了框架经验侧移曲线公式，即

$$u_i = \frac{1.32\beta_1 H\theta_{max} X^{1.5\beta_2}}{0.55 + 0.21T_1 + X_1^{1.5\beta_2}} \tag{11-4}$$

Karavasilis 等通过对钢框架的最大地震侧移模式的研究，推导出了侧移公式，即

$$u_i = P_1 IDh_i \left(1 - P_1 \frac{h_i}{32H} \right) \tag{11-5}$$

根据框架结构在地震作用下的侧移特点，推导出简化分析的等截面钢管混凝土柱组成的组合框架结构在倒三角形水平荷载作用下的侧移曲线形式。根据现有钢管混凝土柱和钢-混组合梁的理论基础，求出结构的层间屈服位移。同时根据构件的延性求解出钢-混凝土组合框架结构的极限目标位移，提出组合框架结构目标位移的计算方法。

白顶友根据框架结构变形分析，从 Hamilton 原理出发，经过严格的理论推导，提出了框架结构侧移曲线和能量之间的泛函表达式。

夏秀丽通过对钢管混凝土框架结构的侧向变形情况的研究，提出了钢管混凝土结构的侧向位移曲线，并将其作为基于位移的抗震设计的基础。

11.3.1 模型建立

在单层传统风格建筑 RC-CFST 组合框架动力弹塑性分析的基础上，采用 SAP2000 软件建立多层传统风格建筑 RC-CFST 组合框架模型。多层传统风格建筑 RC-CFST 组合框架共四层，底层层高 4.5m，其余各层层高 3.5m。考虑传统风格建筑斗栱等装饰性构件通常布置在结构最外侧，本节仅在模型最外侧布置 RC-CFST 组合柱。图 11-4 所示为多层传统风格建筑 RC-CFST 组合框架平面布置图，图中 Z1 为 RC-CFST 组合柱，其余未标注的框架柱均为钢筋混凝土柱。此种布置方式既可以满足传统风格建筑形制的需要，又可以防止上层混凝土柱浇筑于下层截面较小的 CFST 柱之上形成刚度突变。

RC 柱截面尺寸为 500mm×500mm，CFST 柱截面尺寸为 170mm×170mm；阑额截面尺寸为 200mm×300mm，框架梁截面尺寸为 300mm×450mm。其他钢筋混凝土构件尺寸根据我国现行《建筑抗震设计规范（2016 年版）》（GB 50011—2010）、《组合结构设计规范》（JGJ 138—2016）

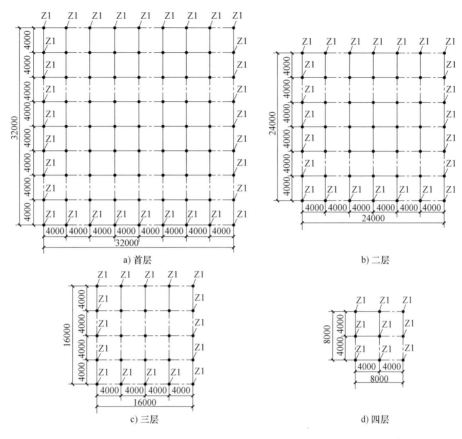

a) 首层　　　　　　　　　　　　b) 二层

c) 三层　　　　　　　　　　　　d) 四层

图 11-4　多层传统风格建筑 RC-CFST 组合框架平面布置图

及《混凝土结构设计规范（2015 年版）》（GB 50010—2010）进行设计。组合柱混凝土强度等级为 C35，梁、板混凝土强度等级为 C30。方钢管采用 Q235 钢，所有构件纵筋采用 HRB400，箍筋采用 HPB300。抗震设防烈度为 7 度，设计基本地震加速度为 $0.1g$，场地类别为 II 类。所建模型框架材料非线性、恢复力模型、塑性铰设置、质量源和阻尼比的选取均与单层传统风格建筑 RC-CFST 组合框架的动力弹塑性分析保持一致。所建有限元模型如图 11-5 所示。

图 11-5 彩图

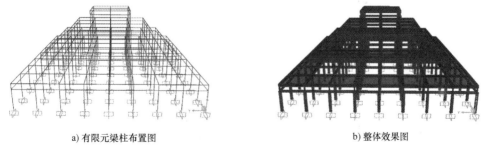

a) 有限元梁柱布置图　　　　　　　b) 整体效果图

图 11-5　多层传统风格建筑 RC-CFST 组合框架有限元模型

11.3.2　模态分析

经模态分析可获得结构的振型与周期。该框架的第一振型为 X 向的平动，第二振型为 Y

向平动，第三振型为扭转，如图 11-6 所示。第一振型周期 $T_1 = 0.461s$，第二振型周期和第三振型周期分别为 $T_2 = 0.467s$ 和 $T_3 = 0.16s$。结构扭转为主的第一周期与平动为主的第一周期之比小于 0.9，可知该模型振动以平动振型为主，满足框架抗震设计要求。

图 11-6 彩图

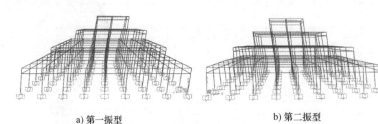

a) 第一振型   b) 第二振型   c) 第三振型

图 11-6 多层传统风格建筑 RC-CFST 组合框架模态分析

11.3.3 侧移模式分析

图 11-7 所示为在峰值加速度分别为 $0.035g$（7度多遇）、$0.10g$（7度设防）及 $0.22g$（7度罕遇）的 Taft 波作用下，模型的各楼层的最大位移反应。可以看出，随输入峰值加速的增大，模型楼层的位移反应逐渐增大。与峰值加速度为 $0.035g$ 及 $0.10g$ 地震作用下的楼层处位移相比，在峰值加速度 $0.22g$ 地震作用下的楼层处位移反应明显较大。这是由于在峰值加速度 $0.22g$ 地震作用下，模型结构已处于弹塑性阶段，抗侧刚度明显减小，模型结构的位移呈非线性变化。表 11-5 所列为在输入峰值加速度为 $0.035g$、$0.10g$、$0.22g$ Taft 波作用下模型

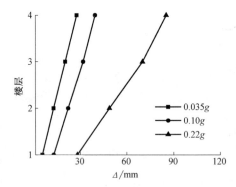

图 11-7 多层传统风格建筑 RC-CFST 组合框架各楼层处侧移曲线

结构的楼层处与柱架最大位移反应的对比。表 11-5 中 Δ_1 为模型结构不同楼层处的最大位移；Δ_2 为不同楼层柱架的最大位移；Δ_1/Δ_2 为楼层处最大位移与柱架最大位移的比值。由表 11-5 可知，不同工况下，楼层处的位移与柱架位移略有差异，但相差不大。这与振动台试验中不同工况下，屋盖体系与柱架相对位移反应相差不大的现象较为一致。这说明多层传统风格建筑 RC-CFST 组合框架的侧移曲线近似于普通混凝土框架。

表 11-5 多层传统风格建筑 RC-CFST 组合框架楼层处与柱架最大位移反应对比

楼 层	0.035g			0.10g			0.22g		
	Δ_1/mm	Δ_2/mm	Δ_1/Δ_2	Δ_1/mm	Δ_2/mm	Δ_1/Δ_2	Δ_1/mm	Δ_2/mm	Δ_1/Δ_2
1	39.5	36.6	1.08	49.3	46.0	1.07	108.4	98.5	1.10
2	34.1	31.3	1.09	45.7	43.1	1.06	100.5	94.8	1.06
3	27.7	28.0	0.99	39.6	36.4	1.09	87.2	85.5	1.02
4	20.3	18.6	1.09	31.9	35.0	0.91	70.1	75.4	0.93

总体来看，多层传统风格建筑 RC-CFST 组合框架的楼层侧移曲线呈剪切型，并且随水

平地震作用的增大，楼层侧移曲线的剪切型越来越明显。由于在层数不多的框架中，柱轴向变形引起的侧移很小，可以忽略不计。因此对于高度不大且层数不多的多层传统风格建筑RC-CFST组合框架的结构侧移曲线与普通框架结构侧移曲线相同，可近似为整体剪切型，这为传统风格建筑RC-CFST组合框架结构进行基于位移的抗震设计提供了依据。

■ 11.4　传统风格建筑RC-CFST组合框架基于位移的抗震设计方法

11.4.1　传统风格建筑RC-CFST组合框架目标侧移的确定

结构不同性能水平对应的层间位移角限值确定后，其目标侧移便可根据下列公式计算：

$$(\Delta u)_i = [\theta] h_i \tag{11-6}$$

$$u_i = \sum_{j=1}^{i} (\Delta u)_j \tag{11-7}$$

$$u_t = \sum_{j=1}^{n} (\Delta u)_j \tag{11-8}$$

式中，$(\Delta u)_i$ 为对应不同楼层处的层间相对侧移；u_i 为对应不同楼层处的绝对侧移；u_t 为结构的顶点侧移；$[\theta]$ 为结构的层间位移角限值；h_i 为层高。

有限元分析表明，多层传统风格建筑RC-CFST组合框架侧向位移模式为剪切型，因此，其侧移曲线函数可参考普通混凝土框架侧移函数，即

$$u(z) = \frac{\mu q H^2}{6 GA} \left[3 \frac{z}{H} - \left(\frac{z}{H} \right)^3 \right] \tag{11-9}$$

令 $\xi = z/H$，则式（11-9）可改写为

$$u(\xi) = \frac{1}{2} (3\xi - \xi^3) u_t = \varphi(\xi) u_t \tag{11-10}$$

$$\varphi(\xi) = \frac{1}{2} (3\xi - \xi^3) \tag{11-11}$$

按式（11-6）~式（11-8）确定的目标位移是假定结构在某一强度水准地震作用下各层同时达到层间位移角限值。实际工程经验表明，框架结构一般是在最薄弱的某一层或较薄弱的某几层（一般为2~3层）达到某一极限状态，即达到相应的层间位移角限值，而其他层的层间位移角均小于其限值。因此，按式（11-6）~式（11-8）确定的结构侧移应予以修正。对于质量和刚度沿高度分布比较均匀的框架结构，一般是底部1层或2~3层可能达到某一极限状态，但对不规则建筑结构，设计者可根据自己的专业知识和设计经验，人为的控制结构使其某一层或某几层达到某一极限状态，而其他层未达到相应极限状态。

根据具体情况，可由式（11-7）确定响应的 u_i，再根据楼层位置计算 $\xi = z/H$（其中 z 代表某层楼面处的计算高度）将 ξ 及相应的 u_i 代入式（11-12）便可得到结构顶点位移 u_t。再将 u_t 代入式（11-10）可求出某一层或几层达到层间位移角限值时对应各楼层侧移 $u(\xi)$。

$$u_t = \frac{2 u_i}{3\xi - \xi^3} \tag{11-12}$$

11.4.2 多自由度体系的等效转化

基于位移的抗震设计需将多自由度体系转化为等效单自由度体系。转化的合理前提为：多自由度体系根据假定的侧移形状产生地震反应；多自由度体系和等效单自由度体系的基底剪力相等；水平地震作用在多自由度体系和等效单自由度体系上所做的功相等。

若传统风格建筑 RC-CFST 组合框架为 n 层，即为具有 n 个自由度的多自由度体系，则将其转化为等效单自由度体系的过程如图 11-8 所示。M_{eff} 为等效单自由度体系的等效质量，K_{eff} 为等效刚度，ζ_{eff} 为等效阻尼比，u_{eff} 为等效位移，a_{eff} 为等效加速度，V_b 为基底剪力。

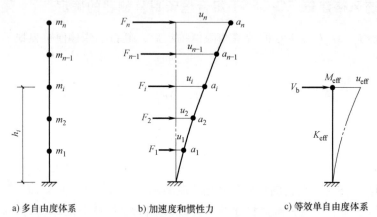

a) 多自由度体系　　　　b) 加速度和惯性力　　　　c) 等效单自由度体系

图 11-8　多自由度体系转化为等效单自由度体系

多自由度体系中质点 i 的侧移 u_i 可表示为

$$u_i = \varphi_i z(t) \tag{11-13}$$

式中，φ_i 为侧移形状系数；$z(t)$ 为与时间有关的函数。

由于多自由度体系中质点 i 所受到地震作用的大小与其侧移成正比，故可近似将质点沿水平方向的运动认为简谐振动，则式（11-13）可写为

$$u_i = Y_0 \sin\omega t \varphi_i \tag{11-14}$$

式中，Y_0 为振幅；ω 为简谐振动的圆频率。

由式（11-14）可以得到多自由度体系中质点 i 的加速度 a_i 为

$$a_i = -\omega^2 Y_0 \sin\omega t \varphi_i = -\omega^2 u_i \tag{11-15}$$

假定多自由度体系中质点 i 的侧移 u_i 与等效侧移 u_{eff} 呈正比例关系，其比值采用 c_i 表示，则

$$c_i = \frac{u_i}{u_{eff}} \tag{11-16}$$

由式（11-16）可知，多自由度体系中质点 i 的加速度 a_i 与侧移 u_i 呈正比例关系，则加速度 a_i 与等效加速度 a_{eff} 也呈正比例关系，其比值同样为 c_i，即

$$c_i = \frac{a_i}{a_{eff}} \tag{11-17}$$

多自由度体系中质点 i 的水平地震作用 F_i 为

$$F_i = m_i a_i = m_i c_i a_{eff} \tag{11-18}$$

多自由度体系和等效单自由度体系的基底剪力 V_b 均可表示为

$$V_b = \sum_{i=1}^{n} F_i = \sum_{i=1}^{n} m_i a_i = \left(\sum_{i=1}^{n} m_i c_i\right) a_{eff} = M_{eff} a_{eff} \tag{11-19}$$

由式（11-16）和式（11-19）可计算得到等效质量 M_{eff} 为

$$M_{eff} = \frac{\sum\limits_{i=1}^{n} m_i u_i}{u_{eff}} \tag{11-20}$$

假设水平地震作用是按倒三角分布的，则由式（11-16）、式（11-18）和式（11-19）可以得到质点 i 的水平地震作用 F_i 为

$$F_i = \frac{m_i u_i}{\sum\limits_{j=1}^{n} m_j u_j} V_b \tag{11-21}$$

水平地震作用在多自由度体系和等效单自由度体系上所做的功相等，即

$$V_b u_{eff} = \sum_{i=1}^{n} F_i u_i \tag{11-22}$$

将式（11-21）代入式（11-22），可得到等效侧移 u_{eff} 为

$$u_{eff} = \frac{\sum\limits_{i=1}^{n} m_i u_i^2}{\sum\limits_{i=1}^{n} m_i u_i} \tag{11-23}$$

等效刚度 K_{eff} 取最大等效侧移所对应的割线刚度（图 11-9），可表示为

$$K_{eff} = \left(\frac{2\pi}{T_{eff}}\right)^2 M_{eff} \tag{11-24}$$

式中，T_{eff} 为等效单自由度体系的等效周期。

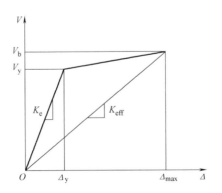

图 11-9　等效刚度

由结构动力学原理可得基底剪力 V_b 为

$$V_b = K_{eff} u_{eff} \tag{11-25}$$

等效阻尼比 ζ_{eff} 为弹性阻尼比 ζ_{el} 和滞回阻尼比 ζ_{hys} 两者之和，即

$$\zeta_{eff} = \zeta_{el} + \zeta_{hys} \tag{11-26}$$

根据 Kowalsky 提出的计算公式，并结合传统风格建筑 RC-CFST 组合框架的特点进行调整，得到其等效阻尼比计算公式为

$$\zeta_{\text{eff}} = \zeta_0 + \frac{1 - \dfrac{1-\alpha}{\sqrt{\mu}} - \alpha\sqrt{\mu}}{\pi} \tag{11-27}$$

式中，ζ_0 为结构的弹性阶段阻尼比，取 0.025；α 为结构塑性阶段与弹性阶段的刚度之比，根据传统风格建筑 RC-CFST 组合框架的抗震试验结果，取 0.45；μ 为传统风格建筑 RC-CFST 组合框架的位移延性系数。将各参数的取值代入式（11-27），得到传统风格建筑 RC-CFST 组合框架的等效阻尼比为

$$\zeta_{\text{eff}} = 0.318 - 0.143\left(\frac{1.22}{\sqrt{\mu}} + \sqrt{\mu}\right) \tag{11-28}$$

11.4.3　位移反应谱

基于位移的抗震设计方法是根据具有各种阻尼比的位移反应谱建立的。在确定弹性位移反应谱时采用式（11-29）将地震影响系数曲线转化为位移反应谱。

$$S_{\text{d}} = \left(\frac{T}{2\pi}\right)^2 S_{\text{a}} \tag{11-29}$$

地震影响系数曲线如图 10-19 所示。根据图 10-19 转化得到的位移反应谱共有 4 段，即

$$T^2[0.45 + 10(\eta_2 - 0.45)T] = \frac{4\pi^2}{\alpha_{\max}g}S_{\text{d}} \quad (T \leqslant 0.1\text{s}) \tag{11-30}$$

$$T = 2\pi\sqrt{\frac{S_{\text{d}}}{\eta_2\alpha_{\max}g}} \quad (0.1\text{s} < T \leqslant T_{\text{g}}) \tag{11-31}$$

$$T = \left(\frac{4\pi^2}{T_{\text{g}}^{\gamma}}\frac{S_{\text{d}}}{\eta_2\alpha_{\max}g}\right)^{\frac{1}{2-\gamma}} \quad (T_{\text{g}} < T \leqslant 5T_{\text{g}}) \tag{11-32}$$

$$T^2[0.2^{\gamma}\eta_2 - \eta_1(T - 5T_{\text{g}})] = \frac{4\pi^2}{\alpha_{\max}g}S_{\text{d}} \quad (5T_{\text{g}} < T \leqslant 6\text{s}) \tag{11-33}$$

式中，$\alpha_{\max}$ 为水平地震影响系数最大值，对于基本烈度地震，设防烈度为 7 度时取 0.23，8 度时取 0.45，9 度时取 0.90，相对应的多遇地震和罕遇地震，则按现行规范取值；γ 为曲线下降段的衰减指数，$\gamma = 0.9 + \dfrac{0.05 - \zeta}{0.3 + 6\zeta}$；$\eta_1$ 为直线下降段的斜率调整系数，$\eta_1 = 0.02 + \dfrac{0.05 - \zeta}{4 + 32\zeta}$，当 $\eta_1 < 0$ 时，取 $\eta_1 = 0$；η_2 为阻尼调整系数，$\eta_2 = 1 + \dfrac{0.05 - \zeta}{0.08 + 1.6\zeta}$，当 $\eta_2 < 0.55$ 时，取 $\eta_2 = 0.55$，ζ 为阻尼比。

当已知等效单自由度体系的谱位移 S_{d}（等效侧移 u_{eff}）、设防水准、场地类别及阻尼比等参数时，便可由式（11-30）确定其对应的等效周期。

11.4.4　基于位移的抗震设计步骤

传统风格建筑 RC-CFST 组合框架具体设计步骤如图 11-10 所示。

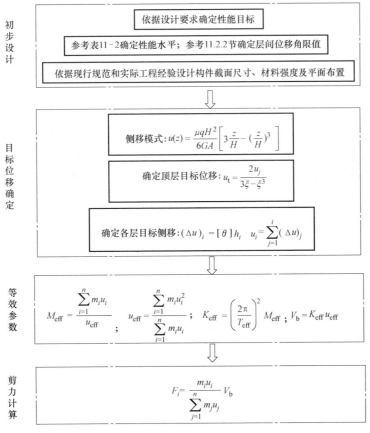

图 11-10　传统风格建筑 RC-CFST 组合框架具体设计步骤

■ **11.5　本章小结**

本章对传统风格建筑 RC-CFST 组合框架抗震性能水平及性能指标量化进行了探索研究，在此基础上又对其基于位移的抗震设计方法进行了研究，总结如下：

1）在传统风格建筑 RC-CFST 组合框架抗震性能试验研究的基础上，总结分析其破坏性能，提出了五个性能水平的失效判别标准，并给出了不同性能水平对应的层间位移角限值。

2）由有限元分析可知，多层传统风格建筑 RC-CFST 组合框架的楼层侧移曲线呈剪切型，且随水平地震作用的增大，楼层侧移曲线的剪切型越来越明显。

3）将基于位移的抗震设计理论应用于传统风格建筑 RC-CFST 组合框架，结合其特点给出了具体设计步骤。

参 考 文 献

[1] 张锡成. 地震作用下木结构古建筑的动力分析 [D]. 西安：西安建筑科技大学，2013.

[2] 梁思成. 图像中国建筑史 [M]. 梁从诫，译. 北京：百花文艺出版社，2001.

[3] 马炳坚. 中国古建筑木作营造技术 [M]. 2版. 北京：科学出版社，2003.

[4] 田永复. 中国园林建筑构造设计 [M]. 3版. 北京：中国建筑工业出版社，2015.

[5] 王晓华. 中国古建筑构造技术 [M]. 北京：化学工业出版社，2013.

[6] 赵鸿铁，薛建阳，隋龚，等. 中国古建筑结构及其抗震：试验、理论及加固方法 [M]. 北京：科学出版社，2012.

[7] 王磊. 清式厅堂古建筑与仿古建筑的结构性能比较研究 [D]. 西安：西安建筑科技大学，2012.

[8] 林建鹏. 仿古建筑方钢管混凝土柱与钢筋混凝土圆柱连接抗震性能试验研究 [D]. 西安：西安建筑科技大学，2015.

[9] 赵侃. 仿古建筑兴起的文化因素 [J]. 艺术评论，2009，17（3）：72-75.

[10] 赵武运. 甘肃泾川某高层钢结构仿古塔的结构分析及若干问题探讨 [D]. 太原：太原理工大学，2011.

[11] 卢俊龙. 砖石古塔土-结构相互作用理论与应用研究 [D]. 西安：西安建筑科技大学，2008.

[12] 罗美芳. 钢-混凝土组合框架振动台试验研究 [D]. 湘潭：湖南科技大学，2015.

[13] 谢启芳，李朋，葛鸿鹏，等. 传统风格钢筋混凝土梁-柱节点抗震性能试验研究 [J]. 世界地震工程，2015，31（4）：150-158.

[14] 李朋. 传统风格建筑钢筋混凝土梁-柱节点抗震性能研究 [D]. 西安：西安建筑科技大学，2014.

[15] 津和佑子，藤田香織，金惠園. 伝統的な木造建築の組物の動的載荷試験（その1）：微動測定と自由振動試験 [J]. 日本建築学会大会学術講演梗概集 C-1分册，2004：23-24.

[16] 金惠園，藤田香織，津和佑子. 伝統的な木造建築の組物の動的載荷試験（その2）：荷重変形関係と変形の特徴 [J]. 日本建築学会大会学術講演梗概集 C-1分册，2004：25-26.

[17] 藤田香織，金惠園，津和佑子. 伝統的な木造建築の組物の動的載荷試験（その3）：復元力特性と剛性の検討 [J]. 日本建築学会大会学術講演梗概集 C-1分册，2004：27-28.

[18] 米文杰. 仿古建筑结构设计分析 [J]. 建筑结构，2013，43（23）：62-66.

[19] 王昌兴，徐珂，田立强. 洛阳隋唐城天堂遗址保护建筑结构设计 [J]. 钢结构，2011，26（8）：32-36.

[20] 吴翔艳. 定鼎门钢结构仿古建筑组成及力学性能研究 [D]. 西安：长安大学，2010.

[21] 魏德敏，李世温. 应县木塔残损特征的分析研究 [J]. 华南理工大学学报（自然科学版），2002，30（11）：119-121.

[22] 李铁英，魏剑伟，张善元，等. 应县木塔实体结构的动态特性试验与分析 [J]. 工程力学，2005，22（1）：141-146.

[23] 李铁英，魏剑伟，张善元，等. 高层古建筑木结构：应县木塔现状结构评价 [J]. 土木工程学报，2005，38（2）：51-58.

[24] 魏剑伟，李铁英，李世温. 独乐寺观音阁动力特性实测分析 [J]. 太原理工大学学报，2002，33（4）：430-432.

[25] 王天. 古代大木作静力初探 [M]. 北京：文物出版社，1992.

[26] 俞茂宏，Y ODA，方东平，等. 中国古建筑结构力学研究进展 [J]. 力学进展，2006，36（1）：43-64.

[27] 俞茂宏, 刘晓东, 方东平, 等. 西安北门箭楼静力与动力特性的试验研究 [J]. 西安交通大学学报, 1991, 25 (3): 55-62.

[28] 方东平, 俞茂宏, 宫本裕, 等. 木结构古建筑结构特性的试验研究 [J]. 工程力学, 2000, 17 (2): 75-83.

[29] 丁磊, 王志骞, 俞茂宏. 西安鼓楼木结构的动力特性及地震反应分析 [J]. 西安交通大学学报, 2003, 37 (9): 986-988.

[30] 赵鸿铁, 张风亮, 薛建阳, 等. 古建筑木结构的结构性能研究综述 [J]. 建筑结构学报, 2012, 33 (8): 1-10.

[31] 赵鸿铁, 张海彦, 薛建阳, 等. 古建筑木结构燕尾榫节点刚度分析 [J]. 西安建筑科技大学学报 (自然科学版), 2009, 41 (4): 450-454.

[32] 隋䶮, 赵鸿铁, 薛建阳, 等. 古代殿堂式木结构建筑模型振动台试验研究 [J]. 建筑结构学报, 2010, 31 (2): 35-40.

[33] 赵鸿铁, 薛自波, 薛建阳, 等. 古建筑木结构构架加固试验研究 [J]. 世界地震工程, 2010, 26 (2): 72-76.

[34] 隋䶮, 赵鸿铁, 薛建阳, 等. 中国古建筑木结构铺作层与柱架抗震试验研究 [J]. 土木工程学报, 2011, 44 (1): 50-57.

[35] 赵鸿铁, 马辉, 薛建阳, 等. 高台基古建筑木结构动力特性及地震反应分析 [J]. 地震工程与工程振动, 2011, 31 (3): 115-121.

[36] 张驭寰. 仿古建筑设计实例 [M]. 北京: 机械工业出版社, 2009.

[37] 田永复. 中国仿古建筑设计 [M]. 北京: 化学工业出版社, 2008.

[38] 田永复. 中国仿古建筑构造精解 [M]. 2 版. 北京: 化学工业出版社, 2013.

[39] 张春明. 技术·形式·精神: 现代建筑技术在仿古建筑中的应用 [D]. 昆明: 昆明理工大学, 2007.

[40] 王佩云, 王建省. 祈年殿式混凝土仿古建筑模态分析 [J]. 北方工业大学学报, 2012, 24 (1): 83-86.

[41] 高大峰, 曹鹏男, 丁新建. 中国古建筑简化分析研究 [J]. 地震工程与工程振动, 2011, 31 (2): 175-181.

[42] 高大峰, 丁新建, 曹鹏男. 西安清真寺木牌楼结构特性分析 [J]. 天津大学学报, 2011, 44 (6): 497-503.

[43] 高大峰, 赵鸿铁, 薛建阳, 等. 中国古代大木作结构斗竖向承载力的试验研究 [J]. 世界地震工程, 2003, 19 (3): 56-61.

[44] 陈兆才, 庄茁. 典型钢筋混凝土仿古建筑屋盖结构设计 [J]. 沈阳建筑工程学院学报, 1991, 21 (4): 376-382.

[45] 韩林海. 钢管混凝土结构: 理论与实践 [M]. 2 版. 北京: 科学出版社, 2007.

[46] WAKABAYASHI M. Review of research on CFST in Japan [C]//Proc of 2nd International Specialty Conference on CFSTS. Harbin: [s. n.], 1989.

[47] SAKINO K, TOMII M. Hysteretic behavior of concrete filled square steel tubular beam-column failed in flexure [J]. Japan Concrete Institute, 1981, 49 (3): 439-446.

[48] SAKINO K, ISHIBASHI H. Experimental studies on concrete filled square steel tubular short columns subjected to cyclic shearing force and constant axial force [J]. Architectural Institute of Japan, 1985, 353 (6): 81-89.

[49] NAGASHIMA T, SUGANO S, SAWADA H, et al. An experimental study on behavior of concrete-filled steel tubular columns under cyclic loading axial load [C]//Proc of Annual Meeting of AIJ. Chiba:

［s. n.］，1988.

［50］ SUGANO S, NAGASHIMA T. Seismic behavior of concrete filled tubular steel column ［C］//Proc of Tenth Structural Congress 92 of ASCE. ［S. l.］：［s. n.］，1992：914-917.

［51］ BOYD P F, COFER W F, MCLEAN D I. Seismic performance of steel-encased concrete columns under flexural loading ［J］. ACI Structural Journal, 1995, 92 (3)：355-364.

［52］ GE H B, USAMI T. Cyclic tests of concrete-filled steel box columns ［J］. Journal of Structural Engineering, 1996, 122 (10)：1169-1177.

［53］ USAMI T, GE H B, SAIZUKA K. Behavior of partially concrete-filled steel bridge piers under cyclic and dynamic loading ［J］. Journal of Constructional Steel Research, 1997, 41 (2-3)：121-136.

［54］ USAMI T, GE H B. Ductility of concrete-filled steel box columns under cyclic loading ［J］. Journal of Structural Engineering, 1994, 120 (7)：2021-2040.

［55］ VARMA A H, RICLES J M, SAUSE R, et al. Seismic behavior and modeling of high-strength composite concrete-filled steel tube (CFT) beam-columns ［J］. Journal of Construction Steel Research, 2002, 58 (6)：725-758.

［56］ VARMA A H, RICLES J M, SAUSE R, et al. Experimental behavior of high strength square concrete-filled steel tube beam-columns ［J］. Journal of Structural Engineering, 2002, 128 (3)：309-318.

［57］ VARMA A H, RICLES J M, SAUSE R, et al. Seismic behavior and design of high-strength square concrete-filled steel tube beam columns ［J］. Journal of Structural Engineering , 2004, 130 (2)：169-179.

［58］ MARSON J, BRUNEAU M. Cyclic testing of concrete-filled circular steel bridge piers having encased fixed-based detail ［J］. Journal of Bridge Engineering, 2004, 9 (1)：14-23.

［59］ BRUNEAU M, MARSON J. Seismic design of concrete-filled circular steel bridge piers ［J］. Journal of Bridge Engineering, 2004, 9 (1)：24-34.

［60］ GOTO Y, JIANG K, OBATA M. Stability and ductility of thin-walled circular steel columns under cyclic bidirectional loading ［J］. Journal of Structural Engineering, 2006, 132 (10)：1621-1631.

［61］ GOTO Y, EBISAWA T, LU X L. Local buckling restraining behavior of thin-walled circular CFT columns under seismic loads ［J］. Journal of Structural Engineering, 2014, 140 (5)：1943-1954.

［62］ GHANNAM S, JAWAD Y A, HUNAITI Y. Failure of lightweight aggregate concrete-filled steel tubular columns ［J］. Steel and composite-An International Journal, 2004, 4 (1)：1-8.

［63］ ZEGHICHE J, CHAOUI K. An experimental behavior of concrete-filled steel tubular columns ［J］. Journal of Constructional Steel Research, 2005, 61 (1)：53-66.

［64］ 黄莎莎. 钢管混凝土在反复周期水平荷载作用下滞回性能的研究 ［D］. 哈尔滨：哈尔滨建筑工程学院，1987.

［65］ 姜维山，周小真，赵鸿铁，等. 钢管混凝土柱压弯剪试验和有限环层分析 ［J］. 钢结构，1989 (2)：27-34.

［66］ 韩林海，陶忠. 方钢管混凝土柱的延性系数 ［J］. 地震工程与工程振动，2000，20 (4)：56-65.

［67］ 韩林海，陶忠，闫维波. 圆钢管混凝土构件弯矩-曲率滞回特性研究 ［J］. 地震工程与工程振动，2000，20 (3)：50-59.

［68］ 韩林海，陶忠，闫维波. 圆钢管混凝土构件荷载-位移滞回性能分析 ［J］. 地震工程与工程振动，2001，21 (1)：64-73.

［69］ HAN L H, YANG Y F. Concrete-filled thin-walled steel SHS and RHS beam-columns subjected to cyclic loading ［J］. Thin-walled Structures, 2003, 41 (9)：801-833.

［70］ 吕西林，陆伟东. 反复荷载作用下方钢管混凝土柱的抗震性能研究 ［J］. 建筑结构学报，2000，21 (2)：2-11.

[71] 钱稼茹，康洪震. 钢管高强混凝土组合柱抗震性能试验研究［J］. 建筑结构学报，2009，30（4）：85-93.

[72] 尧国皇. 钢管混凝土构件在复杂受力状态下的工作机理研究［D］. 福州：福州大学，2006.

[73] 黄晓宇. 方钢管混凝土柱抗震性能试验研究［D］. 天津：天津大学，2004.

[74] 刘威. 钢管混凝土局部受压时的工作机理研究［D］. 福州：福州大学，2005.

[75] 陈宝春，欧智菁. 钢管混凝土格构柱极限承载力计算方法研究［J］. 土木工程学报，2011，44（7）：56-63.

[76] KAWAGUCHI J, MORINO S, YASUZAKI C, et al. Elasto-plastic behavior of concrete-filled steel tubular three-dsimensional subassemblages［J］. Research Reports of the Faculty of Engineering Mie University, 1993, 16（3）：61-78.

[77] KAWAGUCHI J, MORINO S, SUGIMOTO T, et al. Experimental study on structural characteristics of portal frames consisting of square CFT columns［J］. American Society of Civil Engineers, 2002, 49（2）：725-733.

[78] 李斌，薛刚，张园. 钢管混凝土框架结构抗震性能试验研究［J］. 地震工程与工程振动，2002，21（5）：53-56.

[79] 许成祥. 钢管混凝土框架结构抗震性能的试验与理论研究［D］. 天津：天津大学，2003.

[80] 黄襄云，周福霖. 钢管混凝土结构地震模拟试验研究［J］. 建筑科学与工程学报，2000，17（3）：14-17.

[81] 黄襄云，周福霖，徐忠根. 钢管混凝土结构抗震性能的比较研究［J］. 世界地震工程，2001，17（2）：86-89.

[82] 凡红，徐礼华，童菊仙，等. 五层钢管混凝土框架模态试验研究与有限元分析［J］. 武汉理工大学学报，2005，27（4）：47-50.

[83] 薛建阳，伍凯，赵鸿铁，等. RC-SRC 转换柱抗震性能试验研究［J］. 建筑结构学报，2010，31（11）：102-110.

[84] 殷杰，梁书亭，蒋永生，等. 钢管混凝土转换柱设计及试验研究［J］. 工业建筑，2003，33（11）：61-63.

[85] SUZUKI H, NISHIHARA H, MATSOZAKI Y et al. Structural performance of mixed member composed of steel reinforced concrete and reinforced concrete［C］//Proc. 12th World Conf. on Earthquake Engrg. Mexico：［s. n.］，2000.

[86] 赵滇生，刘帝祥，唐鸿初，等. 型钢混凝土转换柱受剪性能的研究［J］. 浙江工业大学学报，2010，38（5）：537-541.

[87] 骆文超. 铸钢节点 Y 型混合柱抗震性能研究［D］. 上海：同济大学，2007.

[88] 王东波. 型钢混凝土竖向转换柱受力性能有限元分析［D］. 太原：太原理工大学，2012.

[89] 吴波，赵新宇，杨勇，等. 薄壁圆钢管再生混合柱-钢筋混凝土梁节点的抗震试验与数值模拟［J］. 土木工程学报，2013，46（3）：59-69.

[90] OH S H. KIM YJ. Seismic performance of steel structures with slit dampers［J］. Engineering Structure, 2009, 31（9）：1997-2008.

[91] YOSHIOKA T, OHKUBO M. Mechanisms of moment resisting steel frame using bolted frictional slipping damper［C］//13th World conference on earthquake engineering. Canada：International Association of Earthquake Engineering, 2004：158-164.

[92] CHUNG T S, LAM E S, WU B, et al. Retrofitting reinforced concrete beam-column joints by hydraulic displacement amplification damping system［C］//New Horizons and Better Practices. ASCE, 2007：1-9.

[93] KOETAKA Y, CHUSILP P, ZHANG Z, et al. Mechanical property of beam-to-column moment connection

with hysteretic dampers for column weak axis [J]. Engineering Structures, 2005, 27 (1): 109-117.

[94] 刘猛. 新型铅阻尼器与预应力装配式框架节点抗震性能研究 [D]. 北京: 北京工业大学, 2008.

[95] 吴从晓, 周云, 徐昕, 等. 扇形铅黏弹性阻尼器滞回性能试验研究 [J]. 建筑结构学报, 2014, 35 (4): 199-207.

[96] 毛剑. 安装阻尼器的弱梁刚性连接节点的抗震性能研究 [D]. 西安: 长安大学, 2013.

[97] NAKASHIMA M, MATSUMIYA T, SUITA K, et al. Full-scale test of composite frame under large cyclic loading [J]. Journal of Structural Engineering, 2007, 133 (2): 297-304.

[98] DENAVIT M D, HAJJAR J F. Nonlinear seismic analysis of circular concrete-filled steel tube members and frames [J]. Journal of Structural Engineering, 2011, 138 (9): 1089-1098.

[99] HAJJAR J F, MOLODAN A, SCHILLER P H. A distributed plasticity model for cyclic analysis of concrete-filled steel tube beam-columns and composite frames [J]. Engineering Structures, 1998, 20 (4): 398-412.

[100] ELGHAZOULI A Y, CASTRO J M, IZZUDDIN B A. Seismic performance of composite moment-resisting frames [J]. Engineering Structures, 2008, 30 (7): 1802-1819.

[101] 聂建国, 黄远, 樊健生. 考虑楼板组合作用的方钢管混凝土组合框架受力性能试验研究 [J]. 建筑结构学报, 2011, 32 (3): 99-108.

[102] 王臣. 钢-混凝土组合框架结构的弹塑性反应谱研究. [D]. 长沙: 中南大学, 2008.

[103] 薛建阳, 胡宗波, 刘祖强. 型钢混凝土异形柱空间框架结构模型振动台试验研究 [J]. 建筑结构学报, 2017, 38 (2): 74-82.

[104] 王文达, 韩林海. 钢管混凝土框架实用荷载-位移恢复力模型研究 [J]. 工程力学, 2008, 25 (11): 62-69.

[105] 王文达, 韩林海. 钢管混凝土柱-钢梁平面框架的滞回关系 [J]. 清华大学学报 (自然科学版), 2009, 49 (12): 1934-1938.

[106] 许成祥, 徐礼华, 杜国锋, 等. 钢管混凝土柱框架结构模型地震反应试验研究 [J]. 武汉大学学报 (工学版), 2006, 39 (3): 68-72.

[107] 童菊仙, 徐礼华, 凡红. 方钢管混凝土框架模型振动台试验研究 [J]. 工程抗震与加固改造, 2005, 27 (3): 65-69.

[108] 刘伟庆, 魏琏, 丁大钧, 等. 摩擦耗能支撑钢筋混凝土框架结构的振动台试验研究 [J]. 建筑结构学报, 1997, 18 (3): 29-37.

[109] 王枝茂. 带斜撑钢管混凝土柱-钢梁组合框架抗震性能研究 [D]. 长沙: 湖南大学, 2011.

[110] 完海鹰, 杜维凤, 冯然. 方钢管混凝土柱-钢梁半刚性框架拟动力试验研究 [J]. 工业建筑, 2015, 45 (12): 171-177.

[111] 宗周红, 林东欣, 房贞政, 等. 两层钢管混凝土组合框架结构抗震性能试验研究 [J]. 建筑结构学报, 2002, 23 (2): 27-35.

[112] 陈倩. 方钢管混凝土框架抗震性能试验研究 [D]. 天津: 天津大学, 2003.

[113] 刘晶波, 郭冰, 刘阳冰. 组合梁-方钢管混凝土柱框架结构抗震性能的 pushover 分析 [J]. 地震工程与工程振动, 2008, 28 (5): 87-93.

[114] 王水清. 防屈曲耗能支撑钢管混凝土组合框架抗震性能研究 [D]. 长沙: 湖南大学, 2010.

[115] 吴琨, 赵轩, 薛建阳, 等. 传统风格建筑钢-混凝土组合框架地震反应和耗能分析 [J]. 工业建筑, 2017, 47 (10): 26-31.

[116] 中华人民共和国住房和城乡建设部. 混凝土结构试验方法标准: GB/T 50152—2012 [S]. 北京: 中国建筑工业出版社, 2012.

[117] 中华人民共和国住房和城乡建设部. 普通混凝土力学性能试验方法: GB/T 50081—2019 [S]. 北

京：中国建筑工业出版社，2019.

[118] 中国钢铁工业协会. 金属材料拉伸试验　第 1 部分：室温试验方法：GB/T 228.1—2010 [S]. 北京：中国标准出版社，2010.

[119] 朱伯龙. 结构抗震试验 [M]. 北京：地震出版社，1989.

[120] 中华人民共和国住房和城乡建设部. 建筑抗震试验规程：JGJ/T 101—2015 [S]. 北京：中国建筑工业出版社，2015.

[121] 薛建阳，戚亮杰，李亚东，等. 传统风格建筑钢框架结构拟静力试验研究 [J]. 建筑结构学报，2017，38 (8)：133-140.

[122] 任瑞. 型钢再生混凝土框架抗震性能及设计方法研究 [D]. 西安：西安建筑科技大学，2014.

[123] 鲍雨泽. 型钢再生混凝土框架中节点抗震性能试验研究 [D]. 西安：西安建筑科技大学，2014.

[124] 刘祖强. 型钢混凝土异形柱框架抗震性能及设计方法研究 [D]. 西安：西安建筑科技大学，2012.

[125] 郑建岚，黄鹏飞. 自密实高性能混凝土框架结构抗震性能试验研究 [J]. 地震工程与工程振动，2001，21 (3)：79-84.

[126] 马辉. 型钢再生混凝土柱抗震性能及设计计算方法研究 [D]. 西安：西安建筑科技大学，2013.

[127] 高亮. 型钢再生混凝土框架：再生砌块填充墙结构抗震性能试验及理论研究 [D]. 西安：西安建筑科技大学，2014.

[128] TAKEDA T, SOZEN M A, NIELSEN N N. Reinforced concrete response to simulated earthquakes [J]. Journal of the Structural Division, 1970, 96 (12): 2557-2573.

[129] SAIIDI M. Hysteresis models for reinforced concrete [J]. Journal of the Structural Division, 1982, 108 (5): 1077-1087.

[130] MANDER J B, PRIESTLEY M J N, PARK R. Seismic design bridge piers [J]. Journal of Structural Engineering, 1984, 10 (4): 987-1012.

[131] PARK Y J, ANG A H S. Mechanistic seismic damage model for reinforced concrete [J]. Journal of Structural Engineering, 1985, 111 (4): 722-739.

[132] 曾磊，许成祥，郑山锁，等. 型钢高强高性能混凝土框架节点 $P\text{-}\Delta$ 恢复力模型 [J]. 武汉理工大学学报，2012，34 (9)：104-108.

[133] 葛继平，宗周红，杨强跃. 方钢管混凝土柱与钢梁半刚性连接节点的恢复力本构模型 [J]. 地震工程与工程振动，2005，25 (6)：81-87.

[134] 徐亚丰，汤泓，陈兆才，等. 钢骨高强混凝土框架节点恢复力模型的研究 [J]. 兰州理工大学学报，2004，30 (5)：116-118.

[135] 杨勇，闫长旺，贾金青，等. 钢骨超高强混凝土柱-混凝土梁节点恢复力模型 [J]. 土木工程学报，2014，47 (S2)：193-197.

[136] 闫长旺，杨勇，贾金青，等. 钢骨超高强混凝土框架节点恢复力模型 [J]. 工程力学，2015，32 (12)：154-160.

[137] 门进杰，李鹏，郭智峰. 钢筋混凝土柱-钢梁组合节点恢复力模型研究 [J]. 工业建筑，2015，45 (5)：132-137.

[138] 刘菲. 型钢再生混凝土框架-再生砌块填充墙恢复力特性的试验研究 [D]. 西安：西安建筑科技大学，2014.

[139] 马辉，薛建阳，张锡成，等. 型钢再生混凝土组合柱四折线恢复力模型研究 [J]. 建筑结构，2015，45 (11)：55-59.

[140] 吕西林，范力，赵斌. 装配式预制混凝土框架结构缩尺模型拟动力试验研究 [J]. 建筑结构学报，2008，29 (4)：58-65.

[141] 庄苗，由小川，廖剑晖，等. 基于 ABAQUS 的有限元分析和应用 [M]. 北京：清华大学出版

社，2009.

[142] 倪茂明. 实腹式型钢混凝土异形柱边框架抗震性能试验及有限元分析 [D]. 西安：西安建筑科技大学，2012.

[143] 韩林海. 钢管混凝土结构：理论与实践 [M]. 2 版. 北京：科学出版社，2007.

[144] 刘威. 钢管混凝土局部受压时的工作机理研究 [D]. 福州：福州大学，2005.

[145] 沈聚敏，王传志，江见鲸. 钢筋混凝土有限元与板壳极限分析 [M]. 北京：清华大学出版社，1993.

[146] 中华人民共和国住房和城乡建设部. 混凝土结构设计规范：GB 50010—2010 [S]. 2015 年版. 北京：中国建筑工业出版社，2015.

[147] 陈美美. 矩形钢管混凝土异形柱钢梁框架节点的受力性能及 ABAQUS 有限元分析 [D]. 西安：西安建筑科技大学，2013.

[148] 陈宗平. 型钢混凝土异形柱的基本力学行为及抗震性能研究 [D]. 西安：西安建筑科技大学，2007.

[149] 柳炳康，宋满荣，蒋亚琼，等. 预制预应力混凝土装配式整体式框架抗震性能试验研究 [J]. 建筑结构学报，2011，32（2）：24-32.

[150] 王新玲，赵更歧，张海东. 多层住宅新型复合结构的抗震试验研究 [J]. 土木工程学报，2006，39（8）：51-56.

[151] 薛建阳，王运成，马辉，等. 型钢再生混凝土柱水平承载力及轴压比限值的试验研究 [J]. 工业建筑，2013，43（9）：30-35.

[152] 中华人民共和国住房和城乡建设部. 组合结构设计规范：JGJ 138—2016 [S]. 北京：中国建筑工业出版社，2016.

[153] 中华人民共和国住房和城乡建设部. 混凝土结构工程施工质量验收规范：GB 50204—2015 [S]. 北京：中国建筑工业出版社，2015.

[154] 迟世春，林少书. 结构动力模型试验相似理论及其验证 [J]. 世界地震工程，2004，20（4）：11-20.

[155] 周颖，卢文胜，吕西林. 模拟地震振动台模型实用设计方法 [J]. 结构工程师，2003，19（3）：30-33.

[156] 周颖，吕西林. 建筑结构振动台模型试验方法与技术 [M]. 北京：科学出版社，2012.

[157] 周颖，张翠强，吕西林. 振动台试验中地震动选择及输入顺序研究 [J]. 地震工程与工程振动，2012，32（6）：32-37.

[158] 王丽娟. 结构动力时程分析地震波输入研究 [D]. 乌鲁木齐：新疆大学，2013.

[159] 中华人民共和国住房和城乡建设部. 建筑抗震设计规范：GB 50011—2010 [S]. 2016 年版. 北京：中国建筑工业出版社. 2016.

[160] 谭德先，周云，米斯特，等. 环境激励下高层建筑结构模态测试与有限元建模分析 [J]. 土木工程学报，2015，48（9）：41-50.

[161] 陈奎孚，焦群英. 半功率点法估计阻尼比的误差分析 [J]. 机械强度，2002，24（4）：510-514.

[162] 王社良. 抗震结构设计 [M]. 4 版. 武汉：武汉理工大学出版社，2011.

[163] 薛建阳，赵鸿铁，张鹏程. 中国古建筑木结构模型的振动台试验研究 [J]. 土木工程学报，2004，37（6）：6-11.

[164] 薛建阳，张风亮，赵鸿铁，等. 碳纤维布加固古建筑木结构模型振动台试验研究 [J]. 土木工程学报，2012，45（11）：95-104.

[165] 毛建猛，谢礼立. 基于 MPA 方法的结构滞回耗能计算 [J]. 地震工程与工程振动，2008，28（6）：33-38.

[166]　梁炯丰. 大型火电厂钢结构主厂房框排架结构抗震性能及设计方法研究 [D]. 西安：西安建筑科技大学，2013.

[167]　北京金土木软件技术有限公司. SAP2000 中文版使用指南 [M]. 2 版. 北京：人民交通出版社，2012.

[168]　马清珍. 混凝土灌芯速成墙板结构体系弹塑性分析 [D]. 天津：天津大学，2010.

[169]　陈功. 静力弹塑性 Pushover 分析方法在高层建筑结构中的应用 [D]. 成都：西南交通大学，2008.

[170]　陈好. 预制板外廊式砖砌体结构抗震加固性能分析 [D]. 兰州：兰州理工大学，2013.

[171]　王栋. 带伸臂的框架-核心筒结构力学性能分析 [D]. 兰州：兰州理工大学，2008.

[172]　张娟娟. 甘肃省泾川县某高层钢结构仿古塔的弹塑性分析 [D]. 太原：太原理工大学，2012.

[173]　张帅. 殿堂式钢筋混凝土仿古建筑抗震设计研究 [D]. 西安：西安建筑科技大学，2012.

[174]　管民生，杜宏彪. "SAP2000 结构分析" 教学方式探讨 [J]. 广东工业大学学报（社会科学版），2008，8（S1）：118-119.

[175]　薛建阳，齐振东，赵轩，等. 基于 SAP 2000 的传统风格建筑钢-混凝土组合框架动力弹塑性分析 [J]. 工业建筑，2017，47（10）：32-38.

[176]　北京金土木软件技术有限公司. Pushover 分析在建筑工程抗震设计中的应用 [M]. 北京：中国建筑工业出版社，2010.

[177]　李锋. 带组合连梁混合双肢剪力墙结构抗震性能非线性分析 [D]. 长沙：中南大学，2011.

[178]　张福星，郭君渊，王祎，等. 预应力巨型支撑-钢框架结构的 Pushover 分析 [J]. 江苏科技大学学报（自然科学版），2015，29（1）：90-93.

[179]　严平. 钢筋混凝土巨型框架结构弹塑性地震反应分析的研究 [D]. 合肥：合肥工业大学，2010.

[180]　钟腾飞. 粘滞阻尼器减震结构的 Pushover 方法研究 [D]. 昆明：昆明理工大学，2014.

[181]　舒兴平，周垒淇，卢倍嵘，等. 不规则空间网状钢结构弹塑性动力时程分析 [J]. 工业建筑，2015，45（9）：161-166.

[182]　姜锐，苏小卒. 塑性铰长度经验公式的比较研究 [J]. 工业建筑，2008，38（S1）：425-430.

[183]　郑中明. 钢管混凝土桁架组合梁试验与理论研究 [D]. 合肥：合肥工业大学，2011.

[184]　许鑫森. 考虑组合效应的梁腹板开圆孔型钢框架的抗震性能分析 [D]. 北京：北京交通大学，2012.

[185]　胡孝平. 悬吊质量结构的动力分析 [D]. 武汉：武汉理工大学，2008.

[186]　杨超. 高层建筑结构静力与动力弹塑性抗震分析对比研究 [D]. 成都：西南交通大学，2011.

[187]　李鹏. FRP 抗震加固 RC 框架结构的动力时程分析 [D]. 济南：济南大学，2013.

[188]　FAJFAR P. Capacity spectrum method based on inelastic demand spectra [J]. Earthquake Engineering and Structural Dynamics, 1999, 28 (9): 979-993.

[189]　钱稼茹，吕文，方鄂华. 基于位移延性的剪力墙抗震性能设计 [J]. 建筑结构学报，1999，20（3）：42-49.

[190]　ASCHHEIM M, BLACK E F. Yield point spectra for seismic design and rehabilitation [J]. Earthquake Spectra, 2000, 16 (2): 317-335.

[191]　缪志伟. 钢筋混凝土框架剪力墙结构基于能量抗震设计方法研究 [D]. 北京：清华大学，2009.

[192]　FAJFAR P. Equivalent ductility factors, taking into account low-cycle fatigue [J]. Earthquake Engineering and Structural Dynamics, 1992, 21 (10): 837-848.

[193]　吕西林，周定松，蒋欢军. 钢筋混凝土框架柱的变形能力及基于性能的抗震设计方法 [J]. 地震工程与工程振动，2005，25（6）：53-61.

[194]　SULLIVAN T J, CALVI G M, PRIESTLEY M J N, et al. The limitations and performances of different displacement based design methods [J]. Journal of Earthquake Engineering, 2003, 7 (S1): 201-241.

[195] KOWALSKY M J, PRIESTLEY M J N, MACRACE G A. Displacement-based design of RC bridge columns in seismic regions [J]. Earthquake Engineering and Structural Dynamics, 1995, 24 (12): 1623-1643.

[196] CALVI G M, KINGSLEY G R. Displacement-based seismic design of multi-degree-of-freedom bridge structures [J]. Earthquake Engineering and Structural Dynamics, 1995, 24 (9): 1247-1266.

[197] 中国工程建设标准化协会. 建筑工程抗震性态设计通则 (试用): CECS 160: 2004 [S]. 北京: 中国计划出版社, 2004.

[198] 李慧娟. RCS 组合框架结构直接基于位移的抗震设计 [D]. 西安: 西安建筑科技大学, 2014.

[199] 王秋维. 型钢混凝土柱的受力性能及其结构抗震性能设计研究 [D]. 西安: 西安建筑科技大学, 2009.

[200] 蒋欢军, 李培振. 钢筋混凝土框架结构的最大地震位移形状曲线 [J]. 同济大学学报 (自然科学版), 2005, 36 (5): 580-585.

[201] KARAVASILIS T L, BAZEOS N, BESKOS D E. Maximum displacement profiles for the performance-based seismic design of plane steel moment resisting frames [J]. Engineering Structures, 2006, 28 (1): 9-22.

[202] 谭丽芳. 基于位移的钢-混凝土组合框架结构抗震性能分析 [D]. 长沙: 中南大学, 2008.

[203] 白顶有. 框架结构直接基于位移的抗震设计方法研究 [D]. 西安: 西安建筑科技大学, 2010.

[204] 夏秀丽. 钢管混凝土框架基于位移的抗震设计方法 [D]. 兰州: 兰州理工大学, 2010.

[205] 黄雅捷. 钢筋混凝土异形柱框架结构抗震性能及性能设计方法研究 [D]. 西安: 西安建筑科技大学, 2003.

[206] BANON H, IRVINE H M, BIGGS J M. Seismic damage in reinforced concrete frames [J]. Journal of the Structural Division, 1981, 107 (9): 1713-1729.

[207] STEPHENS J E, YAO J T P. Damage assessment using response measurements [J]. Journal of Structural Engineering, 1987, 113 (4): 787-801.

[208] WANG M L, SHAH S P. Reinforced concrete hysteresis model based on the damage concept [J]. Earthquake Engineering & Structural Dynamics, 1987, 15 (8): 993-1003.

[209] GOSAIN N K, JIRSA J O, BROWN R H. Shear requirements for load reversals on RC members [J]. Journal of the Structural Division, 1977, 103 (7): 1461-1476.

[210] KRATZIG W B, MESKOURIS M. Nonlinear seismic analysis of reinforced concrete frames [J]. Earthquake Prognostics, 1987: 453-462.

[211] MAHIN S A, BERTERO V V. An evaluation of inelastic seismic design spectra [J]. Journal of the Structural Division, 1981, 107 (9): 1777-1795.

[212] NEWMARK N M, ROSENBLUETH E. Fundamentals of earthquake engineering [M]. New Jersey, Prentice Hall Inc, 1971.

[213] KRAWINKLER H, ZOHREI M. Cumulative damage in steel structures subjected to earthquake ground motions [J]. Computers & Structures, 1983, 16 (1): 531-541.

[214] MEHANNY S S F, DEIERLEIN G G. Seismic damage and collapse assessment of composite moment frames [J]. Journal of Structural Engineering, 2001, 127 (9): 1045-1053.

[215] DARWIN D, NMAI C K. Energy dissipation in RC beams under cyclic load [J]. Journal of Structural Engineering, 1986, 112 (8): 1829-1846.

[216] HWANG T H, SCRIBNER C F. R/C member cyclic response during various loadings [J]. Journal of Structural Engineering, 1984, 110 (3): 477-489.